生物化学与分子生物学实验技术

主　编　厉朝龙
副主编　陈枢青　刘子贻
　　　　沈奇桂　赵鲁杭

内 容 提 要

本书以生物高分子化合物——蛋白质、酶及核酸的分离和鉴定、代谢及其调控以及分子生物学基本技术为重点，介绍了生物高分子化合物的提取和纯化、结构和性质的分析方法、酶反应动力学分析、分子克隆技术、电泳法、层析法等基本研究技术，并对实验相关的理论进行了比较系统的阐述。

本书内容适应高等医学院校学生的教学需要，可作为本科生和研究生生物化学与分子生物学实验课程教材，也可供医学生物化学及分子生物学教学和科研工作者参考。

前　言

生物化学是生命的化学，它用化学方法，从分子水平研究和了解生命现象的本质所在。自从20世纪50年代，Watson和Crick提出DNA的双螺旋结构模型以后，遗传、突变、蛋白质生物合成等生命现象的基本问题可在分子水平上加以剖析，从而逐渐形成了以此为核心的分子生物学。时至今日，分子生物学已发展成为研究生物高分子的结构与功能以阐明生命现象的一门学科。显而易见，分子生物学源于生物化学，而且两者之间仍保持着相互交叉、密不可分的联系。

生物化学与分子生物学是近代自然科学中发展非常迅速的学科，它的发展得益于物理学、化学、数学、计算机技术等学科的广泛渗透，得益于由此而发生的研究方法和技术的不断革命和创新。掌握和了解生物化学与分子生物学实验技术和方法，是从事该领域乃至其他相关学科研究工作的十分重要的前提。

根据目前国内高等医学院校的课程设置情况，不少院校由于学生学习课程繁多，而学习时间有限，以及其他种种原因，都未单列分子生物学课程，而把该课程的主要内容融合于生物化学课中进行教学，因此编写一本适应于这种情况的实验教科书是十分必要的。为此，我们总结了近10年来的教学实践，并吸取国内外成熟的经验和信息资料，编写了《生物化学与分子生物学实验技术》一书。本书的特点是：①以实验项目为纲，介绍生物化学与分子生物学的基本研究技术和方法，如分光光度法、电泳法、层析法、分子克隆技术等；②各个实验项目既可以单独安排教学，也可相互联系组合成较系统和较深入的系列实验，以适应本科及研究生等不同层次的教学需要；③每一章前，都编写"概述"一节，比较详细和系统地介绍与实验内容相关的基本理论知识和方法学原理，便于更有效地指导学生的实验操作和理解。

本书分为六章。第一章介绍生物化学实验基本技术；第二章和第三章主要介绍生物高分子化合物——蛋白质及核酸的分离和提取及结构和性质的鉴定；第四章介绍酶的催化作用及酶反应动力学分析；第五章介绍物质代谢及其激素调节的分析方法；第六章介绍分子生物学基本实验技术，共设计实验项目41个。本书可供医学类高等院校本科生及研究生使用，也可供其他相关学科的研究工作者参考。

参加本书编写的是浙江大学医学院生物化学与分子生物学学科的教授和部

分讲师。第一、四章由厉朝龙编写;第二章由刘子贻、丁倩、于晓虹编写;第三章由赵鲁杭、林国庆编写;第五章由沈奇桂、应李强编写;第六章由陈枢青、蒋燕灵、孙红颖、周翔编写。本书编写历时近一年,今天能与读者见面,与浙江大学医学院基础医学系领导的大力支持是分不开的,在此表示衷心的感谢。

虽然我们作了很大的努力,但水平有限,疏漏和错误之处恳请读者予以批评指正。

厉 朝 龙

目 录

第一章　生化实验基本技术

第一节　分光光度法

一、紫外及可见分光光度法

在分光光度计中，将不同波长的光连续地照射到一定浓度的样品溶液时，便可得出与不同波长相对应的吸收强度。如以波长(λ)为横坐标，吸收强度(A)为纵坐标，就可绘出该物质的吸收光谱曲线。利用该曲线进行物质定性、定量的分析方法，称为分光光度法，也称吸收光谱法。用紫外光源测定无色物质的方法，称为紫外分光光度法；用可见光源测定有色物质的方法，称为可见分光光度法。它们与比色法一样，都以Beer-Lambert 定律为基础。

近年来，紫外及可见分光光度分析已得到广泛的应用，它不仅可以用于物质的鉴定及结构分析，而且还可以用于某些物质含量的测定。

(一)分子光谱分析概念

分子中的运动有多种形式，除电子的运动以外，还有组成分子的各原子间的振动以及分子整体的转动。分子中这三种不同运动状态都对应有一定的能级，即分子的电子能级、振动能级和转动能级。分子的某一种运动状态从一个能级转移到另一个能级，称为跃迁。例如某些电子吸收了外来辐射的能量，就从一个能量较低的能级跃迁到另一个能量较高的能级，每一跃迁都对应着吸收一定能量(即一定的波长)的辐射。

分子的转动能是分子环绕通过它的重心的轴转动时所具有的动能，分子发生转动能级跃迁时，将在电磁辐射的微波区(即远红外区)产生吸收光谱。振动能是分子由于振动而具有的位能和动能之和，分子振动跃迁引起的吸收，将发生在电磁辐射的中红外区域。电子能是分子和原子中电子的位能和动能所具有的能量，当分子发生电子运动能级跃迁时，所引起的吸收则发生在电磁辐射的紫外及可见光区。

利用分子光谱对物质进行定性和定量分析的方法，称为分子光谱分析。分子光谱分析可分为吸收光谱(如红外、紫外及可见吸收光谱)、发射光谱(如荧光光谱)和散射光谱(如喇曼光谱)三种基本类型。在一般情况下，分子处于基态，当光与物质相互作用时，分子吸收光能，从低能级跃迁到高能级，产生吸收光谱；反之，若分子从高能级回复到低能级，则释放出光能，形成发射光谱。当光被物质散射时，分子内能级的跃迁改变散射光频率，而产生散射光谱。物质对辐射能的吸收或发射是由物质本性所提供的最重要的标志图，因此可以从中获得定性和定量的数据。

(二)紫外-可见吸收光谱的电子跃迁和吸收带

紫外-可见吸收光谱属于电子光谱，是分子的外层电子或价电子的跃迁得到的光谱。紫外光区是波长在10～400 nm 的光波区，可见光区是波长在400～800 nm 的光波区。

当分子吸收一定能量的辐射时，就发生相应的能级间的电子跃迁。有机化合物在紫外-可见光区内电子跃迁的方式通常有四种类型：

(1)$\sigma \to \sigma^*$跃迁　这是分子中成键σ轨道上的电子吸收辐射后，被激发到相应的反键σ^*轨道上。引起$\sigma \to \sigma^*$跃迁所需要的能量很大，它们的吸收波长小于150 nm。

(2)$n \to \sigma^*$跃迁　这类跃迁可由在150～250 nm 区域内的辐射引起，其大多数吸收峰出现在＜200 nm 区域内。$n \to \sigma^*$跃迁所需能量一般比$\sigma \to \sigma^*$跃迁小。

(3)$\pi \to \pi^*$跃迁　发生此类跃迁所需能量较小，吸收波长大多在紫外区。不饱和烃、共轭烯烃及芳香烃均可发生这类跃迁。

(4)$n \to \pi^*$跃迁　分子中含有孤对电子的原子和π键同时存在时，会发生$n \to \pi^*$跃迁。此类跃迁所需能量小，吸收波长＞200 nm。

有些化合物的分子中含有一个或几个 $>C=C<$ ，$>C=O$ ，—COOH ，$—NO_2$ 等基团，它们可产生$\pi \to \pi^*$或$n \to \pi^*$跃迁，得到紫外或可见吸收光谱。因此将这类对紫外或可见光有吸收作用的不饱和键或基团称为生色团。

此外，还有电荷转移跃迁和d→d 跃迁，后者产生的吸收光谱又称为配位体场吸收谱，其吸收峰一般在可见光区。

分子中电子跃迁形成的紫外-可见光吸收光谱主要可分为以下四种类型：

(1)K 吸收带　由$\pi \to \pi^*$跃迁引起的吸收谱带，摩尔吸光系数可达10000，吸收谱带较强。共轭烯烃及取代芳香族化合物可产生这种谱带。

(2)R 吸收带　由$n \to \pi^*$跃迁形成的吸收谱带，由于摩尔吸光系数很小，吸收带较弱，易被强吸收带掩盖，并易受溶剂极性的影响而发生偏移。

(3)B 吸收带　它是芳香族化合物及杂环芳香族化合物的特征谱带。

(4)E 吸收带　它是芳香族化合物的特征性谱带之一，吸收强度大，摩尔吸光系数为2000～14000，吸收波长偏向紫外的低波长部分，有的则在真空紫外区(远紫外区)。

结构类型不同，分子的紫外吸收谱带的种类也不同，有的分子可有几种吸收谱带。

(三)紫外-可见吸收光谱与分子结构的关系

如前所述，化合物的紫外吸收光谱与电子跃迁有关。化合键吸收某一波长的紫外光取决于基态跃迁到激发态之间的能量差(ΔE)，只有当某一波长的能量与化合键的ΔE 相当时，才能被吸收。因此，紫外光的吸收与化合键的类型有关，不同结构的化合物呈现不同的紫外-可见吸收光谱特征。

(1)饱和烃　饱和碳氢化合物仅含有σ电子的单键，故只能发生$\sigma \to \sigma^*$跃迁，该跃迁位于真空紫外区的短波长处。当饱和碳氢化合物中的氢被氧、氮、卤素、硫等取代时，由于这类原子中有n 电子，故可产生$n \to \sigma^*$跃迁，与相应的饱和化合物相比，吸收峰在较长波长处。

(2)不饱和脂肪烃　仅含有一个重键的简单不饱和脂肪族化合物，如乙烯和乙炔，存在$\pi \to \pi^*$跃迁，最大吸收波长在170 nm，摩尔吸光系数大约为10000。

对含有两个或两个以上双键者，其吸收光谱有三种情况：①两个双键被两个或两个以上单键隔开，吸收光谱的λ_{max}与只含一个双键的λ_{max}相同，但强度增大1 倍；②两个双键直接相连的化合物，如丙二烯，其λ_{max}移到225 nm 附近，摩尔吸光系数约为500；③含共轭双键者，其吸收光谱会发生波长红移，波长红移随着共轭体系的加长而显著，摩尔吸光系数也随之增加。

(3)芳香族化合物　苯的紫外光谱因有$\pi \to \pi^*$跃迁，所以出现三个吸收峰，它们分别是由苯环内的双键上的π电子被激发和苯环的共轭双键引起的。在苯环上引入一个取代基，会使苯的由$\pi \to \pi^*$跃迁引起的吸收带发生移动。苯的多取代物的吸收光谱可随取代基性质的不同而不同。

(4)杂环芳香族化合物　如呋喃、噻吩及吡咯等是只含一个杂原子(O、S、N)的五元环化合物，它们都有两个 $>C=C<$ 键和杂原子上的孤对电子，故既有$\pi\rightarrow\pi^*$跃迁又有$n\rightarrow\pi^*$跃迁引起的吸收谱带。六元杂环芳香族化合物如吡啶，其分子结构中有一个N原子，该原子上有孤对电子，因而也有$\pi\rightarrow\pi^*$及$n\rightarrow\pi^*$跃迁，紫外吸收光谱与苯相类似。

(5)羰基化合物　如饱和醛、酮类化合物，它们的羰基含有一对σ电子、一对π电子和两对非键n电子，因此可呈现三个吸收谱带，即由$\pi\rightarrow\pi^*$跃迁引起的吸收峰，在150 nm附近；$n\rightarrow\sigma^*$跃迁引起的吸收峰，在190 nm附近；$n\rightarrow\pi^*$跃迁引起的吸收峰，在270～300 nm的范围内。又如α、β-不饱和醛、酮、酸、酯类化合物，它们含有与羰基共轭的不饱和碳碳键，故同时存在由$\pi\rightarrow\pi^*$及$n\rightarrow\pi^*$跃迁引起的吸收光谱。

(6)含氮化合物　含有 —N═N— 键的直链化合物产生的低强度的吸收带，位于近紫外区和可见光区。含有氮氧多重键的基团(硝基、亚硝基、硝酸根及亚硝酸根)，在近紫外区都会呈现由$n\rightarrow\pi^*$跃迁引起的吸收谱带。

(7)配位化合物　它们的紫外-可见吸收光谱类似于有机化合物，一般有两种：一种是由电荷转移跃迁引起的，另一种是由d电子受配位体的影响发生在d轨道的跃迁所产生的。

(四)紫外-可见吸收光谱的定性分析

应用紫外-可见吸收光谱对物质进行定性分析的依据是光谱上的一些特征性吸收，如最大吸收波长、吸光系数、吸收峰数目、吸收强度及峰型等，依此可以推断化合物的结构、分子骨架，判别异构体等。但应考虑到，物质的紫外-可见吸收光谱基本上是分子中生色团及助色团的特性，不是整个分子的特性，因此要完全决定物质的分子结构，不能单纯依赖紫外-可见光谱分析，还必须与其他手段，如红外光谱、质谱等相配合，才能得出正确的结论。

若是同种化合物，则它们的紫外-可见吸收光谱的特征应该是完全一致的，特别是最大吸收波长和吸光系数是鉴定物质的常用物理常数。

利用紫外-可见吸收光谱分析推断化合物分子结构，一般应用在以下几方面：

(1)初步推断化合物的结构　某一化合物如果在200～400 nm区间无吸收峰，说明它不存在共轭双键体系。如果在270～350 nm区间出现很弱的吸收峰(ε=10～100)，并且在200 nm以上无其他吸收峰，表示该化合物含有带孤对电子的未共轭的生色团。有多个吸收峰，且在可见光区出现吸收峰，则该化合物结构中具有长链共轭体系或稠环芳香族生色团。如果有波长较长的吸收峰，且ε为10000～20000时，化合物含有α、β-不饱和酮或共轭烯烃结构。若波长吸收峰在250 nm以上，且ε为1000～10000时，表示该化合物具有芳香结构。

(2)推断化合物的分子结构骨架　推断未知化合物分子结构骨架的基本依据是，结构不完全相同但具有相同生色团的两种化合物，其紫外吸收光谱应该相同。例如某一未知物的紫外吸收光谱λ_{max}如下：249 nm(lgε为4.28)，260 nm(lgε为4.26)，325 nm(lgε为3.28)。经与文献资料比较，发现该未知物的吸收光谱与2,3-二烷基-1,4-蒽酮的紫外吸收光谱相近，依此可推断该未知化合物的骨架为：

(3)鉴别化合物异构体　有机化合物由于基团之间的排列不同或空间位置不同，可出现多种异构体现象。不同的异构体，紫外吸收光谱也不同。例如，乙酰乙酸乙酯存在两种互变异构体，即酮式和烯醇式：

$$CH_2—\underset{\|}{\overset{}{C}}—CH_2—\underset{\|}{C}—OC_2H_5 \rightleftharpoons CH_3—\underset{|}{C}=CH—\underset{|}{C}—OC_2H_5$$

$$\quad\ O \qquad\quad\ O \qquad\qquad\qquad OH \qquad\quad OH$$

酮式异构体的λ_{max}位于204 nm，ε_{max}为16；烯醇式异构体的λ_{max}位于245 nm，ε_{max}为18000。通过紫外吸收光谱分析，即可将两种异构体鉴别开来。

(五)紫外-可见吸收光谱的定量分析

紫外-可见分光光度法进行定量分析不仅可以测定常量组分，而且也可以测定超微量组分，即可以测定单组分化合物的含量，也可以对多组分混合物同时进行测定。它和比色法一样，定量分析的依据是Beer-Lambert 定律，物质的吸光度(A)和它的浓度(C)呈线性关系：

$$A = \varepsilon \cdot C \cdot L$$

由于比色皿中液层厚度(L)是不变的，因此只要选择适宜的波长，测定溶液的吸光度(A)，就可求出溶液浓度和物质的含量。

1. 单组分定量分析

常用的单组分定量分析方法有绝对法、标准对照法、标准曲线法、吸光系数法及标准加入法。下面介绍三种方法：

(1)吸光系数法　先测出标准品和样品在λ_{max}下的A值，根据公式$A = \varepsilon \cdot C \cdot L$求出吸光系数，或从有关手册上查出ε值，再按下式计算百分含量：

$$\text{样品含量}/\% = \frac{[E_{1cm}^{1\%}\lambda_{max}]_{样}}{[E_{1cm}^{1\%}\lambda_{max}]_{标}} \times 100\%$$ 。

应用本法的一个优点是即使没有标准样品也能进行定量测定，缺点是文献所载的吸光系数常有差异，结果影响定量的准确性。

吸光系数(或称吸收系数、消光系数)是反映物质对光吸收强度的一个物理常数，吸光系数大，表示该物质对光吸收强度大；反之则小。吸光系数通常采用两种方法表示：①摩尔吸光系数(ε)，是指在1 L 溶液中含有1 mol 溶质，且液层厚度为1 cm 时，在λ_{max}和一定条件下测得的吸光度(A)；②百分吸光系数($E_{1cm}^{1\%}$)，是指在100 mL 溶液中含有1 g 溶质，且液层厚度为1 cm 时，在λ_{max}和一定条件下测得的吸光度。$E_{1cm}^{1\%}$与ε之间可按下式换算：

$$\varepsilon = E_{1cm}^{1\%} \times \text{相对分子质量}/10$$ 。

有些物质的ε值很大，为表示方便，常用lgε表示之。

(2)标准对照法　在相同条件下，配制标准品溶液和样品溶液，在λ_{max}处分别测得$A_{标}$及$A_{样}$，然后根据下式计算出样品浓度：

$$C_{样} = \frac{A_{样}}{A_{标}} \times C_{标}$$ 。

因为所测的是同一物质，且用同一波长，故ε值相等，亦即吸光度与浓度成正比。

(3)标准曲线法　将标准品配制成一系列适当浓度的溶液，在λ_{max}处测定，得出一系列与不同浓度相对应的A值。将C作横坐标，A作纵坐标，绘制成标准曲线。再以同样条件测得样品的A值，从标准曲线中找出相对应的浓度。

2. 多组分定量分析

解决多组分混合物中各组分测定的基础是吸光度的加合性。对于一个含有多种吸光组分的溶液，在某一测定波长下，其总吸光度应为各个组分的吸光度之和。这样即使各个组分的吸收光谱互相重叠，只要服从Beer-Lambert 定律，也可测定混合物中各个组分的浓度。

(六)紫外-可见吸收光谱分析应注意的问题

为了保证紫外-可见吸收光谱分析结果的准确性，在具体分析操作时，除了对仪器的重要性能指标，如波长的准确度、吸光度的精度以及吸收池的光学性能等进行检查或校正外，尚须考虑以下诸方面的问题：

1. 样品处理

分析样品都是溶解在一定的溶剂中进行定性或定量分析测定的，所以要求选用的溶剂应对样品有高的溶解性，在紫外波长区没有吸收，溶剂与样品不应发生化学反应或相互作用。在可见光区最常用的溶剂是水，在紫外光区最常用的是环己烷、95% 乙醇及1,4-二氧六环，这些溶剂在210～220 nm 以上波长区无吸收作用。

2. 分析条件的选择

(1)测量波长　一般选择最强吸收带的最大吸收波长(λ_{max})为测量波长。当最强吸收带的λ_{max}受到共存杂质干扰，待测组分的浓度太高或吸收峰过于尖锐而测量波长难以重复时，则往往选用灵敏度稍低的不受干扰的次强峰。

(2)狭缝宽度　狭缝宽度过大，在一定范围内会使灵敏度下降，校正曲线的线性关系不佳。狭缝宽度太小，则入射光强度太弱。一般以不减少吸光度的最大狭缝宽度为宜。

(3)吸光度范围　吸光度在0.2～0.8之间时，测量精确度最好。被测量样品溶液浓度过大时，应作适当稀释，再进行吸光度测定。

3. 影响吸收光谱分析的因素

供紫外-可见吸收光谱分析的样品都溶解在某一种溶剂中，以溶液状态进行，溶液的物理化学性质会对吸收光谱产生明显的影响。首先是溶剂化可限制分析物质的自由转动，溶剂的强极性又可限制分子的振动，从而影响该物质的吸收光谱的性质。有些物质在酸、碱性溶液中有不同的解离特性，甚至发生结构的改变，因此，改变样品溶液的pH 值将直接影响它们的吸收光谱。被测物质在浓度太大时，可因发生分子间的缔合而引起吸收光谱的变化，所以控制分析样品的浓度范围是十分必要的。如前所述，供紫外-可见吸收光谱分析的合适浓度，其吸光度应在0.2～0.8之间。

二、荧光光谱分析法

当紫外光照射某一物质时，该物质会在极短的时间内，发射出较照射光波长为长的光。而当紫外光停止照射时，这种光也随之很快消失，这种光称为荧光。荧光是一种光致发光现象。如前所述，分子吸收了某一波长区的辐射能后，它的电子可跃迁至激发态，然后以热能形式将这一部分能量释放出来，本身又恢复到基态。如果吸收辐射能后处于电子激发态的分子以发射辐射的方式释放这一部分能量，即为光致发光。再发射的波长与分子所吸收的波长可以相同，也可以不同。物质所吸收光的波长和发射的荧光波长与物质分子结构有密切关系。同一种分子结构的物质，用同一波长的激发光照射，可发射相同波长的荧光，但其所发射的荧光强度随着该物质浓度的增大而增强。利用这些性质对物质进行定性和定量分析的方法，称为荧光光谱分析法，也称荧光分光光度法。这种方法具较高的选择性及灵敏度，试样量少，操作简便，且能提供比较多的物理参数，现已成为生化分析和研究的常用手段。

(一)荧光的产生及其与分子结构的关系

1. 荧光的产生

当光进入某种物质后，可以有两种情况：一种是进入物质后，能量几乎不被吸收；另一种是能量被全部或部分吸收。在后一种情况下，在吸收光的过程中，光能被转移给分子。根据量子理论，分子从光波中吸收能量是以不连续的、整份单位的形式发生，这些不连续的微小能量单位被称为光量子。这也就是说，频率ν的单色光的能量必定是$h\nu$的整数倍。每个光量子的能量

$$E = h\nu = hc/\lambda = hc\omega \text{ ,}$$

这里，h为普朗克常数，6.63×10^{-34}J·s；ω为波数，即1 cm长度中电磁波的数目。从公式可见，能量E与λ成反比。

每个分子具有一系列分立的能级，处于基态的分子吸收了相应频率的能量后，可以从低能级跃迁到高能级。被吸收的光量子的能量正好等于两个能级之差。

根据玻尔兹曼分布，分子在室温时基本上处于电子的基态。吸收了紫外-可见光后，基态电子只能跃迁到单线激发态的各个不同的振动能级。跃迁后能量较大的激发态分子，在很短时间内(10^{-15}s)，由于分子间的碰撞或分子与晶格间的相互作用，以热能形式或内转换方式消耗部分能量，从较高振动能级回到最低振动能级。如果这时分子不通过热能或内转换形式来消耗能量，回到基态，而是通过发射出相应的光量子来释放能量，回到基态的各个不同振动能级时，就发射荧光。由于在发射荧光前已有一部分能量消耗，所以发射荧光能量要比吸收紫外光的能量小，也就是荧光的特征波长比吸收的特征波长要长。

2. 荧光与分子结构的关系

在许多有机物和无机物中，只有小部分物质会发生强的荧光，它们的激发光谱、发射光谱及荧光强度与它们的结构有密切的关系。强荧光物质在分子结构上往往具备如下特征：

(1)具有大的共轭π键结构　荧光物质的分子都含有共轭双键(π键)体系。共轭体系越大，离域π电子越容易激发，越容易产生荧光。大部分荧光物质都具有芳香环或杂环。芳香环越大，其荧光峰越移向长波长方向，且荧光强度往往也较强。

具有相同共轭环数的芳香族化合物，线性环结构者的荧光波长比非线性者长。例如蒽(线性环结构)的荧光峰位于400 nm，菲(非线性环结构)的荧光峰位于350 nm。

(2)具有刚性平面结构　荧光量子产率高的荧光物质，其分子多为平面构型，并具有一定刚性。例如萘和维生素A都有5个共轭π键，前者为平面结构，后者为非刚性结构，因而萘的荧光强度为维生素A的5倍。

(3)具有最低的单线电子激发态S_1为$\pi,\pi_1{}^*$型　属于这一类者多为不含杂原子(N,O,S等)的有机荧光物质，其特点是：最低单线电子激发态S_1为$\pi,\pi_1{}^*$型，即$\pi\rightarrow\pi_1{}^*$跃迁。它属于电子自旋允许的跃迁，摩尔吸光系数大约为10^4，比$n\rightarrow\pi_1{}^*$或$n\rightarrow\sigma_1{}^*$型跃迁大100倍以上，荧光强度大。

(4)取代基团为给电子取代基　芳香烃及杂环化合物的荧光光谱和荧光量子产率常随取代基团的变化而变化。若取代基为给电子取代基，则荧光强度增加。属于这一类基团的有$-NH_2$，$-NHR$，$-NR_2$，$-OH$，$-OR$，$-CN$。含这类基团的荧光物质，其激发态常用环外的羟基或氨基上的n电子激发转移到环上而产生，由于它们的n电子的电子云几乎与芳香环上的π轨道成平行，因此实际上它们共享了共轭π电子结构，同时扩大了它们的共轭双键体系。所以这类化合物的吸收光谱与发射光谱的波长都比未被取代的化合物的波长长，荧光量子产率也随之提高。

(二)荧光分光光度计简介

荧光分析是从入射光的直角方向、黑背景下检测样品的发光信号,这与紫外分光光度法从入射光方向、在亮背景下检测光吸收信号相比,具有更高的灵敏度。此外荧光分析在检测器前面是发射单色器,样品信号经过分光后可以除去样品以外的辐射,从而为方法的专一性提供了有利的条件。

用于测量荧光的仪器种类很多,如荧光分析灯、荧光光度计、荧光分光光度计及测量荧光偏振的装置等。其中实验室里较常用的是荧光分光光度计。

荧光分光光度计的结构包括五个基本部分:

(1)激发光源　用来激发样品中荧光分子产生荧光。常用汞弧灯、氢弧灯及氙灯等,目前荧光分光光度计以用氙灯为多。

(2)单色器　用来分离出所需要的单色光。仪器中具有两个单色器:一是激发单色器,用于选择激发光波长;二是发射单色器,用于选择发射到检测器上的荧光波长。

(3)样品池　放置测试样品,都用石英制成。

(4)检测器　作用是接收光信号,并将其转变成电信号。荧光强度通常都比较弱,因此要求检测器具有较高的灵敏度,常用光电倍增管作检测器。

(5)记录显示系统　检测器出来的电信号经过放大器放大后,由记录仪记录下来,并可数字显示和打印。

(三)荧光分析法

荧光分析方法根据不同的目的性,有多种分析方法,诸如同步荧光测定、三维荧光光谱技术、导数荧光测定、时间分辨荧光测定、相分辨荧光测定、荧光偏振测定、低温荧光测定、荧光免疫检测等等,各种不同的分析方法在仪器配置上常需要增添相应的配件。这些方法在此不作详细叙述,只讨论常规的荧光分析法。

1. 直接测定法和间接测定法

利用荧光分析法对被分析物质进行浓度测定,最简单的便是直接测定法。某些物质只要本身能发荧光,只须将含这类物质的样品作适当的前处理或分离除去干扰物质,即可通过测量它的荧光强度来测定其浓度。

有许多物质,它们本身不能发荧光,或者荧光量子产率很低仅能显现非常微弱的荧光,无法直接测定,这时可采用间接测定方法。

间接测定法有以下几种:

(1)化学转化法　通过化学反应将非荧光物质转变为适合于测定的荧光物质。例如金属离子与螯合剂反应生成具有荧光的螯合物。有机化合物可通过光化学反应、降解、氧化还原、偶联、缩合或酶促反应,使它们转化为荧光物质。

(2)荧光淬灭法　这种方法是利用本身不发荧光的被分析物质所具有使某种荧光化合物的荧光淬灭的能力,通过测量荧光化合物荧光强度的下降,间接地测定该物质的浓度。

(3)敏化发光法　对于很低浓度的分析物质,如果采用一般的荧光测定方法,其荧光信号太弱而无法检测。在此种情况下,可使用一种物质(敏化剂)以吸收激发光,然后将激发光能传递给发荧光的分析物质,从而提高被分析物质测定的灵敏度。

上述三种方法均为相对测定方法,在实验时需采用某种标准进行比较。

2. 多组分混合物定量法

在荧光分析中,由于每种荧光化合物具有各自的荧光激发光谱和发射光谱,因而在测定时相应地有激发波长和发射波长两种参数可供选择，这在混合物的测定方面比分光光度法具有更有利的条件。

当混合物中各个组分的荧光峰相距很远，彼此干扰很小时，可分别在不同的发射波长测定各组分的荧光强度。倘若混合物中各组分的荧光峰很靠近，彼此严重重叠，但它们的激发光谱却有显著的差别，这时可选择不同的激发波长进行测定。

在选择激发波长及发射波长之后，仍无法达到混合物中各组分的分别测定时，则可利用荧光强度的加和性质，在适宜的荧光波长处，测混合物的荧光强度，再根据被测组分各自在该波长下的最大荧光强度，仿照分光光度法列出联立方程式，求得各组分的含量。

第二节　层 析 法

层析法(chromatography)亦称色谱法、色层法，基本原理是使用混合物中各组分在两相(固定相和流动相)间进行分配。当流动相携带混合物经过固定相时，即与固定相相互作用，由于各组分的分子结构和性质不同，这种作用的程度就有差异(即不同组分具有不同的分配系数)，于是在不同推动力作用下，不同组分在固定相中的滞留时间就有长短之分，从而以先后不同的次序从装填有固定相的柱子中流出，使各组分达到彼此分离的目的。层析法的种类很多，如按两相物理状态，可分为气相层析、液相层析及超临界流体层析；按分离原理，可分吸附层析、分配层析、离子交换层析、排阻层析、亲和层析等；按层析过程及动力学过程，可分洗提层析、置换层析及前沿层析；按固定相的形态，分为柱层析和平板层析；此外还有其他多种层析类型。

一、纸层析法

纸层析法(paper chromatography)是分配层析技术的一种，是利用各物质不同的分配系数，使混合物随流动相通过固定相时而予以分离的方法。

分配系数是指一种溶质在两种互不相溶的溶剂中的溶解达到平衡时，该溶质在两相溶液中所具浓度的比例。不同物质因其结构和性质不同而有不同的浓度比，即有不同的分配系数。在等温等压条件下，分配系数(K)用下式表示：

$$K = K_2/K_1,$$

式中，K_1 是物质在流动相中的浓度；K_2 是物质在固定相中的浓度。

现在应用的分配层析技术，大多数是以一种多孔物质固着一种极性溶剂，此极性溶剂在层析过程中始终固定在多孔支持物上，称为固定相。另有一种与固定相互不相溶的非极性溶剂流过固定相，此流动溶剂称流动相。如果含有多种物质的混合物存在于两相之间，各物质将随着流动相的移动进行连续的、动态的分配，因各物质的分配系数不同，移动速率不同，结果达到彼此分离。分配层析中应用最广泛的是以滤纸为多孔支持物的纸上分配层析。它设备简单、价廉、所需样品少、分辨率能达到一般要求标准，因而较广泛地被采用。

(一)基本原理

纸上层析是以滤纸作为支持物的分配层析。滤纸纤维与水有较强的亲和力，能吸收22%左右的水，其中6%～7%的水是以氢键形式与纤维素的羟基结合。由于滤纸纤维与有机溶剂亲和力很弱，故而在纸层析时，以滤纸纤维及其结合的水作为固定相，以有机溶剂作为流动相。纸层析对混合物进行分离时，发生两种作用：第一种是溶质在结合于纤维上的水与流过滤纸的有机相之间进行分配(即液-液分配);第二种是滤纸纤维对溶质的吸附及溶质溶解于流动相的不同分配比进行分配(即固-液分配)。虽然混合物的彼此分离是这两种因素共同作用的结果,但主要决定于液-液分配作用。

在实际操作时,点样后的滤纸一端浸没于流动相液面之下,由于毛细管作用,有机相即流动相开始从滤纸的一端向另一端渗透扩展。当有机相沿滤纸流经点样处时,样品中的溶质就按各自的分配系数在有机相与附着于滤纸上的水相之间进行分配。一部分溶质离开原点随有机相移动,进入无溶质区,此时又重新进行分配;一部分溶质从有机相移入水相。在有机相不断流动的情况下,溶质就不断地进行分配,沿着有机相流动的方向移动。因样品中各种不同的溶质组分有不同的分配系数,移动速率也不相同,从而使样品中各种溶质组分得到分离和纯化。

通过纸层析被分离的各种溶质组分在滤纸上移动的速率通常用 R_f 表示:

R_f =组分移动的距离/溶剂前沿移动的距离

=原点至组分斑点中心的距离/原点至溶剂前沿的距离。

在滤纸、溶剂、温度等各项实验条件恒定的情况下,各物质的 R_f 值是不变的,它不随溶剂移动距离的改变而变化。R_f 与分配系数 K 的关系:

$$R_f = 1/(1+\alpha K),$$

α 是由滤纸性质决定的一个常数。由此可见,K 值愈大,溶质分配于固定相的趋势愈大,而 R_f 值愈小;反之,K 值愈小,则分配于流动相的趋势愈大,R_f 值愈大。R_f 值是定性分析的重要指标。

在样品所含溶质较多或某些组分在单相纸层析中的 R_f 比较接近,不易明显分离时,可采用双相纸层析法。该法是将滤纸在某一特殊的溶剂系统中按一个方向展层以后,即予以干燥,再转向 90°,在另一溶剂系统中进行展层,待溶剂到达所要求的距离后,取出滤纸,干燥显色,从而获得双相层析谱。应用这种方法,如果溶质在第一种溶剂中不能完全分开,而经过第二种溶剂的层析能得以完全分开,大大地提高了分离效果。纸层析还可以与区带电泳法结合,能获得更有效的分离效果,这种方法称为指纹谱法。

(二)实验器材

1. 滤纸

层析用滤纸的质量好坏将直接影响物质的分离效果,一种适用于层析法分离的滤纸必须达到如下要求:除了应质地均一,厚薄适当,纤维密度适中,具有一定的机械强度,还应具有一定的纯度,Ca^{2+}、Mg^{2+}、Cu^{2+}、Fe^{3+} 等金属离子含量要少,灰分在0.01%以下。我国常用的有国产新华层析滤纸1、2、3 号,英国产 Whatman 1、2、3 号,美国产 Schleicher & Schüll (s.s) 589、595 号。

杂质含量较高的滤纸必要时需进行预处理,用0.01~0.4 mol/L HCl、8-羟基喹啉水溶液或加铜沉淀剂处理,可除去滤纸中某些金属离子。如果作氨基酸分析,滤纸上含有微量与茚三酮反应的物质,可用0.5 mol/L $NaNO_2$ 和0.5 mol/L HCl 混合液洗涤,再用水冲洗至中性。

2. 展开装置

展开是指溶剂与点样点的滤纸接触后,由于毛细管作用,沿一定方向在滤纸上移动,同时带动溶质组分向前移动的过程。这种展开过程必须在一个被溶剂蒸汽所饱和的密闭容器中进行,防止渗析在滤纸中的溶剂挥发。容器的大小和形状依滤纸而定,最简单的是用直立的试管,大的可用玻璃标本缸。在容器底部放置适当高度的溶剂,点样后的滤纸垂直悬挂于上方或卷成圆筒状直立于溶剂中。

纸层析展开的方式依据被分离物质的种类多少、分配系数及其他分析要求,有上行及下行式展开、双向展开、环行展开等多种，较常用的是上下行展开和双向展开。其中下行展开装置比较复杂，要求在容器的上端安置一个盛展开剂的槽，滤纸的点样端整齐地浸没于槽的展开剂中，由于毛细管作用外加重力的影响，展开剂沿着滤纸由上向下缓慢移动。这种方式一般适用于长的或大张滤纸，分离 R_f 值小而且较为接近的各种物质。

3. 展开剂

选择合适的展开剂是决定分离成败的关键。由于不同样品的组成不同，所以没有共同的规律可循，一般使用的溶剂有正丁醇、酚、三甲基吡啶、二甲基吡啶、苯甲醇等。对展开剂的选择要考虑以下几方面：

(1)同一物质在不同的溶剂中 R_f 值不同，选择溶剂时应考虑被分离物质在该溶剂系统中 R_f 值需在0.05～0.85之间，两个被分离物质的 R_f 值相差最好大于0.05。

(2)溶剂系统与被分离物质之间，以及多元溶剂系统中各组分之间，都不应起化学反应。

(3)溶剂系统中含水量对 R_f 值影响很大，故要严格注意控制温度，使含水量恒定。

(4)展开溶剂都应事先处理才能应用，处理方法因溶剂性质的不同而异，常用的处理方法有酸碱反复抽提、水洗涤、干燥剂干燥、重蒸精制等。

(5)一般亲水性物质或极性较大的物质采用与水不互溶的有机溶剂加水混合作展开剂。中等极性物质采用疏水性有机溶剂与亲水性有机溶剂(甲醇、甲酰胺等)混合液作展开剂。对于有些疏水性物质或低极性物质(如高级脂肪酸)则可采用反相层析加以分离。

(三)操作要点

1. 样品预处理

为了对被分析的样品达到满意的分离效果，在上样展开前一般都要进行预处理。预处理包括：

(1)尽可能地纯化，除去对纸层析分离起干扰的物质，例如样品中的蛋白质，可用三氯醋酸溶液去除。

(2)去盐　常用离子交换树脂脱盐，如氨基酸、核苷酸类样品可用弱阴性和弱阳性树脂将带有阴、阳离子的盐分除去。

(3)浓缩　对欲分离物质含量过低的样品要进行浓缩，热不稳定的物质的浓缩要在低温、低压下进行，最常用的方法是低温减压干燥或浓缩，经浓缩或冷冻干燥后的样品再溶解于特定的溶剂中。宜选用使被分离物质的溶解性较好而干扰物质的溶解度较小且又易于挥发的溶剂。

2. 点样

点样是将经处理后的样品点加在层析滤纸的特定部位，这是一项需十分仔细的操作步骤，点样的好坏会直接影响分离效果。点样可用玻璃毛细管，如作定量测定，应使用微量移液管或微量注射器，市售血球计数管经加工磨尖头部并标定体积后使用也甚理想。点样量一般在2～20 μL之间，要控制样品斑点的直径在5 mm左右。如一次点样量不够，可待斑点干燥后(或以冷风吹干)再重复点样。在同一张滤纸上作多个样品分析时，样品点彼此距离应间隔2～3 cm。点样的位置，上行展开法一般点样在离滤纸下端4～5 cm处，下行展开法在离上端6～8 cm处。如作双相纸层析分离，点样处应位于距滤纸右侧边5 cm与距底边5 cm直线的交点，一张滤纸只能点加一个样品。

3. 展开

待滤纸上的样品溶液干燥后，将滤纸悬挂在展开装置内，避免与展开剂接触，密闭展开容器，使滤纸在充满展开剂的蒸汽中平衡半小时至一小时。平衡后，将滤纸点样端浸没于溶剂中，要求点样位置高出溶剂液面3～4 cm。比较理想的，最好在容器盖上连接一个长柄漏斗，待平衡后自外加入溶剂至所需高度。这样操作可不必打开容器盖，以保持容器中展开剂蒸汽的饱和状态。

溶剂展开的距离一般视被分离溶质的R_f值而定。各溶质的R_f值相差很大的样品，展开距离可较短；R_f值相差较小的样品要求较大的展开距离。但是考虑到由于展开距离太大(尤其是上行法)，溶剂移动速率愈来愈慢，而且斑点扩散也趋严重，反而影响分离效果，因此在实际操作时，溶剂展开的距离，上行法一般有15～20 cm，下行法有30～40 cm就足够了。

对于各溶质的R_f值非常接近的样品，为了获得较满意的分离效果，可以采用连续展开法。如用上行法，则把滤纸上端折转，夹于脱脂棉花中，使上升的溶剂不断地被棉花吸收；如用下行法，则把滤纸的下端剪成锯齿状，溶剂达到顶端后便可以从下垂的锯齿尖端滴下，进行连续展开。但用此种方法已无法确定溶剂展开的前缘，展开所需时间可选用一个R_f较大的有色参比标准物作示踪剂。

4. 显色

展开完毕，取出滤纸，随即用铅笔标记溶剂移动的前沿位置，悬挂在空气中晾干或热风吹干。多数样品纸层析展开后，分离斑点是无色的，需依据各溶质的理化性质，运用不同方法加以显色，如茚三酮溶液可与氨基酸反应显示紫色，硝酸氨银溶液可显示还原性糖。在操作时一般将显色剂喷洒到展开后的滤纸上，分离斑点立即显现。配制显色剂的溶剂最好使用与水不相溶的、挥发性较大的溶剂，尽量减少显色剂中的含水量，以免斑点扩散。

有些样品如许多有机药物或其代谢物，层析后一般不用显色剂喷雾显色，只要在暗处放置于紫外分析仪下，在斑点处即显现不同颜色的荧光，用铅笔圈出斑点，测定R_f值。标记放射性同位素的物质，可利用其对照相底片感光的特性作放射自显影，或将层析谱剪成小片作脉冲计数。一些抗菌素及维生素等对某些细菌生长具有抑制或促进作用，则可将滤纸剪成小片，作细菌培养来确定斑点位置，描绘出层析谱。

5. 测量R_f值

判断层析谱中各斑点的性质，最简单的办法是测定R_f值，因为在相同的实验条件下，同一种物质具有相同的R_f值，并不受展开剂移动距离长短的影响。双相层析谱的斑点R_f值分别等于各向展开剂的单向层析谱相应的R_f值。

在已知样品中各溶质的情况下，可同时进行标准物层析分离，通过R_f值及层析谱斑点位置的比较，更精确地确定样品中相应物质的性质。

一般来说，在同一层析谱上，一种物质只出现一种斑点，在少数情况下，由于物质在色谱分析过程中出现变化(如半胱氨酸很容易氧化成半胱磺酸)，也可能出现一个以上的斑点。有些物质 在某一溶剂系统中的R_f值非常接近，在层析时可出现在同一斑点中，因此不能简单地认为一个斑点就是一种物质。遇到这种情况时，如要把同一斑点中的物质加以分离，可改变层析条件，尤其是展开剂，或采用其他层析法进一步予以鉴定。

在连续展开时，因没有溶剂前缘可循，无法计算R_f值，此时可计算相对比移值(R_g)。其计算方法如下：

$$R_g = \text{原点至物质斑点的距离} / \text{原点至参比物质斑点的距离}$$

6. 定量分析

常用的定量方法有三种：

(1)剪洗法　显色后将分离的斑点剪下，以适当的溶剂洗脱，比色定量，该法的误差一般在

±5%左右。

(2)光密度扫描　将滤纸条置于光密度计中直接扫描，描绘出色谱曲线图，根据积分计数或测量曲线面积求出物质的含量，一般误差在±5%～±10%。

(3)直接测量斑点面积　此法影响因素很多，每次斑点的形状不易控制一致，重复性差。

7. 影响R_f值的因素

R_f值是纸层析定性分析的重要测量指标，每一种物质在恒定的实验条件下，R_f值是一个常数。如果实验条件改变，即使是微小的改变，R_f值就发生变异。这些实验条件或影响R_f值的因素除滤纸及展开剂的性质外，还有如下几方面：

(1)被分离物质的分子结构和极性　纸层析分离的固定相实际上是水，流动相为非极性溶剂，在水与有机溶剂两相之间决定物质分配系数的主要因素是物质极性大小，分配系数的改变即反映出R_f值的变化。例如酸性和碱性氨基酸的极性较强于中性氨基酸，后者在水中的溶解度(分配)较小，R_f值就较大。如果分子中极性基团数目不变而延长非极性结构碳链，则降低了整个分子的极性，R_f值随之增大。因此，在纸层析分离时，如知道被分离物质的分子结构，就能大致预测各物质的R_f值的大小。

(2)酸碱度　溶剂、滤纸及样品的pH均能影响R_f值。溶剂系统的pH既能影响溶质的解离状态，又能影响流动相本身的含水量，溶剂酸碱度大，吸水量多，则使极性物质的R_f值增大，反之则降低。

(3)温度　温度不仅影响物质在两相间的分配系数，而且影响溶剂相的组成及纤维素的水合作用。因此要获得准确的R_f值，层析过程必须在恒温条件下进行。

(4)展开方式　R_f值可因展开方式不同而有所差异，其中下行法的R_f值较大，上行法较小。环形展开时，由于溶剂是从中心向四周扩散，内圈较外圈小，限制了溶剂的流动，故R_f值也较大。

二、薄层层析法

薄层层析(thin-layer chromatography)是以涂布于支持板上的支持物作为固定相，以合适的溶剂为流动相，对混合样品进行分离、鉴定和定量的一种层析分离技术。这是一种快速分离诸如脂肪酸、类固醇、氨基酸、核苷酸、生物碱及其他多种物质的特别有效的层析方法，从50年代发展起来至今，仍被广泛采用。

(一)基本原理

薄层层析的原理与纸层析、柱层析比较接近，把支持物均匀涂布于支持板(常用玻璃板，也可用涤纶布等)上形成薄层，然后按纸层析法操作进行展开。薄层层析可根据作为固定相的支持物不同，分为薄层吸附层析(吸附剂)、薄层分配层析(纤维素)、薄层离子交换层析(离子交换剂)、薄层凝胶层析(分子筛凝胶)等。一般实验中应用较多的是以吸附剂为固定相的薄层吸附层析。

吸附是表面的一个重要性质。任何两个相都可以形成表面，吸附就是其中一个相的物质或溶解于其中的溶质在此表面上的密集现象。在固体与气体之间、固体与液体之间、吸附液体与气体之间的表面上，都可能发生吸附现象。

物质分子之所以能在固体表面停留，这是因为固体表面的分子(离子或原子)和固体内部分子所受的吸引力不相等。在固体内部，分子之间相互作用的力是对称的，其力场互相抵消。而处于固体表面的分子所受的力是不对称的，向内的一面受到固体内部分子的作用力大，而表面层所受的作用力小，因而气体或溶质分子在运动中遇到固体表面时受到这种剩余力的影响，就会被吸引而停留下来。吸附过程是可逆的，被吸附物在一定条件下可以解吸出来。在单位时间内被吸附于吸附剂的某一表面积上的分子和同一单位时间内离开此表面的分子之间可以建立动态平衡，称为吸附平衡。吸附层析过程就是不断地产生平衡与不平衡、吸附与解吸的动态平衡过程。

例如用硅胶和氧化铝作支持剂，其主要原理是吸附力与分配系数的不同，使混合物得以分离。当溶剂沿着吸附剂移动时，带着样品中的各组分一起移动，同时发生连续吸附与解吸作用以及反复分配作用。由于各组分在溶剂中的溶解度不同，以及吸附剂对它们的吸附能力的差异，最终将混合物分离成一系列斑点。如作为标准的化合物在层析薄板上一起展开，则可以根据这些已知化合物的 R_f 值对各斑点的组分进行鉴定，同时也可以进一步采用某些方法加以定量。

薄层层析与纸层析相比，有更多的优点：它保持了操作方便、设备简单、显色容易等特点，同时展开速率快，一般仅需15～20 分钟；混合物易分离，分辨力一般比纸层析高10～100 倍，它既适用于只有0.01 μg 的样品分离，又能分离大于500 mg 的样品作制备用，而且还可以使用如浓硫酸、浓盐酸之类的腐蚀性显色剂。薄层层析的缺点是对生物高分子的分离效果不甚理想。

(二)固定相支持剂的选择和处理

在薄层层析时，对支持剂的选择主要考虑两方面：一是支持剂的性质与适用范围；二是支持剂的颗粒大小。一般来说，所选吸附剂应具有最大的比表面积和足够的吸附能力，它对欲分离的不同物质应有不同的吸附能力，即有足够的分辨力；所选吸附剂与溶剂及样品组分不会发生化学反应。吸附力的强弱规律可概括如下：吸附力与两相间界面张力的降低成正比，某物质自溶液中被吸附的程度与其在溶剂中的溶解度成反比。极性吸附剂易吸附极性物质，非极性吸附剂易吸附非极性物质。同族化合物的吸附程度有一定的变化方向，例如，同系物极性递减，而被非极性表面吸附的能力将递增。

1. 支持物的性质与适用范围

用于薄层层析的支持剂基本特性和适用范围在许多书本中已有详细介绍，这些支持剂较常用的是硅胶、氧化铝、硅藻土、纤维素、聚酰胺及DEAE-纤维素。

(1)硅胶　硅胶是应用最广泛的一种极性吸附剂。它的主要优点是化学惰性，具有较大的吸附量，易制备成不同类型、孔径、表面积的多孔性硅胶，一般以 $SiO_2 \cdot xH_2O$ 通式表示。

硅胶的吸附活性取决于含水量，吸附层析一般采用含水量为10％～12％的硅胶，含水量小于1％的活性最高，而大于20％时，吸附活性最低。用加热脱水法可使硅胶活化。降低吸附活性的硅胶能显著改善分离性能，增加样品的负载量。

硅胶适用于分离酸性和中性物质，碱性物质能与硅胶作用，因此如用中性溶剂展开，碱性物质有时留在原点不动，或者斑点拖尾，而不能很好地分离。为了使某一类化合物得到满意的分离，可改变硅胶酸碱性。例如，可用稀酸或稀碱液(0.1～0.5 mol/L)或一定pH 值的缓冲溶液代替水制备酸性、碱性或某一 pH 值的薄层；也可在硅胶中加入氧化铝(碱性)制成薄层；或在展开剂中加入少量的酸或碱进行展层。

使用硅胶和硅藻土时，通常要先加入粘合剂再在支持板上涂布。常用的粘合剂为煅石膏和淀粉，在硅胶、氧化铝和硅藻土中分别加入5％～20％石膏后，称为硅胶G、氧化铝G 和硅藻土G。用煅石膏为粘合剂的薄层易从玻璃板上脱落，但具有耐腐蚀性试剂的优点。加淀粉制成的薄层，机械性能较好，但不宜用腐蚀性强的试剂。

(2)氧化铝　氧化铝为微碱性吸附剂，适用于亲脂性物质的分离制备，氧化铝具有较高的吸附容量，价格低廉，分离效果好，因此应用也较广泛。

在使用氧化铝作吸附层析时，要注意选择适当活性及适当酸碱度的产品。氧化铝通常可按制备方法不同而分为碱性、中性和酸性三种。碱性氧化铝可应用于碳氢化合物的分离；中性氧化铝适用于醛、酮、醌、某些苷类及酸碱溶液中不稳定的酯、内酯等化合物的分离；酸性氧化铝适用于天然及合成的酸性色素以及醛、酸的分离。

(3)聚酰胺　聚酰胺由己二酸与己二胺聚合而成，也可用己内酰胺聚合而成，因它们都含有大量酰胺基团，故统称聚酰胺。

聚酰胺薄膜层析是1966年后发展起来的一种薄层层析方法，用此方法分析氨基酸衍生物DNP—氨基酸、PTH—氨基酸、DNS—氨基酸及DABTH—氨基酸时，具有灵敏度高、分辨力强、展层迅速和操作简便等优点。目前由国产原料制成的聚酰胺薄膜性能良好、效果满意，已用于酚类、醌类、硝基化合物、氨基酸及其衍生物、核酸碱基、核苷、核苷酸、杂环化合物、合成染料、磺胺、抗菌素、环酮、杀虫剂及维生素B等16类化合物的分析。

(4)硅藻土和纤维素　它们是中性支持剂，需在吸附水、缓冲溶液或甲酰胺等之后，才能用于薄层层析。

2. 支持剂的颗粒大小

用作薄层层析固定相的支持剂颗粒，要求大小适当、均匀。颗粒过大，展开时溶剂推进速率太快，分离效果不好；颗粒太小，展开太漫，斑点拖尾不集中，分离效果也差。颗粒大小固定在一定范围内并且薄层厚度均匀一致时，每次得出的 R_f 值即可保持恒定。无机类支持剂的颗粒以150～200目(直径为0.07～0.1 mm)、薄层厚度为0.25～1 mm 较合适。有机吸附剂如纤维素等的颗粒为70～140目(直径0.1～0.2 mm)、薄层厚度为1～2 mm 最恰当。

(三)薄层板制作

薄层板制作简称制板，是指作为固定相的支持剂被均匀地涂布在玻板上，形成一薄层。所用的玻板要求表面平滑、清洁。玻板的大小按需要选定，常用的规格为6 cm×20 cm、20 cm×20 cm 及2.5 cm×7.5 cm。

1. 软板制作

软板也称干板，是不加粘合剂，将支持剂干粉直接均匀地铺在玻板上制成的。这种薄层板制作简单，展开快，但极易吹散。其具体制作方法如下：

(1)选用直径约为0.5 cm 的玻璃管一根，根据薄层的厚度(一般为0.4～1 mm)在其两端绕胶布数圈。

(2)将支持物干粉倒在玻板上，固定玻板一端以防玻璃推进时移动。

(3)将玻璃管压在玻板上，将支持剂干粉由一端推向另一端即成薄层。

2. 硬板制作

硬板或称湿板，是将支持剂加粘合剂和水或其他液体后，均匀地铺在玻璃板上，再经烘干而成的薄层板。制作方法可用专门的薄层制板器，也可用手工，均能得到满意的效果。下面介绍三种手工涂布制板的方法：

(1)玻棒涂布　将支持剂用水或适当溶剂调成胶浆，倒在玻板上，然后依软板制作相同方法，用玻棒在玻板上将支持剂由一端向另一端推动，即成薄层。

(2)玻片涂布　在玻板两旁放置两块稍厚的玻板，把支持剂胶浆倒在中间的玻板上，然后用另一块玻片的边缘将胶浆刮向另一端，即成一定厚度的薄层。干燥后用刀刮去薄板两侧的支持剂。更换玻板两旁不同厚度的玻片，即可调节薄层的厚度。

(3)倾斜涂布　将支持剂胶浆倒在玻片上，然后将玻板倾斜，使胶浆均匀涂布于玻板上。

上述任何一种方法将支持剂均匀涂布于玻板上后，静置片刻，待薄层表面无水渍后，置烘箱中，让温度升到100℃，持续1小时。关闭电源，待温度降至接近室温时，取出薄层板，放入干燥器备用。此一步骤称为活化。

(四)点样

薄层层析点样方法与纸层析基本相同，但另应注意以下几点：

(1)样品最好用具挥发性的有机溶剂(如乙醇、氯仿等)溶解，不应用水溶液，因水分子与吸附剂的相互作用力较弱，当它占据了吸附剂表面上的活性位置时，就使吸附剂的活性降低，而使斑点扩散。

(2)点样量不宜太多，否则会降低 R_f 值，一般为几到几十 μg，体积为 1～20 μL。

(3)原点直径要控制在2 mm以内。欲达此目的，就须分次点样，边点样，边用冷、热风交替吹干。

(4)薄层板在空气中不能放置太久，否则会因吸潮降低活性。

(五)展层

1. 展开剂的选择

选择展开剂须视被分离物的极性及支持剂的性质而定。对初选展开剂合适与否的评价，要根据其分离有效成分的效果来确定。如果不合适，还需进行极性调整，直到达到对有效成分的完全分离为止。

如果薄层层析所用的支持剂是吸附剂，在同一吸附剂上，不同化合物的吸附性质有如下规律：①饱和碳氢化合物不易被吸附；②不饱和碳氢化合物易被吸附，分子中双键愈多，则吸附得愈紧密；③当碳氢化合物被一个功能基取代后，吸附性增大。吸附性按以下功能基依次递增：$—CH_3 < —O— < \rangle C{=}O < —NH_2 < —OH < —COOH$。吸附性较大的化合物，一般需用极性较大的溶剂才能推动它。

选择展开剂的另一个依据是溶剂的极性大小。一般而论，在同一种支持剂上，凡溶剂的极性愈大，则对同一性质的化合物的洗脱能力也愈大，即在薄层上能把此化合物推进得愈远，R_f 值也愈大。如果用一种溶剂去展开某一成分，当发现它的 R_f 值太小时，可考虑换用一种极性较大的溶剂，或在原来的溶剂中加入一定量极性较大的溶剂进行展层。溶剂极性大小的次序是：石油醚＜二硫化碳＜四氯化碳＜三氯乙烯＜苯＜二氯甲烷＜氯仿＜乙醚＜乙酸乙酯＜乙酸甲酯＜丙酮＜正丙醇＜甲醇＜水。

2. 展层

展层装置种类较多，根据展层方式基本上可分上行、下行、连续及水平式四种。不加粘合剂的薄层只能作近水平式(板与水平成10°～20°角)的上行或下行展开。不论何种展层方式，展层容器必须关闭，并事先要使展开剂蒸气达到饱和。容器的体积大小要视薄层板的面积而定，因为大容器要达到溶剂蒸气饱和所需的时间比小的长。虽然薄层层析时，溶剂饱和度对分离效果的影响不如纸层析大，但影响仍然存在。根据实验证明，在不饱和的展层装置中，由于混合展开剂内含有几种挥发性试剂，致使薄层板边缘与中间的试剂比例不同，因此样品在边缘和中间展层的距离也不同，这种现象称为边缘效应，严重时会影响分离效果。

如同纸层析一样，薄层层析时为了获得更好的分离效果，也采用双向展层和分次展层。分次展层是先用一种溶剂展开至一定距离后，将薄层板取出，待溶剂挥发后再按同一方向用第二种溶剂展开。

(六)显色和定量

薄层层析法的显色和定量与纸层析法类似。薄层板展开完成后,从展开装置中取出,于室温或烘箱中干燥,然后根据被分离物质的种类和性质,选用相应的显色剂喷雾显色,或用紫外灯检测被分离的物质斑点,如同纸层析法一样,测量和计算各斑点的 R_f 值。

由于薄层层析与纸层析法有不同的特点,因此在分析定量时需注意以下几点:

(1)在喷雾显色时,不加粘合剂的薄层要小心操作,以免吹散吸附剂。

(2)薄层层析还可以用强腐蚀性显色剂,如硫酸、硝酸、铬酸或其他混合溶液。这些显色剂几乎可以使所有的有机化合物转变为碳,如果支持剂是无机吸附剂,薄层板经此类显色剂喷雾后,被分离的有机物斑点即显示黑色。此类显色剂不适用于定量测定或制备用的薄层上。

(3)如果样品斑点本身在紫外光下不显荧光,可采用荧光薄层检测法,即在吸附剂中加入荧光物质,或在制备好的薄层上喷雾荧光物质,制成荧光薄层。这样在紫外光下薄层本身显示荧光,而样品斑点不显荧光。吸附剂中加入的荧光物质常用的有1.5%硅酸锌镉粉,或在薄层上喷雾0.04%荧光素钠、0.5%硫酸奎宁醇溶液或1%磺基水杨酸的丙酮溶液。

(4)由于薄层边缘含水量不一致,薄层的厚度、溶剂展开距离的增大,均会影响 R_f 值,因此在鉴定样品的某一成分时,应用已知标准样作对照。

(5)定量时,可对斑点作光密度测定,也可将一个斑点显色,而将与其相同 R_f 值的另一未显色斑点从薄层板上连同吸附剂一起刮下,然后用适当的溶剂将被分离的物质从吸附剂上洗脱下来,进行定量测定。

(七)薄层层析法的近代发展

薄层层析法由于其本身所具有的许多优点,几十年来,在混合物的分离、定性及定量分析中的应用相当普遍,并逐渐取代了纸层析分离技术。为了克服薄层层析法存在的某些不足,获得更有效的分离效果,在薄层制备、展开方式、分析鉴定手段以及相配套的仪器设备等方面近年来进行了许多革新,其中最根本的是支持剂的改进。以一种直径更小的支持剂颗粒替代常规的支持剂剂型所制备的薄层,比常规的薄层具有所需样品少、展开速率快、距离短、分辨力高等优点;而且此种新型的薄层具有较好的光学特性,更有利于对分离斑点进行光密度扫描。为了区别于常规的薄层层析分析法,通常将此种新方法称为高效薄层层析法(high performance thin-layer chromatography, HPTLC),也称现代薄层层析法(modern TLC)。

在进行HPTLC时,为了保证恒定的吸附剂活性和薄层板的相对湿度,预制板可用固定相浸渍剂加以处理。经处理后的薄层板一般不再受外界湿度的影响。固定相浸渍剂分两类:①亲水性固定相,多数用甲酰胺、二甲基甲酰胺、二甲基亚砜、乙二醇和不同相对分子质量的聚乙二醇或不同种类的盐溶液浸渍;②亲脂性固定相,一般作反向层析用,多数用液体石蜡、十一烷、十四烷、矿物油、硅酮油或乙基油酸盐等浸渍。也有利用与浸渍剂形成络合物或加成物得以分离的,如经三硝基苯或苦味酸浸渍的,可利用络合反应分离多环化合物。用 $NaHSO_3$ 浸渍,可与含有羰基化合物生成加成物而得以分离。

三、离子交换层析法

离子交换层析(ion exchange chromatography)是利用离子交换剂上的可交换离子与周围介质中被分离的各种离子间的亲和力不同,经过交换平衡达到分离的目的的一种柱层析法。该法可以同时分析多种离子化合物,具有灵敏度高,重复性、选择性好,分析速度快等优点,是当前最常用的层析法之一。

（一）基本原理

离子交换层析对物质的分离通常是在一根充填有离子交换剂的玻璃管中进行的。离子交换剂为人工合成的多聚物，其上带有许多可电离基团，根据这些基团所带电荷不同，可分为阴离子交换剂和阳离子交换剂。含有欲被分离的离子的溶液通过离子交换柱时，各种离子即与离子交换剂上的荷电部位竞争性结合。任何离子通过柱时的移动速率决定于与离子交换剂的亲和力、电离程度和溶液中各种竞争性离子的性质和浓度。

离子交换剂是由基质、荷电基团和反离子构成，在水中呈不溶解状态，能释放出反离子。同时它与溶液中的其他离子或离子化合物相互结合，结合后不改变本身和被结合离子或离子化合物的理化性质。

离子交换剂与水溶液中离子或离子化合物所进行的离子交换反应是可逆的。假定以RA代表阳离子交换剂，在溶液中解离出来的阳离子A^+与溶液中的阳离子B^+可发生可逆的交换反应，反应式如下：

$$RA+B^+ \rightleftharpoons RB+A^+$$

该反应能以极快的速率达到平衡，平衡的移动遵循质量作用定律。

离子交换剂对溶液中不同离子具有不同的结合力，结合力的大小取决于离子交换剂的选择性。离子交换剂的选择性可用其反应的平衡常数K表示：

$$K=[RB][A^+]/[RA][B^+]$$ 。

如果反应溶液中$[A^+]$等于$[B^+]$，则$K=[RB]/[RA]$。若$K>1$，即$[RB]>[RA]$，表示离子交换剂对B^+的结合力大于A^+；若$K=1$，即$[RB]=[RA]$，表示离子交换剂对A^+和B^+的结合力相同；若$K<1$，即$[RB]<[RA]$，表示离子交换剂对B^+的结合力小于A^+。K值是反映离子交换剂对不同离子的结合力或选择性参数，故称K值为离子交换剂对A^+和B^+的选择系数。

溶液中的离子与交换剂上的离子进行交换，一般来说，电性越强，越易交换。对于阳离子树脂，在常温常压的稀溶液中，交换量随交换离子的电价增大而增大，如$Na^+<Ca^{2+}<Al^{3+}<Si^{4+}$。如原子价数相同，交换量则随交换离子的原子序数的增加而增大，如$Li^+<Na^+<K^+<Pb^+$。在稀溶液中，强碱性树脂的各负电性基团的离子结合力次序是：$CH_3COO^-<F^-<OH^-<HCOO^-<Cl^-<SCN^-<Br^-<CrO_4{}^{2-}<NO_2{}^-<I^-<C_2O_4{}^{2-}<SO_4{}^{2-}<$柠檬酸根。弱碱性阴离子交换树脂对各负电性基团结合力的次序为：$F^-<Cl^-<Br^-=I^-=CH_3COO^-<MoO_4{}^{2-}<PO_4{}^{3-}<AsO_4{}^{3-}<NO_3{}^-<$酒石酸根$<$柠檬酸根$<CrO_4{}^{2-}<SO_4{}^{2-}<OH^-$。

两性离子如蛋白质、核苷酸、氨基酸等与离子交换剂的结合力，主要决定于它们的理化性质和特定的条件下呈现的离子状态。当$pH<pI$时，能被阳离子交换剂吸附；反之，当$pH>pI$时，能被阴离子交换剂吸附。若在相同pI条件下，且$pI>pH$时，pI越高，碱性越强，就越容易被阳离子交换剂吸附。

离子交换层析就是利用离子交换剂的荷电基团，吸附溶液中相反电荷的离子或离子化合物，被吸附的物质随后为带同类型电荷的其他离子所置换而被洗脱。由于各种离子或离子化合物对交换剂的结合力不同，因而洗脱的速率有快有慢，形成了层析层。

（二）离子交换剂类型及选择

1. 离子交换剂的类型

根据离子交换剂中基质的组成及性质，可将其分成两大类：疏水性离子交换剂和亲水性离子交换剂。

(1)疏水性离子交换剂

此类交换剂的基质是一种与水亲和力较小的人工合成树脂,最常见的是由苯乙烯与交联剂二乙烯苯反应生成的聚合物,在此结构中再以共价键引入不同的电荷基团。由于引入电荷基团的性质不同,又可分为阳离子交换树脂、阴离子交换树脂及螯合离子交换树脂。

①阳离子交换剂　阳离子交换剂的电荷基团带负电,反离子带正电,故此类交换剂可与溶液中的阳离子或带正电荷化合物进行交换反应。依据电荷基团的强弱,又可将它分为强酸型、中强酸型及弱酸型三种,各含有以下可解离基团:

磺酸基　$—SO_3^-H^+$　(强酸型)

磷酸根　$—PO_3H_2$
亚磷酸根　$—PO_2H_2$
磷酸基　$—O—PO_2H_2$　(中强酸型)

羧基　$—COOH$
酚羟基　$—C_6H_4—OH$　(弱酸型)

这些交换剂在交换时,氢离子为外来的阳离子所取代,如下式所示:

$$R—SO_3H + Na^+ \rightleftharpoons R—SO_3Na + H^+$$

$$R—P(=O)(OH)—OH + Na^+ \rightleftharpoons R—P(=O)(OH)—ONa + H^+$$

$$R—COOH + Na^+ \rightleftharpoons R—COONa + H^+$$

②阴离子交换剂　此类交换剂是在基质骨架上引入季胺[$—N^+(CH_3)_3$]、叔胺[$—N(CH_3)_2$]、仲胺[$—NHCH_3$]和伯胺[$—NH_2$]基团后构成的,依据胺基碱性的强弱,又可分为强碱性(含季胺基)、弱碱性(含叔胺、仲胺基)及中强碱性(既含强碱性基团又含弱碱性基团)三种阴离子交换剂。它们与溶液中的离子进行交换时,反应式为:

$$R—N^+(CH_3)_3OH^- + Cl^- \rightleftharpoons R—N^+(CH_3)_3Cl^- + OH^-$$

$$R—N(CH_3)_2 + H_2O \rightleftharpoons R—N^+(CH_3)_2H \cdot OH^-$$

$$R—N^+(CH_3)_2H \cdot OH + Cl^- \rightleftharpoons R—N^+(CH_3)_2H \cdot Cl^- + OH^-$$

③螯合离子交换剂　这类离子交换树脂具有吸附(或络合)一些金属离子而排斥另一些离子的能力,可通过改变溶液的酸度提高其选择性。由于它的高选择性,只需用很短的树脂柱就可以把欲测的金属离子浓缩并洗脱下来。

疏水性离子交换剂由于含有大量的活性基团,交换容量大、流速快、机械强度大,主要用于分离无机离子、有机酸、核苷、核苷酸及氨基酸等小分子物质,也可用于从蛋白质溶液中除去表面活性剂(如SDS)、去污剂(如Triton X-100)、尿素、两性电解质(Ampholyte)等。

(2)亲水性离子交换剂

亲水性离子交换剂中的基质为一类天然的或人工合成的化合物,与水亲和性较大,常用的有纤维素、交联葡聚糖及交联琼脂糖等。

①纤维素离子交换剂　纤维素离子交换剂或称离子交换纤维素,是以微晶纤维素为基质,再引入电荷基团构成的。根据引入电荷基团的性质,也可分强酸性、弱酸性、强碱性及弱碱性离子交换剂。纤维素离子交换剂中,最为广泛使用的是二乙胺基乙基(DEAE—)纤维素和羧甲基(CM—)纤维素。近年来Pharmacia公司用微晶纤维素经交联作用,制成了类似凝胶的珠状弱

碱性离子交换剂(DEAE—Sephacel),结构与DEAE—纤维素相同,对蛋白质、核酸、激素及其他生物聚合物都有同等的分辨率。目前常用的纤维素交换剂如表1-1 所示。离子交换纤维素适用于分离大分子多价电解质。它具有疏松的微结构,对生物高分子物质(如蛋白质和核酸分子)有较大的穿透性;表面积大,因而有较大的吸附容量。基质是亲水性的,避免了疏水性反应对蛋白质分离的干扰;电荷密度较低,与蛋白质分子结合不牢固,在温和洗脱条件下即可达到分离的目的,不会引起蛋白质的变性。但纤维素分子中只有一小部分羟基被取代,结合在其分子上的解离基团数量不多,故交换容量小,仅为交换树脂的1/10 左右。

表1-1　离子交换纤维素

交换剂(简写)	类　型	功能基团	交换容量(毫克当量/g)	适宜工作pH
磷酸纤维素(P—C)	中强酸型阳离子交换剂	$—PO_3^{2-}$	0.7～7.4	pH<4
磺酸乙基纤维素(SE—C)	强酸型阳离子交换剂	$—(CH_2)_2SO_3^-$	0.2～0.3	极低
羟甲基纤维素(CM—C)	弱酸型阳离子交换剂	$—CH_2COO^-$	0.5～1.0	pH>4
三乙基氨基乙基纤维素(TEAE—C)	强碱型阴离子交换剂	$—(CH_2)_2N^+(C_2H_5)_3$	0.5～1.0	pH>8.6
二乙氨基乙基纤维素(DEAE—C)	弱碱型阴离子交换剂	$—(CH_2)_2N^+H(C_2H_5)_2$	0.1～1.0	pH<8.6
氨基乙基纤维素(AE—C)	中等碱型阴离子交换剂	$—(CH_2)_2N^+H_2$	0.3～1.0	
Ecteda 纤维素(ECTE—C)	中等碱型阴离子交换剂	$—(CH_2)_2N^+(C_2H_4OH)_3$	0.3～0.5	

②交联葡聚糖离子交换剂　交联葡聚糖离子交换剂是以交联葡聚糖G-25 和G-50 为基质,通过化学方法引入电荷基团而制成的。常用的有8 种,见表1-2。其中交换剂-50 型适用于相对分子质量为3×10^4～3×10^6 的物质的分离,交换剂-25 型能交换相对分子质量较小(1×10^3～5×10^3)的蛋白质。交联葡聚糖离子交换剂的性质与葡聚糖凝胶很相似,在强酸和强碱中不稳定,在pH=7 时可耐120℃的高热。它既有离子交换作用,又有分子筛性质,可根据分子大小对生物高分子物质进行分级分离,但不适用于分级分离相对分子质量大于2×10^5 的蛋白质。

表1-2　交联葡聚糖离子交换剂的种类

类　型	功能基团	反离子	吸附容量(g/g)*	适宜工作pH
弱碱型	$—C_2H_4N^+(C_2H_5)_3$			
DEAE-Sephadex A25		Cl^-	0.5	2～9
DEAE-Sephadex A50			5.0	
强碱型	$—C_2H_4N^+(C_2H_5)_2CH_2CHCH_3$ (OH)			
QAE-Sephadex A25		Cl^-	0.3	2～10
QAE-Sephadex A50			6.0	

（续表）

类　型	功能基团	反离子	吸附容量(g/g)*	适宜工作pH
弱酸型	$—CH_2COO^-$			
CM-Sephadex C25		Na^+	0.4	6～10
CM-Sephadex C50			9.0	
弱酸型	$—C_3H_6SO_3^-$			
SP-Sephadex C25		Na^+	0.2	2～10
SP-Sephadex C50			7.0	

* 指对血红蛋白的结合量。

③琼脂糖离子交换剂　主要以交联琼脂糖CL-6B (Sepharose CL-6B)为基质，引入电荷基团而构成。这种离子交换凝胶对pH及温度的变化均较稳定，可在pH3～10和0～70℃范围内使用，改变离子强度或pH时，床体积变化不大。例如，DEAE-Sepharose CL-6B为阴离子交换剂；CM-Sepharose CL-6B为阳离子交换剂。它们的外形呈珠状，网孔大，特别适用于相对分子质量大的蛋白质和核酸等化合物的分离，即使加快流速，也不影响分辨率。

2. 离子交换剂的应用选择

应用离子交换层析技术分离物质时，选择理想的离子交换剂是提高得率和分辨率的重要环节。任何一种离子交换剂都不可能适用于所有的样品物质的分离，因此必须根据各类离子交换剂的性质以及待分离物质的理化性质，选择一种最理想的离子交换剂进行层析分离。选择离子交换剂的一般原则如下：

(1)选择阴离子抑或阳离子交换剂，决定于被分离物质所带的电荷性质。如果被分离物质带正电荷，应选择阳离子交换剂；如带负电荷，应选择阴离子交换剂；如被分离物为两性离子，则一般应根据其在稳定pH范围内所带电荷的性质来选择交换剂的种类。

(2)强型离子交换剂适用的pH范围很广，所以常用它来制备去离子水和分离一些在极端pH溶液中解离且较稳定的物质。弱型离子交换剂适用的pH范围狭窄，在pH为中性的溶液中交换容量高，用它分离生命大分子物质时，其活性不易丧失。

(3)离子交换剂处于电中性时常带有一定的反离子，使用时选择何种离子交换剂，取决于交换剂对各种反离子的结合力。为了提高交换容量，一般应选择结合力较小的反离子。据此，强酸型和强碱型离子交换剂应分别选择H型和OH型；弱酸型和弱碱型交换剂应分别选择Na型和Cl型。

(4)交换剂的基质是疏水性还是亲水性，对被分离物质有不同的作用性质(如吸附、分子筛、离子或非离子的作用力等)，因此对被分离物质的稳定性和分离效果均有影响。一般认为，在分离生命大分子物质时，选用亲水性基质的交换剂较为合适，它们对被分离物质的吸附和洗脱都比较温和，活性不易破坏。

(三)操作要点

1. 交换剂的预处理、再生和转型

商品离子交换树脂为干树脂，要用水浸透使之充分吸水溶胀。又因含有一些水不溶性杂质，所以要用酸、碱处理除去。一般程序如下：干树脂用水浸泡2小时后减压抽去气泡，倾去水，再用大量去离子水洗至澄清，去水后加4倍量的2 mol/L HCl溶液，搅拌4小时，除去酸液，用水洗至中性，再加4倍量的2 mol/L NaOH溶液，搅拌4小时，除去碱液，用水洗至中性备用。其中处理用的酸碱浓度在不同实验条件下，可以有变动。

如果是亲水型离子交换剂，只能用0.5 mol/L NaOH 和0.5 mol/L NaCl 混合溶液或0.5 mol/L HCl 溶液处理（室温下处理30 分钟）。

酸碱处理的次序决定了离子交换剂携带反离子的类型。在每次用酸或碱处理后，均应用水洗至近中性，再用碱或酸处理，最后用水洗至中性，经缓冲溶液平衡后即可使用或装柱。

用过的离子交换剂使其恢复原状的方法，称为“再生”。再生时并非每次都用酸碱反复处理，往往只要转型处理就行。所谓转型就是说使用时希望交换剂带何种反离子。如希望阳离子交换剂带Na^+，可用4 倍量的2 mol/L NaOH 溶液搅拌浸泡2 小时；如希望带H^+，则用HCl 溶液处理；希望它带NH_4^+，则用氨水处理。阴离子交换剂转型，如用HCl 溶液处理，交换剂常带Cl^-；如用NaOH 溶液处理则带OH^-。

长期使用后的树脂含杂质很多，欲将其除掉，应先用沸水处理，然后用酸、碱处理之。树脂若含有脂溶性杂质，可用乙醇或丙酮处理。长期使用过的亲水型离子交换剂的处理，一般只用酸、碱浸泡即可。对琼脂糖离子交换剂的处理，在使用前用蒸馏水漂洗，缓冲溶液平衡后即可。

下面以DEAE—C 为例介绍预处理及再生的操作程度：

将干粉撒在0.5 mol/L NaOH 溶液中（15 mL/g 干粉），使其自然沉降，浸泡1 小时，抽滤除尽碱液，用水洗至滤液呈中性；然后加入足量0.5 mol/L HCl 溶液，摇匀、浸泡、抽滤，用水洗去游离HCl；再用NaOH 溶液洗，进而用水洗去碱液，至滤液呈中性；最后将处理后的DEAE—C 浸泡在所需的缓冲溶液中，平衡待用。

一次实验结束后，用0.5 mol/L NaOH 溶液洗涤，足以除去残留在交换剂上的蛋白质。用水洗尽碱液，用缓冲溶液平衡供下一次使用。

2. 交换剂装柱

使用离子交换剂的方法有两种：一种是柱层析法，即将交换剂装入层析柱内，让溶液连续通过。该法交换效率高，应用范围广泛。另一种是分批法，也称静态法，即将离子交换剂置入盛有溶液的容器内，缓慢搅拌。该法交换效率低，不能连续进行。

(1)离子交换层析柱

实验室中最简单的层析柱可用碱式滴定管代替。一般用玻璃或有机玻璃制成的管，底部熔接有3 号烧结滤板，也可用玻璃纤维代替。柱的高度依分离物质的不同而定，当所用的交换剂与待分离物质各组分之间的亲和力相差不多而需要交换剂的体积较大时，以增加柱长为宜，使待分离的组分被洗脱后再结合于交换剂上的概率增加，使性质相近的组分能较好地分离，因而增加了分辨率。柱的直径与高度的比以1 ∶ 20 左右为宜。如采用离子强度较大的梯度洗脱时，以选用粗而短的柱子为宜。因为当柱上洗脱液的离子强度高到足以完全取代被吸附的离子时，这些被置换的离子则以同洗脱液等速率从柱上向下移动，如果柱细长，即从脱附到流出之间的距离长，使脱附的离子扩散的机会增加，结果造成分离峰过宽，降低分辨率。用交联葡聚糖离子交换剂和纤维素离子交换剂时，常用的柱高为15～20 cm。

(2)装柱

转型再生好的交换剂先放入烧杯，加入少量水，边搅拌边倒入垂直固定的层析柱中，使交换剂缓慢沉降。交换剂在柱内必须分布均匀，不应有明显的分界线，严防气泡产生，否则将严重影响交换性能。为防止气泡和分界线（即所谓“节”）的出现，在装柱时，可在柱内先加入一定高度的水速率，一般为柱长的1/3，再加入交换剂就可借水的浮力而缓慢沉降。同时控制排液口放水速率，以保持交换剂面上水的高度不变，交换剂就会连续地缓慢沉降，“节”和气泡就不会产生。

离子交换剂的装柱量要依据其全部交换量和待吸附物质的总量来计算。当溶液含有各种杂质时，必须考虑使交换量留有充分余地，实际交换量只能按理论交换量的25%～50%计算。在样品纯度很低时，或有效成分与杂质的性质相近时，实际交换量应控制得更低些。

3. 样品上柱、洗脱和收集

装柱完毕，通过恒流泵加入起始缓冲溶液，流洗交换剂，直至流出液的pH与起始缓冲溶液相同。关闭层析柱出液口，准备加样。

打开柱出液口，待缓冲溶液下移至柱床表面时，关闭出液口。用滴管加入已用起始缓冲溶液平衡后的样品。沿柱内壁滴加样品，待样品液加到一定高度后，再移向中央滴加，务必使样品液均匀分布于柱床全表面。然后打开出液口，待样品液全部流入柱床时，先用少量起始缓冲溶液冲洗柱内壁，再接上洗脱装置，按一定速率加入洗脱液，开始层析分离。

一般分析用的样品液上柱量为床容量的1%～2%。制备用的样品量可适当加大。

从交换剂上把被吸附的物质洗脱下来，一种方法是增加离子强度，将被吸附的离子置换出来；另一种是改变pH值，使被吸附离子解离度降低，从而减弱其对交换剂的亲和力而被脱附。

由于被吸附的物质不一定是所要求的单一物质，因此除了正确选择洗脱液外，还采用控制流速和分部收集的方法来获得所需的单一物质。因不同物质的极性不同，容易交换的先流出来，根据先后顺序就能得到较纯的物质。

洗脱液的流速不仅与所用交换剂的结构、颗粒大小及数量有关，而且与层析柱的粗细及洗脱液的粘度有关，很难定出一定的标准，必须根据具体条件，反复实验，才能得出适合于特定层析条件的洗脱液流速，一般控制在5～8 $mL/(cm^2 \cdot h)$。

经洗脱流出的溶液可用部分收集器分部收集，收集的体积一般以柱体积的1%～2%为宜。若降低分部收集体积，可提高分辨率。分部收集洗脱液经相关的检测分析，便可得知所含物质的数量。也可以用监测仪显示收集的洗脱液在特定波长的吸光度(A)代表被分离物质的浓度，以此为纵坐标，以相应的洗脱体积为横坐标，绘制出洗脱曲线。

离子交换层析中的洗脱是至关重要的一步，为了有效地从交换剂上将各种被吸附的物质分阶段洗脱下来，常采用梯度溶液进行洗脱，即所谓梯度洗脱。这种溶液的梯度由盐浓度或pH的变化而形成。前者是用一简单的盐(如NaCl或KCl)溶解于稀缓冲溶液中制成的；后者是用两种不同pH值或不同缓冲溶液制成的。

在某些实验条件下，离子交换层析的洗脱，也选用阶梯式或复合式梯度洗脱液。实践中采用何种形式的梯度洗脱，完全决定于分离要求，无规律可循。一般从线性梯度开始，然后逐步摸索试验，以获得适用于实验的合适洗脱方式。

四、凝胶层析法

凝胶层析法(gel chromatography)也称分子筛层析法，是指混合物随流动相经过凝胶层析柱时，其中各组分按其分子大小不同而被分离的技术。该法设备简单、操作方便、重复性好、样品回收率高，除常用于分离纯化蛋白质、核酸、多糖、激素等物质外，还可用于测定蛋白质的相对分子质量，以及样品的脱盐和浓缩等。由于整个层析过程中一般不变换洗脱液，有如过滤一样，故又称凝胶过滤。

(一)基本原理

凝胶是一种不带电荷的具有三维空间的多孔网状结构、呈珠状颗粒的物质，每个颗粒的细微结构及筛孔的直径均匀一致，像筛子，小的分子可进入凝胶网孔，而大的分子则排阻于颗粒之外。当含有分子大小不一的混合物样品加到用此类凝胶颗粒装填而成的层析柱上时，这些物质即随洗脱液的流动而发生移动。大分子物质沿凝胶颗粒间隙随洗脱液移动，流程短，移动速率快，先被洗出层析柱；而小分子物质可通过凝胶网孔，进入颗粒内部，然后再扩散出来，故流程长，移动速率慢，最后被洗出层析柱，从而使样品中不同大小的分子彼此获得分离。如果两种以上不同相对分子质量的分子都能进入凝胶颗粒网孔，则由于它们被排阻和扩散的程度不同，在凝胶柱中所经过的路程和时间也不同，彼此也可得到分离。

分子筛层析柱的总床体积(V_t)由三部分组成：凝胶颗粒之间液体的体积(外水体积)V_o；颗粒内所含的液体体积(内水体积)V_i；凝胶颗粒本身的体积V_m，即

$$V_t = V_o + V_i + V_m。$$

每个溶质分子在流动相和固定相之间有一个特定的分配系数K_d。它的洗脱体积V_e为

$$V_e = V_o + K_d V_i,$$

$$K_d = (V_e - V_o)/V_i。$$

当$K_d = 0$时，$V_e = V_o$，即溶质分子完全不能进入凝胶颗粒内，被排阻于颗粒网孔之外而最先被洗脱下来；当$K_d = 1$时，溶质分子完全向颗粒内扩散，在洗脱过程中将最后流出柱外。一般情况下，$0 < K_d < 1$。

在实际操作时，V_o的测定可采用一个相对分子质量远超过凝胶排阻限值的有色大分子(常用兰葡聚糖-2000)溶液通过柱床，其洗脱液体积即等于V_o。V_i的测定则可选用一个自由扩散的小分子(如中性盐)通过柱床，此时，$K_d = 1$，则$V_i = V_e - V_o$。在有些情况下，由于V_i不易准确测定，而V_m所造成的偏差又不大，可以把整个凝胶都作为固定相，此时分配系数以K_{av}表示。

K_d或K_{av}是一种物质洗脱行为的特征性常数，可用来精确判断混合物中某一被分离物质在一指定凝胶层析柱内洗脱所需要的液量及洗脱次序的先后。

(二)常用凝胶的类型及应用选择

1. 凝胶的类型及性质

层析用的凝胶都是三维空间的网状高聚物，有一定的孔径和交联度。它们不溶于水，但在水中有较大的膨胀度，具有良好的分子筛功能。它们可分离的分子大小的范围广，相对分子质量在$10^2 \sim 10^8$范围之间。在柱层析分离中常用的凝胶有以下几类：

(1)交联葡聚糖凝胶

交联葡聚糖凝胶的商品名称为Sephadex，由葡聚糖和3-氯-1,2-环氧丙烷(交联剂)以醚键相互交联而形成具有三维空间多孔网状结构的高分子化合物。交联葡聚糖凝胶，按其交联度大小分成8种型号(表1-3)。交联度越大，网状结构越紧密，孔径越小，吸水膨胀就愈小，故只能分离相对分子质量较小的物质；而交联度越小，孔径就越大，吸水膨胀大，则可分离相对分子质量较大的物质。各种型号是以其吸水量(每g干胶所吸收的水的质量)的10倍命名，如，Sephadex G-25表示该凝胶的吸水量为每g干胶能吸2.5克水。在Sephadex G-25及G-50中分别引入羟丙基基团，即可构成LH型烷基化葡聚糖凝胶。

交联葡聚糖凝胶在水溶液、盐溶液、碱溶液、弱酸溶液和有机溶剂中较稳定，但当暴露于强酸或氧化剂溶液中，则易使糖苷键水解断裂。在中性条件下，交联葡聚糖凝胶悬浮液能耐高温，用120℃消毒30分钟而不改变其性质。如要在室温下长期保存，应加入适量防腐剂，如氯仿、叠氮钠等，以免微生物生长。

表 1-3　各型号交联葡聚糖的性能

型号	颗粒大小（目数）	干胶吸水量（mL/g 干胶）	干胶溶胀度（mL/g 干胶）	溶胀时间（小时）20～25℃	分离范围（蛋白质，M_r）
G-10	100～200	1.0±0.1	2～3	3	至 700
G-15	120～200	1.5±0.2	2.5～3.5	3	至 1500
G-25		2.5±0.2	4～6	3	1000～1500
	50～100				
	100～200				
	200～400				
	>400				
G-50		5.0±0.3	9～11	3	1500～30000
	50～100				
	100～200				
	200～400				
G-75		7.5±0.5	12～15	24	3000～70000
	120～200				
	10～40μm				
G-100		10.0±1.0	15～20	72	4000～150000
	120～200				
	10～40μm				
G-150		15.0±1.5	20～30	72	5000～400000
	120～200				
	10～40μm				
G-200		20.0±2.0	30～40	72	5000～800000
	120～200				
	10～40μm				

交联葡聚糖凝胶由于有羧基基团，故能与分离物质中的电荷基团（如碱性蛋白质）发生吸附作用，但可借助提高洗脱液的离子强度得以克服。因此在进行凝胶层析时，常用含有NaCl的缓冲溶液作洗脱液。

交联葡聚糖凝胶可用于分离蛋白质、核酸、酶、多糖、多肽、氨基酸、抗菌素，也可用于高分子物质样品的脱盐及测定蛋白质的相对分子质量。

(2)琼脂糖凝胶

琼脂糖的商品名称有Sepharose（瑞典）、Bio-gel A（美国）、Segavac（英国）、Gelarose（丹麦）等多种，因生产厂家不同名称各异。琼脂糖是由D-半乳糖和3，6位脱水的L-半乳糖连接构成的多糖链，在温度100℃时呈液态，当下降至45℃以下时，它们之间相互连接成线性双链单环的琼脂糖，再凝聚即呈琼脂糖凝胶。商品除Segavac外，都制备成珠状琼脂糖凝胶。

琼脂糖凝胶按其浓度不同，分为Sepharose 2B（浓度为2%）、4B（浓度为4%）及6B（浓度为6%）。Sepharose与1，3-二溴异丙醇在强碱条件下反应，即生成CL型交联琼脂糖，其热稳定性和化学稳定性均有所提高，可在广范pH溶液（pH3～14）中使用。通常的Sepharose只能在pH4.5～9.0范围内使用。琼脂糖凝胶在干燥状态下保存易破裂，故一般均存放在含防腐剂的水溶液中。

琼脂糖凝胶的机械强度和筛孔的稳定性均优于交联葡聚糖凝胶。琼脂糖凝胶用于柱层析时，流速较快，因此是一种很好的凝胶层析载体。

(3)聚丙烯酰胺凝胶

它是由丙烯酰胺与交联剂甲撑双丙烯酰胺交联聚合而成。改变单体(丙烯酰胺)的浓度，即可获得不同吸水率的产物。聚丙烯酰胺凝胶的商品名称为Bio-gel P。该凝胶多制成干性珠状颗粒剂型，使用前必须溶胀。

聚丙烯酰胺凝胶的稳定性不如交联葡聚糖凝胶，在酸性条件下，其酰胺键易水解为羧基，使凝胶带有一定的离子交换基团，一般在pH4～9范围内使用。实践证明，聚丙烯酰胺凝胶层析对蛋白质相对分子质量的测定、核苷及核苷酸的分离纯化，均能获得理想的结果。

(4)交联葡聚糖LH-20

Sephadex LH-20是亲脂性Sephadex的衍生物，交联葡聚糖的羟基被羟丙酰基[HO—(CH_2)—CH_2O—]所取代。交联葡聚糖LH-20能在有机溶剂中溶胀，可用于分离脂溶性物质。

(5)Sephacry1

该种凝胶是由烷基葡聚糖与甲撑双丙烯酰胺共价交联而成，具有一定大小的筛孔和少量的羧基。该种凝胶在所有的溶剂中均不溶解，一般使用的pH范围在2～11，可用于蛋白质、核酸、多糖及蛋白聚糖，甚至大的病毒颗粒的分离。

2. 柱层析凝胶的选择

在进行凝胶层析分离样品时，对凝胶的选择是必须考虑的重要方面。一般在选择使用凝胶时应注意以下问题：

(1)混合物的分离程度主要决定于凝胶颗粒内部微孔的孔径和混合物相对分子质量的分布范围。和凝胶孔径有直接关系的是凝胶的交联度。凝胶孔径决定了被排阻物质相对分子质量的下限。移动缓慢的小分子物质，在低交联度的凝胶上不易分离，大分子物质同小分子物质的分离宜用高交联度的凝胶。例如欲除去蛋白质溶液中的盐类时，可选用Sephadex G-25。

(2)凝胶的颗粒粗细与分离效果有直接关系。一般来说，细颗粒分离效果好，但流速慢；而粗颗粒流速快，但会使区带扩散，使洗脱峰变平而宽。因此，如用细颗粒凝胶宜用大直径的层析柱，用粗颗粒时用小直径的层析柱。在实际操作中，要根据工作需要，选择适当的颗粒大小并调整流速。

(3)选择合适的凝胶种类以后，再根据层析柱的体积和干胶的溶胀度，计算出所需干胶的用量，其计算公式如下：

$$干胶用量/g = 床体积/g\ 干胶 = \pi r^2 h/干胶溶胀度。$$

考虑到凝胶在处理过程中会有部分损失，用上式计算得出的干胶用量应再增加10%～20%。

(三)操作要点

1. 凝胶处理

交联葡聚糖及聚丙烯酰胺凝胶的市售商品多为干燥颗粒，使用前必须充分溶胀。方法是将欲使用的干凝胶缓慢地倾倒入5～10倍的去离子水中，参照表1-3及其他相关资料中凝胶溶胀所需时间，进行充分浸泡，然后用倾倒法除去表面悬浮的小颗粒，并减压抽气排除凝胶悬液中的气泡，准备装柱。在许多情况下，也可采用加热煮沸方法进行凝胶溶胀，此法不仅能加快溶胀速率，而且能除去凝胶中污染的细菌，同时排除气泡。

2. 凝胶柱制备

合理选择层析柱的长度和直径，是保证分离效果的重要环节。理想的层析柱的直径与长度之比一般为1∶25～1∶100。

凝胶柱的装填方法和要求，基本上与离子交换柱的制备相同。一根理想的凝胶柱要求柱中的填料（凝胶）密度均匀一致，没有空隙和气泡。通常新装的凝胶柱用适当的缓冲溶液平衡后，将带色的兰葡聚糖-2000、细胞色素c或血红蛋白等物质配制成质量浓度为2 g/L的溶液过柱，观察色带是否均匀下移，以鉴定新装柱的技术质量是否合格，否则，必须重新装填。

3. 加样与洗脱

（1）加样量　加样量与测定方法和层析柱大小有关。如果检测方法灵敏度高或柱床体积小，加样量可小；否则，加样量增大。例如利用凝胶层析分离蛋白质时，若采用280 nm波长测定吸光度，对一根2 cm×60 cm的柱来说，加样量需5 mg左右。一般来说，加样量越少或加样体积越小（样品浓度高），分辨率越高。通常样品液的加入量应掌握在凝胶床总体积的5%～10%。样品体积过大，分离效果不好。

对高分辨率的分子筛层析，样品溶液的体积主要由内水体积（V_i）所决定，故高吸水量（也称得水值）凝胶如Sephadex G-200，每mL总床体积（V_t）可加0.3～0.5 mg溶质，使用体积约为0.02 V_t；而低吸水量凝胶如Sephadex G-75，每mL总床体积（V_t）加溶质质量为0.2 mg，样品体积为0.01 V_t。

（2）加样方法　如同离子交换柱层析一样，凝胶床经平衡后，吸去上层液体，待平衡液下降至床表面时，关闭流出口，用滴管加入样品液，打开流出口，使样品液缓慢渗入凝胶床内。当样品 液面恰与凝胶床表面持平时，小心加入数mL洗脱液冲洗管壁。然后继续用大量洗脱液洗脱。

（3）洗脱　加完样品后，将层析床与洗脱液储瓶、检测仪、分部收集器及记录仪相连，根据被分离物质的性质，预先估计好一个适宜的流速，定量地分部收集流出液，每组分一至数mL。各组分可用适当的方法进行定性或定量分析。

凝胶柱层析一般都以单一缓冲溶液或盐溶液作为洗脱液，有时甚至可用蒸馏水。洗脱时用于流速控制的装置最好的是恒流泵。若无此装置，可用控制操作压的办法进行。

4. 凝胶的再生和保存

凝胶层析的载体不会与被分离的物质发生任何作用，因此凝胶柱在层析分离后稍加平衡即可进行下一次的分析操作。但使用多次后，由于床体积变小，流动速率降低或杂质污染等原因，使分离效果受到影响。此时对凝胶柱需进行再生处理，其方法是：先用水反复进行逆向冲洗，再用缓冲溶液平衡，即可进行下一次分析。

对使用过的凝胶，若要短时间保存，只要反复洗涤除去蛋白质等杂质，加入适量的防腐剂即可；若要长期保存，则需将凝胶从柱中取出，进行洗涤、脱水和干燥等处理后，装瓶保存之。

第三节　电泳法

电泳法（electrophoresis）是借不同带电颗粒在电场作用下，以不同迁移行为而彼此得以分离的方法。该方法的详细内容将分散在后续各章中，结合具体实验项目给予介绍。

许多生物分子都带有电荷，其电荷的多少取决于分子结构及其所在介质的pH和组成。由于混合物中各组分所带电荷性质、电荷数量以及相对分子质量的不同，在同一电场的作用下，各组分泳动的方向和速率也各异。因此，在一定时间内各组分移动的距离也不同，从而达到分离鉴定各组分的目的。

设一带电粒子在电场中所受的力为 F,F 的大小决定于粒子所带电荷 Q 和电场强度 X,即

$$F = QX。$$

又按 Stoke 定律,一球形的粒子运动时所受到的阻力 F' 与粒子运动的速率 v、粒子的半径 r、介质的粘度 η 的关系为

$$F' = 6\pi r\eta v 。$$

当 $F = F'$,即达到动态平衡时:

$$QX = 6\pi r\eta v ,$$

移项得

$$\frac{v}{X} = \frac{Q}{6\pi r\eta} 。$$

$\frac{v}{X}$ 表示单位电场强度时粒子运动的速率,称为迁移率(mobility),也称为电泳速率,以 u 表示,即

$$u = \frac{v}{X} = \frac{Q}{6\pi r\eta} 。$$

由此式可见,粒子的迁移率在一定条件下决定于粒子本身的性质,即其所带电荷及其大小和形状,也就是说,决定于粒子的电荷密度。两种不同的粒子(如两种蛋白质分子)一般有不同的迁移率。在具体实验中,移动速率 v 为时间(以秒为单位)内移动的距离(以 cm 为单位),即

$$v = d/t 。$$

式中,t 为时间;d 为时间 t 内粒子移动的距离。

又电场强度 X 为单位距离内电势差 E(以伏特为单位),即

$$X = E/l,$$

以 $v = d/t, X = E/l$ 代入前式即得

$$u = \frac{v}{X} = \frac{d/t}{E/l} = \frac{dl}{Et}。$$

所以迁移率的单位为厘米^2 秒$^{-1}$ 伏特$^{-1}$。

某物质(A) 在电场中移动的距离为

$$d_{\mathrm{A}} = u_{\mathrm{A}} \frac{Et}{l} ;$$

物质(B) 的移动距离为

$$d_{\mathrm{B}} = u_{\mathrm{B}} \frac{Et}{l} 。$$

两物质移动距离的差为:

$$\Delta d = (d_{\mathrm{A}} - d_{\mathrm{B}}) = (u_{\mathrm{A}} - u_{\mathrm{B}}) \frac{Et}{l} 。$$

该式指出,物质A和B能否分离决定于两者的迁移率。如两者的迁移率相同,则不能分离;如有差别则能分离。实验所选的条件如电压和电泳时间与两物质的分离距离成正比;电场的距离(如滤纸长度) 与分离距离成反比。

一、电泳方法的分类

(一)按支持物的物理性状不同,区带电泳可分为:

(1)滤纸及其他纤维(如醋酸纤维、玻璃纤维、聚氯乙烯纤维)薄膜电泳。

(2)粉末电泳,如纤维素粉、淀粉、玻璃粉电泳。

(3)凝胶电泳，如琼脂、琼脂糖、硅胶、淀粉胶、聚丙烯酰胺凝胶电泳。

(4)丝线电泳，如尼龙丝、人造丝电泳。

(二)按支持物的装置形式不同，区带电泳可分为：

(1)平板式电泳，支持物水平放置，是最常用的电泳方式。

(2)垂直板式电泳，聚丙烯酰胺凝胶常做成垂直板式电泳。

(3)垂直柱式电泳，聚丙烯酰胺凝胶盘状电泳即属于此类。

(4)连续液动电泳，首先应用于纸电泳，将滤纸垂直竖立，两边各放一电极，溶液自顶端向下流，与电泳方向垂直。后来有用淀粉、纤维素粉、玻璃粉等代替滤纸来分离血清蛋白质，分离量较大。

(三)按pH的连续性不同，区带电泳可分为：

(1)连续pH电泳，即在整个电泳过程中pH保持不变，常用的纸电泳、醋酸纤维薄膜电泳等属于此类。

(2)非连续pH电泳，缓冲液和电泳支持物间有不同的pH，如聚丙烯酰胺凝胶盘状电泳分离血清蛋白质时常用这种形式。它的优点是易在不同pH区之间形成高的电位梯度区，使蛋白质移动加速并压缩为一极狭窄的区带而达到浓缩的作用。

近年来发展的等电聚焦电泳(electrofocusing)，也属于非连续pH电泳。它利用人工合成的两性电解质(商品名为ampholin，是一类脂肪族多胺基多羧基化合物)在通电后形成一定的pH梯度，被分离的蛋白质停留在各自的等电点而形成分离的区带；电极两端，一端是酸，另一端是碱。

等速电泳(isotachophoresis)也属于非连续pH电泳。它的原理是将分离物质夹在先行离子和随后离子之间，通电后被分离物质的电泳速率相同，所以叫等速电泳。近年发明的塑料细管等速电泳仪，可以进行毫微克量物质的分离，该仪器采用数千伏的高电压，几分钟内即完成分离，用自动记录仪进行检测。它的出现是电泳技术革新的成果。

二、电泳技术的应用

电泳技术主要用于分离各种有机物(如氨基酸、多肽、蛋白质、酶、脂类、核苷、核苷酸、核酸等)和无机盐；也可用于分析某种物质纯度，还可用于分子量的测定。电泳技术与其他分离技术(如层析法)结合，可用于蛋白质结构的分析，“指纹法”就是电泳法与层析法的结合产物。用免疫原理测试电泳结果，提高了对蛋白质的鉴别能力。电泳与酶学技术结合发现了同工酶，对于酶的催化和调节功能有了更深入的了解。所以电泳技术是医学科学中的重要研究技术。

(一)纸电泳和醋酸纤维薄膜电泳

纸电泳用于血清蛋白分离已有相当长的历史，在实验室和临床检验中都曾经广泛应用。自从1957年Kohn首先将醋酸纤维薄膜用作电泳支持物以来，纸电泳已逐渐为醋酸纤维薄膜电泳所取代。因为后者具有比纸电泳电渗小、分离速率快、分离清晰、血清用量少以及操作简便等优点。

(二)琼脂糖凝胶电泳

琼脂经处理去除其中的果胶成分即为琼脂糖。由于琼脂糖中硫酸根含量较琼脂为少，电渗影响减弱，因而使分离效果显著提高。例如血清脂蛋白用琼脂凝胶电泳只能分出两条区带(α-脂蛋白、β-脂蛋白)，而琼脂糖凝胶电泳可将血清脂蛋白分出三条区带(α-脂蛋白、前β-脂蛋白和β-脂蛋白)。所以琼脂糖为较理想的凝胶电泳的一种材料。

血清中的脂类物质均与载脂蛋白结合成水溶性的脂蛋白形式存在，各种脂蛋白中所含的载脂蛋白种类和数量不同、脂蛋白颗粒大小不同等因素，使它们在电场中的移动速率各异，因而可以通过电泳达到分离。

（三）聚丙烯酰胺凝胶电泳

聚丙烯酰胺凝胶是一种人工合成的凝胶，具有机械强度好、弹性大、透明、化学稳定性高、无电渗作用、设备简单、样品量小（1～100 μg）、分辨率高等优点，并可通过控制单体浓度或单体与交联剂的比例，聚合成不同孔径大小的凝胶，可用于蛋白质、核酸等分子大小不同的物质的分离、定性和定量分析。还可结合解离剂十二烷基硫酸钠（SDS），以测定蛋白质亚基的相对分子质量。

根据凝胶支柱形状不一，可分为盘状电泳和垂直板型电泳。盘状电泳是在直立的玻璃管内利用不连续的缓冲溶液、pH 和凝胶孔径进行的电泳。垂直板型电泳是将聚丙烯酰胺聚合成方形或长方形薄片状，薄片可大可小。其优点是：

（1）在同一条件下可同时做多个要比较的样品；

（2）一个样品在第一次电泳后可将薄片转 90 度进行第二次电泳，即双向电泳，这样可提高分辨力；

（3）便于电泳后进行放射自显影的分析。

其缺点是制备凝胶时较盘状电泳复杂，所需电压较高，电泳时间长。

不连续聚丙烯酰胺凝胶电泳由于同时兼有电荷效应、浓缩效应和分子筛效应，因此具有很高的分辨率。其分子筛效应主要由凝胶孔径大小决定，而决定凝胶孔径的大小主要是凝胶的浓度，例如7.5％的凝胶孔径平均为50 Å，30％的为20 Å 左右。但交联剂对电泳泳动率亦有影响，交联剂重量对总单体重量的百分比愈大，则电泳泳动率愈小。不管交联剂是以何种方式影响电泳时的泳动率，总之它是影响凝胶孔径很重要的一个参数。为了使试验的重复性较高，在制备凝胶时对交联剂的浓度、交联剂与丙烯酰胺的比例、催化剂的浓度、聚胶所需时间等影响泳动率的因子都应尽可能保持恒定。

20 世纪 60 年代，为了提高分辨率，在上述两种类型电泳的基础上，发展了凝胶梯度电泳。

1968 年以来，Margolis 和 Sater 等先后采用了凝胶浓度梯度电泳（gel concentration gradient electrophoresis）或称孔径梯度电泳（pore gradient electrophoresis），作为分离和鉴定蛋白质的方法，并首次将此方法用于相对分子质量（M_r）的测定。这种方法不同于前面介绍的盘状电泳。后者是在均一浓度的聚丙烯酰胺凝胶中进行的电泳。后来，有人比较了线性梯度和非线性梯度电泳以及在均一浓度中的电泳，证明梯度凝胶电泳的分辨率更好。人们采用梯度凝胶电泳发现所试验的 13 种已知蛋白质中有 12 种蛋白质的迁移率与其相对分子质量的对数成线性关系，说明用此方法测定蛋白质的M_r有一定的可靠性。目前，这一实验技术用于蛋白质M_r测定已经比较成熟。

在线性梯度凝胶电泳中，蛋白质在电场中向着凝胶浓度逐渐增高的方向即孔径逐渐减小的方向迁移，随着电泳的继续进行，蛋白质受到孔径的阻力愈来愈大。起初，蛋白质在凝胶中的迁移速率主要受两个因素的影响，一是蛋白质本身的电荷密度，电荷密度愈高，迁移速率愈快；二是蛋白质本身的大小，M_r 愈大，迁移速率愈慢。当蛋白质迁移所受到的阻力大到足以完全阻止它前进时，低电荷密度的蛋白质将“赶上”与它大小相似但具有较高电荷密度的蛋白质。因此，在梯度凝胶电泳中，蛋白质的最终迁移位置仅决定于它本身分子的大小，而与蛋白质本身的电荷密度无关。梯度凝胶电泳的情况可用（图 1-1）来表示。图中的方格代表凝胶的孔径，自上而下孔径逐渐变小，形成梯度；图中圆球分别代表大、中、小三种不同的蛋白质分子。A代表电泳开始前分子的状况，B代表经过长时间电泳后，所有大小不同的分子进入凝胶孔径梯度中；大、小分子分别滞留于与其分子大小相当的凝胶孔径中，不再向前移动，因而得到分离，形成三个区带。从以上讨论看出，在梯度凝胶电泳中，分子筛效应体现得更为突出。由于蛋白质的相对迁移率与其M_r的对数在一定范围内成线性关系，因此通过制作标准曲线，在相同条件下进行未知样品的电泳，便可测定出未知蛋白质的M_r。

梯度凝胶电泳与均一凝胶电泳相比有如下的优点：

(1)具有使样品中各个组分浓缩的作用，在样品太稀的情况下，可在电泳过程中分二三次加样，由于大小不同的分子最终都滞留于与其相应的凝胶孔径中而得到分离。

(2)可提供更清晰的蛋白质谱带，因此能用于鉴定蛋白质的纯度。

(3)可以在一个凝胶片上同时测定M_r范围相当大的蛋白质。例如，胶浓度为4%～30%的梯度胶可以分辨的M_r范围为50000～2000000。

(4)可以直接测定天然状态蛋白质的M_r，不需解离为亚基。这一方法可与SDS凝胶电泳测定M_r的方法相互补充。

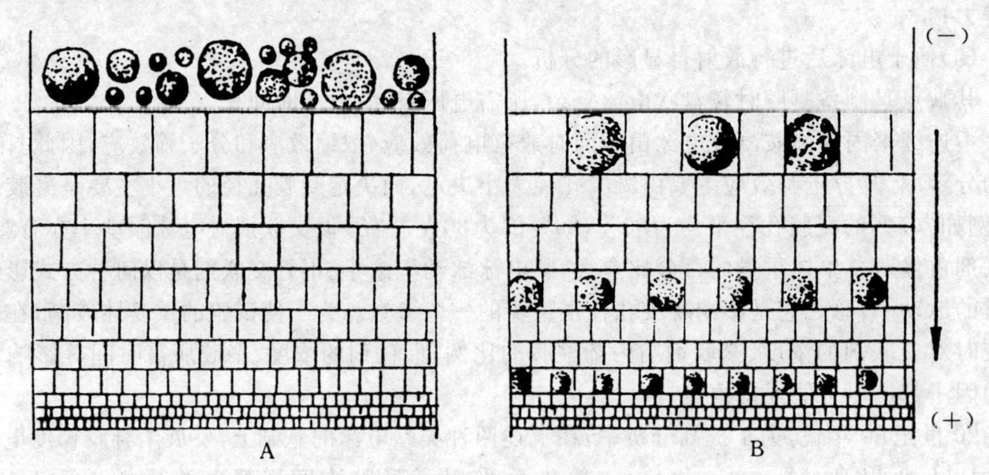

图1-1　梯度凝胶电泳示意图

A. 电泳开始前；B. 电泳结束时

梯度凝胶电泳主要适用于测定球状蛋白质的M_r，而对纤维状蛋白将会产生较大的误差。再者，由于M_r的测定仅仅是在未知蛋白质和标准蛋白质到达了被限定的凝胶孔径时(完全被阻止迁移时)才成立，在电泳时要求足够高的伏特小时(一般情况下不低于2000伏特小时)，否则将得不到预期的效果。因此，采用这一方法测定蛋白质M_r有一定局限性。

聚丙烯酰胺凝胶等电聚焦电泳，是根据蛋白质的等电点不同而加以分离的一种电泳方法。蛋白质及多肽是两性电解质，当溶液的pH处于该蛋白质的等电点时，蛋白质分子解离成正、负离子的趋势相等，成为兼性离子，处于等电状态，此时该蛋白质分子在电场中的迁移率为零。

等电聚焦电泳就是在电泳管或电泳支持物中加入载体两性电解质，经电场作用，可以建立从正极到负极逐步增加的pH梯度。当蛋白质样品进入此体系时，各种蛋白质经电泳分别移动或聚焦到与其等电点相当的pH位置上，不再泳动，因而能使各种等电点不同的蛋白质分离开来，形成彼此分开的蛋白质区带。

第四节　离心分离法

离心是利用旋转运动的离心力以及物质的沉降系数或浮力密度的差别进行分离、浓缩和提纯的一种方法。离心机是借离心力分离液相非均一体系的设备。

离心机的分类如下：

(1)按转速分　低、高、超速；

(2)按用途分　工业或实验型，分析或制备型；

(3)按使用温度分　常温或冷冻；

(4)按驱动方式分　手摇式、油涡轮式、气动式、电动式、磁悬式等。

由于离心机的结构、性能和用途等差别很大，分类法也各不相同，特别在转速范围上，有关文献及教科书记载的出入较大。随着离心技术的发展，离心机现已趋向于多功能。如制备型超速离心机也配备分析型转子和光学检测系统，可作某些分析研究工作。而分析型离心机有些也附有制备转子。

离心技术主要用于分离、纯化样品和对已纯化的样品进行结构、性质的分析。自1940年Svedberg设计制造超速离心机后，近几十年来超速离心机的设计、制造和利用不同的光学方法来观察沉降过程的技术不断改进，使该仪器的灵敏度、旋转速率、自动化程度和使用安全性均有提高。

现在超速离心机的应用日趋普遍，如在生化方面已用于蛋白质、酶、激素、核酸和病毒等的研究中，在临床医学研究方面也开始应用。超速离心机的主要用途是：

(1)测定生物大分子和高聚化合物的沉降系数和相对分子质量；

(2)研究生物大分子的大小、形状及缔合、离解和降解等；

(3)追踪观察生物大分子的提纯过程，鉴定其均一程度、组成和浓度等；

(4)选择适合的溶液密度超速上浮血浆脂蛋白以分离提纯血浆脂蛋白，并测定其上浮速率 S_f 值；

(5)发现异常的血浆蛋白质成分。

一、原理与计算

(一)离心的一般原理

悬浮液静置不动时，由于重力场的作用悬粒逐渐沉降，粒子越重下沉越快，反之密度比液体为小的粒子就向上浮。微粒在重力场中移动的速率与微粒的密度、大小和形状有关，并且又与重力场的强度和液体的粘度有关。

像红细胞大小的直径为数微米的微粒可以利用重力来观察它们的沉降速率。小于几个微米的微粒、病毒和蛋白质分子，则不可能仅仅利用重力作用来观察它们的沉降速率。因为微粒越小沉降越慢，而扩散现象则越严重，所以需要利用高速离心方法以产生强大的离心力场。如超速离心机的转速为60000 r/min(即1000 r/s)，转轴中心至离心管中心的距离为6 cm，则离心加速度应为：$(2\pi\times1000)^2\times6=2.37\times10^8\,cm/s^2$。

因为地球的重力加速度(g)为980 cm/s^2，所以上式所得离心加速度约等于 $2.4\times10^5\,g$，即在此情况下所产生的离心力比重力大24万倍。利用这样大的离心力，就有可能研究胶体粒子大小范围内的各种微粒和分子的沉降行为。

（二）计算

1. 离心力(F)和相对离心力(RCF)

当离心机转子以一定的角速度 ω(孤度 / 秒) 旋转，颗粒的旋转半径为 r(cm) 时，任何颗粒均经受一个向外的离心力，即

$$F = \omega^2 r \text{ ,} \tag{1}$$

F 通常以地心引力表示，称为相对离心力(RCF)。相对离心力是指在离心场中，作用于颗粒的离心力相当于地球重力的倍数，单位是重力加速度 g(980 cm/s^2)，即

$$RCF = \frac{\omega^2 r}{980} \text{ 。} \tag{2}$$

实用上，这一关系式常用每分钟的转数 n(或 rpm) 来表示。由于 $\omega = \frac{2\pi n}{60}$，于是，

$$RCF = \frac{4\pi^2 n^2 r}{3600 \times 980} = 1.119 \times 10^{-5} n^2 r \text{ 。} \tag{3}$$

一般情况下，低速离心机常以 rpm 来表示，高速离心机以 g 表示。计算颗粒的相对离心力(RCF) 时，应注意离心管与转轴中心的距离 r。沉降颗粒在离心管中所处位置不同，所受离心力也不同。因此，报告超速离心条件时，通常总是用地心引力的倍数($\times$ g) 代替每分钟转数(rpm)，因为它可以真实反映颗粒在离心管不同位置处所受的离心力及其动态变化情况。科技文献中，相对离心力的数据常指其平均值($RCF_{平均}$)，即离心管中点的离心力。举例如下：

在固定的角式转子中，如图 1-2 所示，计算样品管顶部和底部受到的相对离心力。转子的最小半径(R_{min})和最大半径(R_{max})分别为 4.8 cm 和 8.0 cm，转速为 12000 r/min，根据公式(3)得：

$$RCF_{min} = (1.119 \times 10^{-5}) \times (12000)^2 \times 4.8 = 7734 \times \text{g},$$

$$RCF_{max} = (1.119 \times 10^{-5}) \times (12000)^2 \times 8.0 = 12891 \times \text{g}.$$

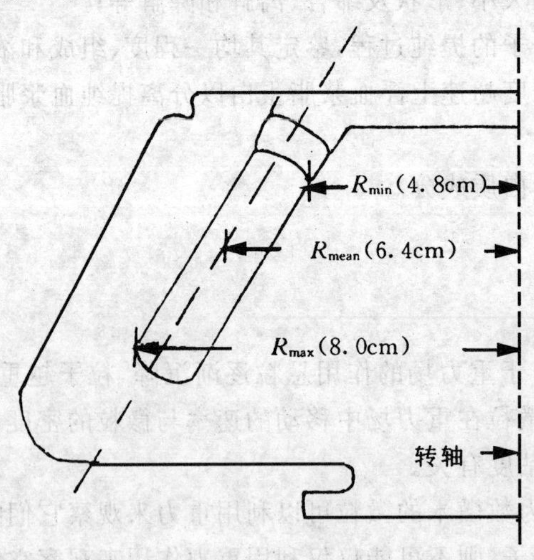

图 1-2　角式转头纵剖面图

如上所见，作用于离心管顶部和底部的离心力之差将近 1 倍。为了计算方便，相对离心力的数值可用平均相对离心力($RCF_{平均}$) 来表示。因此，最重要的将是确定半径(r) 的数值。

为了便于进行转速和相对离心力之间的换算，人们在式(3) 的基础上制作了半径(r)、相对离心力(RCF) 和转速(n) 三者之间关系的列线图(如图 1-3)。图示法比公式法计算方便，由图中两者数值点连线的延长线，即得与第三者的交点，此即为所求第三者的数值。

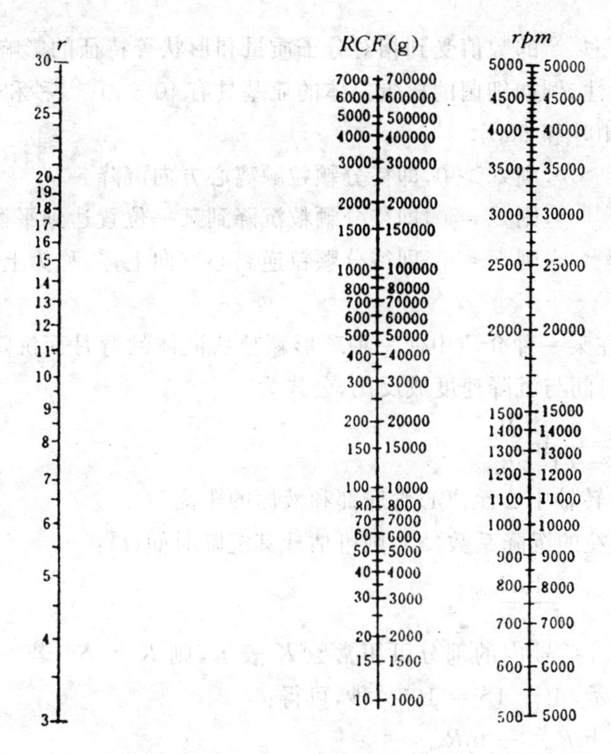

图 1-3　离心机转数与离心力的列线图

r 为离心机头的半径(角式转头)，或离心管中轴底部内壁到离心机转轴中心的距离(甩平头)，单位为 cm。

rpm 为离心机每分钟的转速。

RCF 为相对离心力，以地心引力即重力加速度的倍数来表示，一般用 g(或数字 × g) 表示。图中数据是由下述公式计算而来的：

$$RCF = 1.119 \times 10^{-5} \times r \times (rpm)^2\text{。}$$

将离心机转数换算为离心力时，首先，在 r 标尺上取已知的半径和在 rpm 标尺上取已知的离心机转数，然后，将这两点间划一条直线，在图中间 RCF 标尺上的交叉点即为相应的离心力数值。注意，若已知的转数值处于 rpm 标尺的右边，则应读取 RCF 标尺右边的数值。同样，转数值处于 rpm 标尺左边，则读取 RCF 标尺左边的数值。

2. 沉降速率(V)

沉降速率指在强大离心力作用下，单位时间内颗粒沉降的距离。

一个球形颗粒的沉降速率不但取决于所提供的离心力，也取决于颗粒的密度和半径，以及悬浮介质的粘度。计算公式为：

$$V = \frac{\mathrm{d}x}{\mathrm{d}t} = \frac{d^2}{18}\left(\frac{\sigma - \rho}{\eta}\right)\omega^2 r\text{。} \tag{4}$$

式中，d 为颗粒的直径；σ 为颗粒的密度；ρ 为介质密度；η 为溶液的粘度。

3. 沉降系数(S)

沉降系数是指，在单位离心力作用下待分颗粒的沉降速率。计算公式为

$$S = \frac{V}{\omega^2 r} = \frac{d^2}{18}\left(\frac{\sigma - \rho}{\eta}\right)\text{。} \tag{5}$$

S 的单位是秒，为了纪念超速离心的创始人 Svedberg，规定 10^{-13} 秒称作一个 Svedberg 单

位(S),即 $1S = 10^{-13}$ 秒。S 的数值受到相对分子质量和形状等特征的影响,因此常用来表示一种特殊分子或结构特性。例如细菌的核蛋白体的亚基具有 40×10^{-13} 秒和 60×10^{-13} 秒沉降系数的颗粒,分别称为 40S 和 60S。

在式(5)中,若 $\sigma > \rho$,则 $S > 0$,即待分颗粒顺离心方向沉降。

若 $\sigma = \rho$,则 $S = 0$,即待分颗粒沉降到某一位置达到平衡。

若 $\sigma < \rho$,则 $S < 0$,即待分颗粒逆离心方向上浮,称为上浮系数 S_f。

4. 沉降时间(t)

沉降时间是指,在某一种介质中使一种球形颗粒从液体的弯月面沉降到离心管底部所需要的离心时间。沉降时间与沉降速度成反比,公式为

$$t = \frac{\eta}{\omega^2 d^2(\sigma - \rho)} \ln \frac{R_{max}}{R_{min}} 。 \quad (6)$$

R_{max} 和 R_{min} 分别代表转轴中心至离心管底部和液面的距离。

如果已知某种颗粒的沉降系数(S),则可估计其沉降时间(t):

$$t = \frac{1}{S}\left[\frac{\ln R_{max} - \ln R_{min}}{\omega^2}\right], \quad (7)$$

S 代表颗粒沉降系数,括号内的部分可用常数 K 表示,则 $K = St$。若 t 的单位用小时,S 以 Svedberg 单位(S)表示,由于 $1S = 10^{-13}$ 秒,可得:

$$K = \frac{10^{13}}{3600} \cdot \frac{\ln R_{max} - \ln R_{min}}{\omega^2}, \quad (8)$$

式中,K 称为转子的效率因子(通常 K 值为 10 ~ 1000 或更大),与转子大小和速率有关。

当 S、R_{max}、R_{min} 不变时,由上述公式可以得出:

(1)K 值越小颗粒沉降时间越短,转子使用效率越高;

(2)$\omega_1{}^2 \cdot t_1 = \omega_2{}^2 \cdot t_2$,由此可通过改变 ω 值来改变离心时间;

(3)K 值与转速平方成反比,$\omega_1{}^2 \cdot K_1 = \omega_2{}^2 \cdot K_2$。

转子出厂时都已标上最大转速时的 K 值,由此可求得低速时的 K 值。有了 K 值就可估计具有一定沉降系数的某种颗粒的沉降时间。但文献或厂家所给 K 值均从离心管腔顶部而不是从液面计算而得,故实际 K 值比理论 K 值小。

5. 测定相对分子质量(M_r)

相对分子质量由沉降系数(S)按 Svedberg 公式来求得:

$$M_r = \frac{RTS}{D(1 - V\rho)}, \quad (9)$$

式中,M_r 为该分子不含水时的相对分子质量;R 为气体常数;T 为绝对温度;S 为沉降系数;ρ 为溶剂的密度;V 为分子的微分比容,即 1 克溶质加到一个大体积的溶液中所占有的体积。

二、制备离心技术

(一)一般制备离心

一般制备离心是指在分离、浓缩、提纯样品中,不必制备密度梯度的一次完成的离心操作。

最简单的离心机由金属转头和驱动装置组成。转头带有盛放液体的离心管的孔洞,驱动常用马达或其他可调转速的装置。如台式或地面式普通离心机是最简单而价廉的离心机,常用于压紧或收集最快速沉降的物质(如RBC、粗大的沉淀物等)。大多台式离心机的最大转速不超过 4000 r/min,并在室温下运转;但有些机种也配有冷却装置。尽管这种离心机的运转速率和温

度调节不够精确，但仍具有多种用途而无须动用庞大而精巧的仪器设备，是实验室最多使用的。使用时应注意以下事项：

1. 检查

注意离心机的金属(或塑料)离心套管必须完整，管底应填好软垫，如果管底有固体碎屑或废液残留应予清除；用于离心的离心管(或小试管)管底不可有裂纹；加液量不可过满。

2. 平衡

离心前须将离心机上对称位置的一对套管连同离心管用粗天平称量，在对称位置套管中放一盛水的离心管调节水量使之重量平衡(要求在0.1 g以内)，以免两侧重量不均造成事故。

3. 启动及停车

启动离心机前应检查其转子是否正常(能作自由旋转)，开关是否在零位，然后接上电源。启动离心机应逐渐缓慢增速，不可一开始就用高速档启动离心机。所需转速应能使沉淀物完全沉淀，一般实验指导中均有指明，不必用过高的转速离心，以免离心机损坏。停止离心时原则上可一次将电源切断，任其自行停转，但有的离心机转子部分重量很轻，惯性很小，一次关断电源，转子可在数秒钟内即停转，此时因停转过快，可使离心管中液体发生旋涡，把沉淀物搅起，因此可考虑逐级减速的方法，最后把开关退至零位。

(二)制备超速离心技术

制备超速离心技术是指在强大的离心力场下，依据物质的沉降系数、质量和形状不同，将混合物样品中各组分分离、提纯的一项技术。在生化、分子生物学及细胞生物学的发展中，制备超离心技术起着很重要的作用。制备超离心机的结构装置较复杂，一般由转子传动、速率控制系统、温度控制系统和真空系统等四个主要部分组成。有完善的冷却和真空系统，以消除摩擦热(转速大于20000 r/min，摩擦生热严重)，保护转子和离心样品；还有精确、严格的传动系统及速率、温度的监测控制系统；此外还有防过速装置、润滑油自动循环系统、电子控制装置和操纵板等，以保证操作安全、自动化和获得最好的离心效果。

在离心技术的发展史上，制备超离心是制备离心发展的最高形式，它与其他离心形式的不同之处如表1-4所示。

表1-4 三种不同级别的制备离心机的比较

类　型	普通离心机	高速离心机	超速离心机
最大转速(r/min)	6000	25000	可达75000以上
最大RCF(g)	6000	89000	可达510000以上
分离形式	固液沉淀	固液沉淀分离	密度梯度区带分离或差速沉降分离
转子	角式和外摆式转子	角式、外摆式转子等	角式、外摆式、区带转子等
仪器结构性能和特点	速率不能严格控制，多数室温下操作	有消除空气和转子间摩擦热的致冷装置，速率和温度控制较准确、严格	备有消除转子与空气摩擦热的真空和冷却系统，有更为精确的温度和速率控制、监测系统，有保证转子正常运转的传动和制动装置等
应用	收集易沉降的大颗粒(如RBC、酵母细胞等)	收集微生物、细胞碎片、大细胞器、硫酸铵沉淀物和免疫沉淀物等。但不能有效沉淀病毒、小细胞器(如核糖体)、蛋白质等大分子	主要分离细胞器、病毒、核酸、蛋白质、多糖等甚至能分开分子大小相近的同位素标记物^{15}N-DNA和未标记的DNA

制备超离心法可分为两大类型:差速离心法与密度梯度区带离心法。

1. 差速离心法

采用逐渐增加离心速率或低速与高速交替进行离心,使沉降速率不同的颗粒,在不同离心速率及不同离心时间下分批离心的方法,称为差速离心法。差速离心一般用于分离沉降系数相差较大的颗粒。

进行差速离心时,首先要选择好颗粒沉降所需的离心力和离心时间。离心力过大或离心时间过长,容易导致大部分或全部颗粒沉降及颗粒被挤压损伤。当以一定离心力在一定的离心时间内进行离心时,在离心管底部就会得到最大和最重颗粒的沉淀,进一步加大转速对分出的上清液再次进行离心,又得到第二部分较大、较重颗粒的沉淀及含更小而轻颗粒的上清液。如此多次离心处理,即能把液体中的不同颗粒较好地分离开。此法所得沉淀是不均一的,仍混杂有其他成分,需经再悬浮和再离心(2~3 次),才能得到较纯的颗粒。

差速离心法主要用于分离细胞器和病毒。其优点是:操作简单,离心后用倾倒法即可将上清液与沉淀分开,并可使用容量较大的角式转子。缺点是:①分离效果差,不能一次得到纯颗粒;②壁效应严重,特别是当颗粒很大或浓度很高时,在离心管一侧会出现沉淀;③颗粒被挤压,离心力过大、离心时间过长会使颗粒变形、聚集而失活。

2. 密度梯度区带离心法(简称区带离心法)

区带离心法是样品在一惰性梯度介质中进行离心沉降或沉降平衡,在一定离心力下把颗粒分配到梯度中某些特定位置上,形成不同区带的分离方法。该法的优点是:①分离效果好,可一次获得较纯颗粒;②适应范围广,既能分离具有沉降系数差的颗粒,又能分离有一定浮力密度差的颗粒;③颗粒不会挤压变形,能保持颗粒活性,并防止已形成的区带由于对流而引起混合。缺点是:①离心时间较长;②需要制备梯度;③操作严格,不易掌握。

区带离心法又可分为差速-区带离心法(动态法或沉降速率法)和等密度离心法(平衡法或沉降平衡法)。

(1)差速-区带离心法　当不同的颗粒间存在沉降速率差时,在一定离心力作用下,颗粒各自以一定速率沉降,在密度梯度的不同区域上形成区带的方法称为差速-区带离心法。差速-区带离心法仅用于分离有一定沉降系数差的颗粒,与其密度无关。大小相同、密度不同的颗粒(如线粒体、溶酶体和过氧化物酶体)不能用本法分离。

离心时,由于离心力的作用,颗粒离开原样品层,按不同沉降速率沿管底沉降。离心一定时间后,沉降的颗粒逐渐分开,最后形成一系列界面清楚的不连续区带。沉降系数越大,往下沉降得越快,所呈现的区带也越低。沉降系数较小的颗粒,则在较上部分依次出现。从颗粒的沉降情况来看,离心必须在沉降最快的颗粒(大颗粒)到达管底前或刚到达管底时结束,使颗粒处于不完全的沉降状态,而出现在某一特定区带内。

在离心过程中,区带的位置和形状(或宽度)随时间而改变,因此,区带的宽度不仅取决于样品组分的数量、梯度的斜率、颗粒的扩散作用和均一性,也与离心时间有关。时间越长,区带越宽。适当增加离心力可缩短离心时间,并可减少扩散导致的区带加宽现象,增加区带界面的稳定性。

差速-区带离心的分辨率受颗粒的沉降速率和扩散系数、实验设计的离心条件、离心操作的熟练程度的影响。

(2)等密度离心法　当不同颗粒存在浮力密度差时,在离心力场下,颗粒或向下沉降,或向上浮起,一直沿梯度移动到它们密度恰好相等的位置上(即等密度点)形成区带,称为等密度离心法。

等密度离心的有效分离取决于颗粒的浮力密度差，密度差越大，分离效果越好，与颗粒的大小和形状无关。但后两者决定着达到平衡的速率、时间和区带的宽度。颗粒的浮力密度不是恒定不变的，还与其原来密度、水化程度及梯度溶质的通透性或溶质与颗粒的结合等因素有关。例如某些颗粒容易发生水化使密度降低。

等密度离心的分辨率受颗粒性质(密度、均一性、含量)、梯度性质(形状、斜率、粘度)、转子类型、离心速率和时间的影响。颗粒区带宽度与梯度斜率、离心力、颗粒相对分子质量成反比。

根据梯度产生的方式可分为预形成梯度和离心形成梯度的等密度离心(后者称平衡等密度离心)。前者需要事先制备密度梯度，常用的梯度介质主要是非离子型的化合物(如蔗糖、Ficoll)；离心时把样品铺放在梯度的液面上，或导入离心管的底部。平衡等密度离心常用的梯度介质有离子型的盐类、三碘化苯衍生物及Ludox等；离心时是把密度均一的介质液和样品混合后装入离心管，通过离心形成梯度，让颗粒在梯度中进行再分配。离心达到平衡后，不同密度颗粒各自分配到其等密度点的特定梯度位置上，形成不同的区带。大颗粒的平衡时间可能比梯度本身的平衡时间短，而小颗粒则较长，因此，离心所需时间应以最小颗粒到达平衡点的时间为准。

三、分析超离心

不同于制备超离心，分析超离心主要是为了研究生物大分子的沉降特征和结构，而不是实际收集一些特殊的部分。因此，它使用了特殊设计的转头和检测系统，以便连续地监视物质在一个离心场中的沉降过程。

分析超速离心机可以在约70000 r/min的速率下进行操作，产生高达500000 g的离心场。分析超速离心机主要有一个椭园形的转头组成，该转头通过一个有柔性的轴连接到一个高速的驱动装置上，这种轴可使转头在旋转时形成它自己的轴。转头在一个冷冻的和真空的腔中旋转。转头能容纳两个小室：一个分析室和一个配衡室。这些小室在转头中始终保持着垂直的位置。配衡室是一个经过精密车工的金属块，作分析室的平衡用。在配衡室上钻通两个孔，它们离开旋转中心的距离是经过标定的。这些定标是用来确定分析室中的距离。分析室(通常容量为1 mL)是扇形的，当其正确地排列在转头中时，尽管处于垂直位置，其原理和水平转子相同，产生一个十分理想的沉淀条件。

分析室有上下两个平面的石英窗。离心机中装有一个光学系统，在整个离心期间都能观察小室中沉降着的物质，在预定的时间可以拍摄沉降物质的照片。可以通过紫外光的吸收(如对蛋白质和DNA)或者折射率的改变对沉降物进行监测，即当光线通过一个具有不同密度区的透明液体时，在这些区带的界面上使光发生折射，就在检测系统的照相底板上产生一个“峰”。由于沉降不断进行，界面向前推进，因此峰也移动了。从峰移动的速率可以得到物质沉降速率数据。

分析超离心在生物学上的应用包括测定生物大分子的相对分子质量，估价样品的纯度和检测大分子构象的变化。

本章参考文献

1. Poole C F, *et al*. Chromatography today. New York:Elsevier, 1991. 649～726

2. 超永芳. 生物化学技术原理及其应用. 武汉:武汉大学出版社，1994. 1～52

3. Willis W V. Laboratory experiments in liquid chromatography. Florida:Boca Raton，1991. 1～17

4. Rickwood D. Centrifugation. 2nd ed. Oxford:IRL Press Limited，1984. 1～42

5. Simpson C F，Whittaker M. Electrophoretic techniques. London:Academic Bress INC，1983. 1～57

（历朝龙）

第二章　蛋白质的分子组成、结构及理化性质分析

第一节　概　　述

一、蛋白质分子的基本概念

蛋白质是特定基因的表达产物，是含氮的生物大分子，其基本组成单位是氨基酸；组成蛋白质的氨基酸按照一定的顺序通过肽键连接成多肽链，并在此基础上形成特定的立体构象。有些蛋白质分子由两条以上具特定立体构象的肽链组成。蛋白质的立体构象决定蛋白质的物理化学性质和生物学功能。构象破坏使蛋白质理化性质改变并丧失生物学活性，称为蛋白质的变性。不同的蛋白质的氨基酸组成及其在多肽链内的排列顺序不同，立体构象及生物学功能也各不相同。蛋白质分子结构和功能的多样性是一切生物生命活动的物质基础。

作为蛋白质基本成分的氨基酸共20种。多肽链中相当于氨基酸的结构单元，称为残基。多肽链中具有游离α-氨基的一端称为N端或氨基端；具有游离α-羧基的一端称为C端或羧基端。蛋白质分子中还有非肽链结构的部分，有些通过共价键连接，有些通过非共价键连接，统称辅基。

研究蛋白质的目的在于阐明蛋白质的分子组成、结构及其与功能的联系。它不仅是生物学、医药学工作者重要的研究对象，也与化学、营养学密切相关。

二、蛋白质的分离和纯化

蛋白质通过分离纯化得到纯的或比较纯的蛋白质是研究蛋白质最基本的起点。必须熟悉并掌握蛋白质特有的理化性质，确定合适的分离制备方案。这包括生物材料的选择和处理，目的蛋白质的提取、分离、纯化和鉴定。蛋白质纯化分离的基本目标是得到足够量的具有天然生物学活性的蛋白质，为此，在整个分离纯化过程中必须避免蛋白质的变性和降解。抽提蛋白质的第一步是将组织粉碎、破坏细胞，一般用低浓度缓冲溶液提取。具体的溶剂系统与提取条件的选择因不同组织而异，例如，因为肌肉中含有乳酸，所以有时用稀碱提取肌肉中的蛋白质（如乳酸脱氢酶），而最后提取液却是中性的；又如提取膜蛋白时加入表面活性剂以增加溶解度；在提取过程中一般需注意低温操作，避免强烈搅拌，防止产生大量泡沫，避免与强酸、强碱及重金属离子作用，并添加相应的蛋白酶抑制剂，如二异丙基氟磷酸（DFP）、甲苯磺酰氟（PMSF）、对氯汞苯甲酸（PCMB）和螯合剂（如EDTA）等。有许多实验技术可用于蛋白质的分离纯化，可供选用的常用方法包括：

(1)盐析和有机溶剂沉淀　这是两种使蛋白质从溶液中沉淀的方法。盐析是将硫酸铵或硫酸钠等中性盐加入蛋白质溶液，破坏蛋白质在溶液中的稳定因素而沉淀。盐析操作简便，不需要特殊设备，重复性较好，对蛋白质有保护作用，但分辨力低，分离物中混杂大量中性盐。用有机溶剂如乙醇、丙酮等来沉淀蛋白质，操作方便，分辨力较高，但对蛋白质有变性作用，必须在

低温中进行，且蛋白质沉淀后应立即分离。

(2)透析　用于去除蛋白质提取液中的盐类和其他小分子化合物，也可用于蛋白质溶液的浓缩。将待去盐的蛋白质溶液置于透析袋内，扎紧后置于去离子水或低浓度缓冲溶液中，盐类或小分子物质即可透出，若不断更换袋外透析液则可完全除尽盐类或小分子物质；当袋外放吸水剂时，则水伴同小分子物质一起透出袋外达到浓缩目的。

(3)选择性沉淀法　其原理包括等电点沉淀以及变性沉淀等，后者根据各种蛋白质在不同理化因子作用下稳定性不同而常用于除去提取液中的杂蛋白，选择性较强，方法简便，但应用范围较窄。

(4)各种层析方法　如离子交换层析，分辨力强，分离量大；凝胶过滤，基于分子筛的排阻效应，用于分离相对分子质量有明显差别的蛋白质，分辨力强，不会引起蛋白质变性，但将引起样本溶液的大量稀释，此外，也可用于除盐；亲和层析，利用蛋白质与配体分子之间特异的非共价结合的特性进行分离，分辨力很强，但一种配体只能用于一种或一类蛋白质。

(5)电泳法　种类繁多，其基本原理都是根据蛋白质在电场中泳动的速率与电场强度和蛋白质颗粒表面的净电荷量成正比。但蛋白质的泳动速率除决定于分子本身的性质外，还受电泳介质的性质等影响。

层析和电泳都是生物化学中最常用的手段，广泛用于各种类型分子的分离和分析，两者各有优缺点，相对地说，层析在大量制备方面具有更强的优势，而制备电泳要求大功率电源，电流大，必须同时具有有效的散热装置。

三、蛋白质的定量

蛋白质的定量是研究蛋白质的基础。各种蛋白质的含氮量是相当恒定的，平均为16%。测定蛋白质的含氮量是蛋白质定量的经典方法，但操作繁琐。目前应用较广泛的是双缩脲法、福林-酚试剂法(Lowry 法)、紫外吸收法、考马氏亮蓝染色法和氨基酸分析法等。双缩脲法是基于蛋白质分子中的肽键，凡具两个以上肽键的物质均有此反应，它受蛋白质特异氨基酸组成的影响较小，适用于毫克级蛋白质的测定；福林-酚试剂法灵敏度高，主要基于蛋白质在碱性溶液中与铜形成复合物，此复合物以及芳香族氨基酸残基还原酚试剂而产生蓝色，与标准蛋白质(通常采用牛血清白蛋白)比色定量，如样品和标准蛋白质的芳香族氨基酸差异较大时，会有较大的系统误差；紫外吸收法是利用蛋白质中含有芳香族氨基酸(色氨酸和酪氨酸等)，在280 nm左右有吸收峰，通过与标准蛋白质比较而定量，但也同样存在不同蛋白质的芳香族氨基酸含量不同而有较大差异的问题。最准确的方法是用蛋白质的摩尔消光系数计算，方法是将纯化的蛋白质对水透析、冻干并干燥至恒重后精确称量，定量溶解于一定体积的溶剂中，通常为1 g/L，测量280 nm光吸收，从而得出该蛋白质的摩尔消光系数。紫外吸收法的优点是迅速简便而且不消耗样品；考马氏亮蓝G-250法操作简单，灵敏度高；通过蛋白质的氨基酸组成分析的结果计算来定量，所得数值最接近真实值，但是由于蛋白质酸水解时部分氨基酸被破坏而可能导致结果偏低。

四、蛋白质纯度的鉴定

纯净的蛋白质样品一般是指不含有其他杂蛋白。用于蛋白质纯度鉴定的方法有各种分析电泳和层析，如聚丙烯酰胺凝胶电泳(PAGE)、SDS-聚丙烯酰胺凝胶电泳(SDS-PAGE)、等电聚焦(IEF)、毛细管电泳(CE)、离子交换层析、凝胶过滤和基于蛋白质疏水性质的反相层析等。

此外，分析蛋白质N端和C端的均一性也是有效评价蛋白质纯度的方法，其鉴别能力有时较电泳、层析等方法更为灵敏；如能同时测定N端或C端的若干个序列，则在很大程度上可以排除杂蛋白存在的可能性。一些新的方法如质谱等也被引入蛋白质纯度的检测中。用电泳法检查蛋白质的纯度时，应取分布在蛋白质等电点两侧的两个不同的pH值分别进行检测，这样得出的结论才较可靠。一般检测蛋白质的纯度必须应用两种不同机理的分析方法才能作出判断，例如，一个用凝胶过滤和SDS-PAGE证明是纯的蛋白质样品，由于这两种方法的机理是相同的，因而此判断还是不够充分的。

经上述检测方法确定的蛋白质是否就一定是一个有活性的目标蛋白质呢？要解决这个问题还要进行一系列理化性质的分析，如相对分子质量(M_r)、等电点、溶解度、氨基酸分析、光谱、肽谱以及生物活性的检测等。关于相对分子质量的测定，早期采用的超离心分析法和光散射法目前已很少应用，一般实验室的常规方法是SDS-PAGE，其基本原理是在SDS存在下，蛋白质-SDS复合物表面带了大量负电荷，呈长椭圆棒状分子，此时，不同蛋白质-SDS复合物的短轴长度相同，但长轴为相对分子质量的函数，上样量约0.1～1 μg，方法误差5%～10%，所测为蛋白质亚基的相对分子质量，如同时用凝胶过滤法测定完整蛋白质的相对分子质量，则可准确地判断该蛋白质是否为寡聚体。毛细管电泳的分辨率较SDS-PAGE好，用极微量(ng级)蛋白质样品即可测定蛋白质的相对分子质量。近年来高分辨力的磁质谱可精确测定相对分子质量<2000的多肽，电喷雾质谱可在pmol水平测定相对分子质量，精确度达到0.02%。一种蛋白质只有一个等电点，所以用等电聚焦电泳既能测定蛋白质的等电点，又能鉴定蛋白质的纯度。目前进行IEF凝胶电泳时，同时进行IEF标样电泳，可以直接求得样品的近似等电点，方法简便，样品量<1 μg。毛细管等电聚焦电泳(CIEF)进一步使测定微量化，而且更为精确。肽谱，与标准蛋白质比较，可以方便地获知纯化蛋白质的结构与标准蛋白质的结构有无差异；肽谱最初称为指纹图(fingerprinting)，用于镰刀形贫血的研究，即将血红蛋白A(HbA)和血红蛋白S(HbS)分别用胰蛋白酶酶解为小肽，然后一向作纸电泳，另一向作纸层析，得到肽谱，观察到两者间仅一个肽斑有差别。进一步序列分析此肽斑，发现仅一个氨基酸之差，即β6由谷氨酸(HbA)突变为缬氨酸(HbS)。目前主要采用以下方法进行化学裂解或酶解后的肽谱分析：SDS-PAGE，存在小分子肽段在电泳和染色过程中易丢失的缺点；反相高效液相层析(RP-HPLC)，根据肽的长短和疏水性质分离，但如肽的亲水性强则不能滞留在柱上，而疏水性强者则不易洗脱；CE则不存在上述缺点。最后，纯化的蛋白质尚需进行活性测定。

五、蛋白质分子的序列分析

蛋白质多肽链中氨基酸的排列顺序(一级结构)决定蛋白质的空间结构。因此，测定蛋白质的氨基酸序列是蛋白质结构与功能研究中不可缺少的部分。首先分析已纯化的蛋白质的氨基酸的组成，蛋白质经盐酸水解为氨基酸，经离子交换层析或其他层析方法如聚酰胺薄膜层析等分离，测定各种氨基酸的含量、百分组成或个数；其次测定多肽链的N末端和C末端的氨基酸残基；再次用两种以上方法分别专一性地把多肽链裂解为肽段，分离纯化各肽段，如用双向电泳或层析，可以得到肽谱，了解肽段数；最后纯化肽段，测定各肽段的氨基酸排列顺序，按肽段的顺序排定蛋白质的一级结构。一般采用Edman降解法(PTH法)测序。Edman降解法的主要原理是多肽N端氨基酸残基的游离α-氨基在碱性条件下与异硫氰酸苯酯(phenyl isothiocyanate，PITC)偶联，生成苯氨基硫甲酰基肽(PTC肽)后，与第二个氨基酸的键合力大为减弱，在无水条件下酸裂解，产生环状的PTC氨基酸衍生物和少一个氨基酸的新肽，此新肽上的游离的α-氨基可继续与PITC进行反应，PTC氨基酸衍生物在酸性水溶液中转化为PTH氨基酸，可通过薄层层析、气相层析、高效液相层析或质谱等各种方法分析。Edman降解法的全过程已实现了自动化，一次可准确测定20个氨基酸残基，对样品的要求是：N端不封闭、HPLC单峰、纯度＞98%。在不具备自动化测序的实验室，也可采用手工测序方法——DABITC/PITC双偶合法测序，其原理是用有色试剂4-N，N-二甲氨基偶氮苯-4′-异硫氰酸酯(DABITC)与多肽的氨基作第一次偶合，因该反应的产率只有20%～50%，未与DABITC反应的氨基酸再与PITC作第二次偶合，由于PITC与多肽的偶合反应几乎是定量的，保证了每个残基都反应完全，然后再裂解、转化、鉴定有色的氨基酸转化物；依次循环，测出多肽序列。

（刘子贻）

第二节 实验项目

实验一 蛋白质的定量测定

1. Kjeldahl 定氮法

【基本原理】

对天然有机物中含氮量的测定，通常采用微量凯氏定氮法(Micro-Kjeldahl Method)。这是利用一般蛋白质含氮量平均在16%，可将测得的含氮量折算成样品中蛋白质的含量。基本原理是：被测样本与浓硫酸共热时分解产生氨，氨和硫酸结合生成硫酸铵。在此过程中需加入硫酸铜作为催化剂，加硫酸钾或硫酸钠以提高沸点；此外，过氧化氢也能加速反应。硫酸铵在强碱作用下分解产生氨。用水蒸气蒸馏法将氨收集于过量的硼酸中，然后用标准酸溶液滴定。根据所测得的含氮量，计算样品的蛋白质含量。

氧化：有机含氮物$+H_2SO_4 \longrightarrow CO_2\uparrow + H_2O + SO_2\uparrow + NH_3\uparrow$

$2NH_3 + H_2SO_4 \longrightarrow (NH_4)_2SO_4$

蒸馏：$(NH_4)_2SO_4 + 2NaOH \longrightarrow 2NH_4OH + Na_2SO_4$

$NH_4OH \longrightarrow NH_3\uparrow + H_2O$

吸收：$NH_3 + H_3BO_3 \longrightarrow NH_4H_2BO_3$

滴定：$NH_4H_2BO_3 + HCl \longrightarrow NH_4Cl + H_3BO_3$

本实验采用甲基红-溴甲酚绿混合指示剂。此指示剂在pH5以上呈绿色，在pH5以下为橙红色，在pH5时因互补色关系呈紫灰色。

【试剂与器材】

一、试剂

1. 血清检样
2. K_2SO_4粉末(A. R.)
3. 12.5% $CuSO_4$溶液
4. 浓硫酸溶液(A. R.)
5. 0.01 N HCl溶液(经标定)

6. 40% NaOH 溶液

7. 0.3 N 硼酸溶液(A.R.):应对混合指示剂呈紫灰色,如偏酸可用稀 NaOH 溶液校正。

8. 混合指示剂:取 0.2%溴甲酚绿乙醇溶液 10 mL 与 0.2%甲基红乙醇溶液 3 mL 混合。

二、器材

1. 100 mL 凯氏烧瓶　　2. 凯氏蒸馏仪　　3. 玻璃珠

4. 消化架　　5. 酸式滴定管　　6. 碱式滴定管

7. 吸量管(0.1,1.0,5.0,10.0 mL)　　8. 酒精灯

9. 小漏斗　　10. 三角烧瓶

【操作步骤】

一、消化

1. 取凯氏烧瓶 2 只,加入如下试剂:

1 号瓶中加入:(1)血清 0.1 mL(要求精确);(2)K_2SO_4 粉末 0.2 g;(3)12.5% $CuSO_4$ 溶液 0.3 mL;(4)浓 H_2SO_4 1.2 mL;(5)玻璃珠 1 粒(防止爆沸)。

2 号瓶中加入:(1)水 0.1 mL;(2)K_2SO_4 粉末 0.2 g;(3)12.5% $CuSO_4$ 溶液 0.3 mL;(4)浓 H_2SO_4 1.2 mL;(5)玻璃珠 1 粒。

2. 将凯氏烧瓶斜夹在铁架台上,以酒精灯加热,开始有水蒸气产生,后产生 SO_2 白烟。此时在凯氏烧瓶上加盖小漏斗,防止 SO_2 外溢过多,当溶液由棕色变为澄清的蓝绿色时,即消化完成,冷却后,用 5 mL 蒸馏水冲洗瓶颈。

二、蒸馏

如图2-1 安装仪器。蒸馏装置预先用铬酸洗液浸泡 1 天,用自来水冲净,照图装好。蒸汽发生器中装水,加几滴硫酸使成酸性。在蒸馏器冷凝管下端置一锥形瓶接水,将蒸汽发生器加热,使蒸汽通过全部装置 15～30 分钟。然后将蒸汽发生器从电热器上取下,此时蒸汽发生器因冷却产生负压,利用此负压将蒸馏器内管中的积水回吸至外套管。开放下端管夹放出废液,然后将此管夹保持于开放状态。

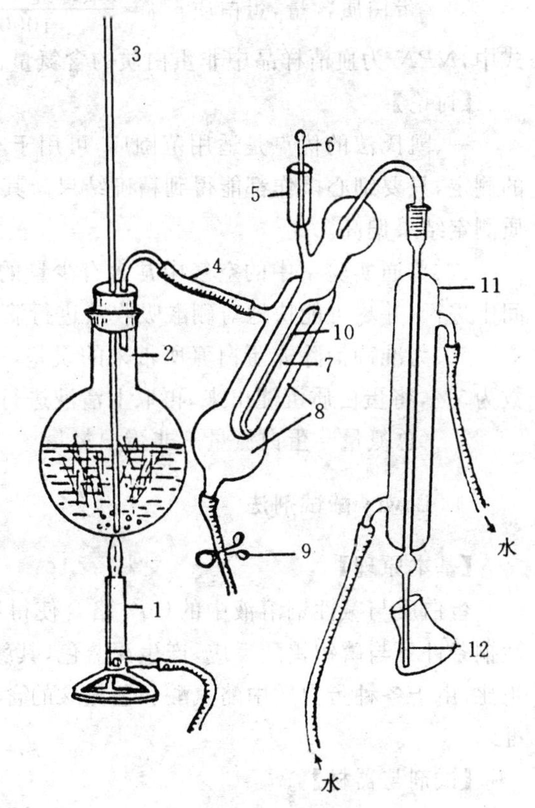

图 2-1　微量凯氏蒸馏装置

1. 电热器或煤气灯　2. 蒸汽发生器　3. 长玻璃管　4. 橡皮管　5. 小玻杯　6. 棒状玻塞　7. 反应室　8. 反应室外壳　9. 夹子　10. 反应室中插管　11. 冷凝管　12. 锥形瓶

1. 在 150 mL 锥形瓶中加入 0.3 N 硼酸溶液 100 mL 和混合指示剂 2 滴(溶液应呈紫灰色),置冷凝管下端,使冷凝管口全部浸入溶液中。

2. 将消化液加入蒸馏器上的小玻杯中,轻轻提起玻塞使样品流入内管,并用少量蒸馏水冲洗凯氏烧瓶和小玻杯,冲洗液全部流入内管。

3. 从小玻杯加入 7 mL 40%的 NaOH 溶液，塞紧小玻杯，并加一层水封口。

4. 将蒸汽发生器重置于电热器上，夹紧蒸馏器下端的废液排出管，开始蒸汽蒸馏，此时内管液体应为深蓝(氢氧化铜)或棕色(氧化铜)。

5. 从接收瓶中指示剂转为绿色开始计时，蒸馏6 分钟。然后将接收瓶下移使冷凝管口离开液面，继续蒸馏 2 分钟，利用冷凝水冲洗吸入冷凝管中的溶液。最后用洗瓶冲洗冷凝管口一并洗入接收瓶中。取下接收瓶，用清洁纸片盖住。

6. 将蒸汽发生器自电热器上取下，利用负压吸出内管液体，再用蒸馏水冲洗仪器 3 次，放出废液。

7. 按上述操作步骤对空白对照试样进行操作。

三、滴定

用0.01 N HCl 标准溶液分别滴定样品和空白试样，至蓝色变为紫灰色，即达终点。

四、计算

含氮量，$mgN\%$=[滴定检样所用HCl 溶液的体积(mL)－滴定空白试样所用HCl 溶液的体积(mL)]×HCl 溶液的浓度×14×100÷所用检样的体积(mL)或质量(g)

蛋白质含量，蛋白质 $g\% = \frac{mgN\% - NPN}{1000} \times 6.25$，

式中，NPN 为血清样品中非蛋白质的含氮量。含氮量的平均值为 20mg%～35mg%。

【讨论】

一、凯氏法的优点是适用范围广，可用于动植物的各种组织、器官及食品等组成复杂样品的测定，只要细心操作都能得到精确结果。其缺点是操作比较复杂，含大量碱性氨基酸的蛋白质测定结果偏高。

二、普通实验室中的空气中常含有少量的氨，可以影响结果，所以操作应在单独洁净的房间中进行，并尽可能快地对硼酸吸收液进行滴定。

三、为准确消除非蛋白氮所带来的误差，可通过向样品溶液中加入三氯醋酸，使其质量分数为5%，将蛋白质沉淀出来，再取上清液进行消化，测定非蛋白氮。

总氮量＝蛋白氮量＋非蛋白氮量

Ⅱ. Lowry 酚试剂法

【基本原理】

蛋白质与碱性铜溶液中的 Cu^{2+} 络合使得肽键伸展，从而使暴露出的酪氨酸和色氨酸在碱性铜条件下与磷钼钨酸反应，产生深蓝色，其颜色的深浅与蛋白质中酪氨酸和色氨酸的含量成正比，由于各种蛋白质中酪氨酸和色氨酸的含量各不相同，故在测定时需使用同种蛋白质作标准。

【试剂与器材】

一、试剂

1. 试剂A：2% Na_2CO_3 溶液(用 0.1 mol/L NaOH 溶液配制)。

2. 试剂B：0.5% $CuSO_4 \cdot 5H_2O$ 溶液(用 1%酒石酸钠或酒石酸钾溶液配制)。

3. 试剂C：碱性铜溶液，用50 份试剂A 和1 份试剂B 混合配成。混合后的溶液一日内有效。

4. 酚试剂(即 Folin-Ciocalteau 酚试剂)：于 1500 mL 圆底烧瓶内，加入钨酸钠($Na_2WO_4 \cdot 2H_2O$)100 g，钼酸钠($Na_2MoO_4 \cdot 2H_2O$)25 g，水 700 mL，85%磷酸溶液 50 mL 及浓盐酸 100

mL，慢慢加热回馏10小时。再加硫酸锂($Li_2SO_4 \cdot H_2O$)150 g 及水100 mL，必要时过滤。如显绿色，可加溴水数滴，使溶液呈淡黄色，然后煮沸除去过剩的溴。冷却后稀释到1000 mL，此为贮存液。贮于暗处，用时以等量水稀释。

5．血清样本，用0.9％ NaCl 溶液稀释到测定范围。

6．蛋白标准液：结晶牛血清白蛋白或酪蛋白，预先经微量凯氏定氮法测定蛋白质含量，根据其纯度配制成500 mg/L 蛋白溶液。

7．0.9％ NaCl 溶液

二、器材

1．15 mm×150 mm 试管　　2．721型分光光度计

3．吸管(1、5、10 mL)　　4．坐标纸

【操作步骤】

1．标准曲线的绘制

将6支干燥洁净的试管编号，按下表加入试剂，摇匀，室温放置10分钟。各管加入酚试剂0.5 mL，立即摇匀，30分钟后在500 nm 波长处比色，以吸光度为纵坐标，蛋白质浓度为横坐标，绘制标准曲线。

管　号	0	1	2	3	4	5
蛋白标准液/mL	0	0.05	0.1	0.2	0.3	0.4
蒸馏水/mL	0.5	0.45	0.4	0.3	0.2	0.1
试剂C/mL	4	4	4	4	4	4

2．样品的测定

准确吸取血清样品稀释液(1∶500)0.5 mL，置一干净试管内，加4 mL 试剂C，摇匀，室温放置10分钟。再加酚试剂0.5 mL，立即摇匀。放置30分钟后，于500 nm 波长处比色。对照标准曲线，求得样品中蛋白质的含量。

3．计算

血清中蛋白质含量(g/100 mL 血清)

$$=\frac{A_{500}\text{值对应标准曲线蛋白质浓度}}{\text{测定时用稀释血清的体积(mL)}}\times\text{血清稀释倍数}\times 1000$$

【讨论】

一、酚试剂在酸性条件下稳定，但试剂A、B、C在碱性条件下会与蛋白质作用生成碱性的铜—蛋白质溶液。当酚试剂加入后，应迅速摇匀，使还原反应产生在磷钼酸-磷钨酸试剂被破坏之前。另外，血清稀释的倍数应使蛋白质的含量在标准曲线范围之内。

二、干扰因素

此法是在双缩脲反应的基础上发展起来的，凡干扰双缩脲反应的基团，如$—CO—NH_2$，$—CH_2—NH_2$，$—CS—NH_2$以及在性质上是氨基酸或肽的缓冲剂，如Tris缓冲剂以及蔗糖、硫酸铵、巯基化物均可干扰Folin-酚反应。此外，所测的蛋白质样品中，若含有酚类及柠檬酸，均对此反应有干扰作用。而浓度较低的尿素(0.5％左右)、胍(0.5％左右)、硫酸钠(1％)、硝酸钠(1％)、三氯醋酸(0.5％)、乙醇(5％)、乙醚(5％)、丙酮(0.5％)对显色无影响，这些物质在所测样品中含量较高时，则需做校正曲线。若所测的样品中含硫酸铵，则需增加碳酸钠-氢氧化钠的浓度即可显色测定。若样品酸度较高，也需提高碳酸钠-氢氧化钠的浓度1～2倍，这样即可纠

正显色后色浅的弊病。

Ⅲ. 紫外光谱吸收法

【基本原理】

蛋白质分子中所含的酪氨酸、色氨酸以及苯丙氨酸残基的芳香族结构对紫外光有吸收作用,其最大吸收峰在280 nm 附近。当蛋白质的质量浓度在0.1～1.0 g/L 之间时,其紫外吸光值与浓度呈正比,故可用作蛋白质的含量测定。因不同蛋白质所含芳香族氨基酸的量不同,故需要以同种蛋白质作对照。

【试剂与器材】

一、试剂

1. 蛋白标准液(200 mg/L):用0.9% NaCl 溶液配制。

2. 样品(用0.9% NaCl 溶液稀释到测定范围)

3. 0.9% NaCl 溶液

二、器材

1. 试管　　2. 刻度吸管　　3. 紫外分光光度计

【操作步骤】

1. 标准曲线绘制

取干净试管6支,编号,按下表加入试剂混匀。以0号管为对照,读各管280 nm 处的吸光度。以吸光度为纵坐标,蛋白质浓度为横坐标,绘制标准曲线。

管　号	0	1	2	3	4	5
加入蛋白标准液/mL	0	0.5	1.0	2.0	4.0	5.0
加入0.9% NaCl 溶液的体积/mL	5	4.5	4.0	3.0	1.0	0
蛋白质含量/$mg \cdot L^{-1}$	0	100	200	400	800	1000

2. 样品测定

以0.9% NaCl 溶液为空白调零,样品比色,读取280 nm 处的吸光度,对照标准曲线求得蛋白质的含量。

【讨论】

一、该测定方法简单、灵敏、快速、不消耗样品,低浓度的盐类不干扰测定,因此,广泛应用在蛋白质和酶的生化制备中。特别是在柱层析分离中,利用280 nm 波长进行紫外检测,可判断蛋白质吸附或洗脱情况。

二、由于蛋白质的紫外吸收峰常因pH 的改变而有变化,故应用紫外吸收法时要注意溶液的pH,最好与标准曲线制定时的pH 一致。

三、利用紫外吸收法测定蛋白质含量准确度较差,这是由于:①对于测定那些与标准蛋白质中酪氨酸和色氨酸含量差异较大的蛋白质,有一定的误差。故该法适于测定与标准蛋白质氨基酸组成相似的蛋白质。②若样品中含有嘌呤、嘧啶等吸收紫外光的物质,会出现较大干扰。核酸在280 nm 波长处也有较强吸收,但对260 nm 紫外光的吸收更强。蛋白质恰恰相反,在280 nm 波长处的紫外吸收值大于260 nm 波长处的紫外吸收值。利用它们的这些性质,通过计算可以适当校正核酸对于测定蛋白质含量的干扰作用。但是,因为不同的蛋白质和核酸的紫外吸收是不相同的,虽然经过校正,测定结果还存在着一定的误差。

在测定工作中，可利用在280 nm 及260 nm 处的吸收差求出蛋白质的质量浓度：

$$蛋白质的质量浓度/g\cdot L^{-1}=1.45A_{280nm}-0.74A_{260nm},$$

式中，A_{280nm}是蛋白质溶液在280 nm 处测得的吸光度；A_{260nm}是蛋白质溶液在260 nm 处测得的吸光度。

Warburg 和Christian 用结晶的酵母烯醇化酶和纯的酵母核酸作为标准，对于有核酸存在时所造成的误差作了评价，并作出一个校正表(见表2-1)。在280 nm 和260 nm 处测量每个含有蛋白质样品的吸光度，确定这两个值的比值，按此比值从表查出校正因子F值，同时可查出该样品内混杂的核酸的含量，将F值代入，再由下述经验公式直接计算出该溶液的蛋白质的质量浓度：

$$蛋白质的质量浓度/g\cdot L^{-1}=F\times\frac{1}{d}\times A_{280nm}\times D,$$

式中，A_{280nm}为该溶液在280 nm 处测得的吸光度；d为石英比色池的厚度(cm)；D为溶液的稀释倍数。

对于稀蛋白质溶液还可用215 nm 和225 nm 处的吸收差来测定浓度。从吸收差Δ与蛋白质含量的标准曲线即可求浓度。

$$吸收差\Delta=A_{215nm}-A_{225nm}$$

式中，A_{215nm}是蛋白质溶液在215 nm 处测得的吸光度；A_{225nm}是蛋白质溶液在225 nm 处测得的吸光度。

此法在蛋白质含量达每毫升20～100 μg 的范围内是服从Beer 定律的。氯化钠、硫酸铵以及0.1 mol/L 磷酸、硼酸和Tris 等缓冲溶液都无显著干扰作用。但是，0.1 mol/L 醋酸、琥珀酸、邻苯二甲酸以及巴比妥等缓冲溶液在215 nm 处的吸收较大，不能应用，它们的浓度必须降至0.005 mol/L 才无显著影响。

表2-1　紫外吸收法测定蛋白质含量的校正因子

A_{280nm}/A_{260nm}	核酸百分含量/%	校正因子	A_{280nm}/A_{260nm}	核酸百分含量/%	校正因子
1.75	0.00	1.116	0.846	5.50	0.656
1.63	0.25	1.081	0.822	6.00	0.632
1.52	0.50	1.054	0.804	6.50	0.607
1.40	0.78	1.023	0.784	7.00	0.585
1.36	1.00	0.994	0.767	7.50	0.565
1.30	1.25	0.970	0.753	8.00	0.545
1.25	1.50	0.944	0.730	9.00	0.508
1.16	2.00	0.899	0.705	10.00	0.478
1.09	2.50	0.852	0.671	12.00	0.422
1.03	3.00	0.814	0.644	14.00	0.377
0.979	3.50	0.776	0.615	17.00	0.322
0.939	4.00	0.743	0.595	20.00	0.278
0.874	5.00	0.682			

注：一般纯蛋白质的光吸收比值(A_{280nm}/A_{260nm})约为1.8，而纯核酸的比值大约为0.5。

Ⅳ. 考马斯亮蓝染色法

【基本原理】

1976 年 Bradford 建立了用考马斯亮蓝与蛋白质结合可迅速、敏感、定量地测定蛋白质的方法。蛋白质通过范德瓦尔键与染料考马斯亮蓝 G-250 结合，引起染料最大吸收峰的改变，从 465 nm 变为 595 nm，测定 595 nm 处的光吸收增加即可进行定量。该复合物具有高的消光系数，大大提高了灵敏度，最低检出量为1μg 蛋白。结合物形成迅速，约2 分钟，颜色在1 小时内是稳定的。大量的去污剂有严重的干扰，少量可通过对照消除。

【试剂与器材】

一、试剂

1. 标准蛋白溶液：可用微量凯氏定氮法测牛血清清蛋白含量，配制 1 g/L 标准蛋白溶液。或根据牛血清清蛋白的紫外摩尔消光系数来确定。

2. 蛋白试剂：称取 100 mg 考马斯亮蓝 G-250 溶于 50 mL 95%的乙醇，加入 100 mL 85%(W/V)磷酸，将溶液用水稀释到1000 mL。试剂的终浓度为0.01%考马斯亮蓝 G-250，4.7%乙醇(W/V)，8.5%磷酸(W/V)。

二、器材

1. 可见分光光度计　　2. 微量注射器

【操作步骤】

1. 标准方法

取含蛋白质 1～10 μg 的溶液于小试管中，用双蒸水或缓冲溶液配成体积为 0.1 mL，然后加入5 mL 蛋白试剂，充分混匀，2 分钟后于595 nm 处测吸光度。以0.1 mL 双蒸水或缓冲溶液加5 mL 蛋白试剂作为空白对照。

2. 微量蛋白分析法

取含蛋白质 1～10 μg 的溶液，用双蒸水配制成体积为 0.8 mL，加 0.2 mL 蛋白试剂，充分混匀，2 分钟后于595 nm 处测吸光度。以 0.8 mL 双蒸水加 0.2 mL 蛋白试剂作为空白对照。

3. 用不同浓度的蛋白质溶液作标准曲线，以蛋白浓度为横坐标，吸光度为纵坐标，绘制标准曲线作为定量的依据。

【讨论】

消光系数，又称吸光系数，其物理意义是：吸光物质在单位浓度及单位厚度时的吸光度。在给定条件(单色光波长、溶剂、温度等)下，消光系数是物质的特性常数，它只和该物质分子在基态和激发态之间的跃迁几率有关。不同物质对同一波长的单色光，可有不同的消光系数，这可作为定性的依据。在吸光度与浓度(或厚度)之间的线性关系中，消光系数是斜率，其值愈大，测定灵敏度愈高。

消光系数常有两种表示方式：

(1)摩尔消光系数(molar absorptivity，molar extinction coefficient)，用ε 或E_M 表示。其意义是浓度为 1 mol/L 的溶液在吸收池厚度为 1 cm 时的吸光度。

(2)比消光系数(specific absorptivity, specific extinction coefficient)或称百分消光系数，用$E_{1cm}^{1\%}$表示，是指浓度为 1%(W/V)的溶液在吸收池厚度为 1 cm 时的吸光度。

两种消光系数表示方式之间的关系是：

$$\varepsilon = \frac{M_r}{10} \cdot E_{1cm}^{1\%},$$

式中，M_r是吸光物质的相对分子质量。摩尔消光系数一般不超过10^5数量级。通常将ε值达10^4的划为强吸收，小于10^2的划为弱吸收，介乎两者之间的划为中强吸收。

消光系数ε或$E_{1cm}^{1\%}$不能直接测得，需用已知准确浓度的稀溶液测得吸光度后换算而得到。例如，质量浓度为28.9 mg/L的尿苷三磷酸钠盐二水合物($M_r=586$)的水溶液，在262 nm处用1 cm吸收池测得吸光度A为0.507，则

$$A = \lg \frac{I_0}{I_t} = 0.507 = \varepsilon CL$$

因 $$C = \frac{28.9 \times 10^{-3}}{586} = 0.0493 \times 10^{-3} \text{mol/L}，且\ L = 1\ \text{cm}$$

故 $$\varepsilon = \frac{0.507}{0.0493 \times 10^{-3} \times 1} = 1.028 \times 10^4$$

$$E_{1cm}^{1\%} = \frac{\varepsilon \times 10}{M_r} = \frac{1.028 \times 10^4 \times 10}{586} = 175.8$$

消光系数是物质的特征性参数，与物质的熔点、沸点等物理参数一样是物质鉴定的重要依据。它又是衡量测定方法灵敏度的一个指标，即被测定物质的浓度越低，浓度改变所引起的吸光度改变越显著，则测定的灵敏度越高。此外，在无法得到标准样品时，根据消光系数的定义，即$A=\varepsilon CL$的公式，可以进行定量计算。

若L为1 cm，则$C=\frac{A}{\varepsilon}$，ε(或用$E_{1cm}^{1\%}$代入计算)可从文献上查得，或由标准样品自行测定求得，但所有测定条件必须与文献一致，因为吸收系数有严格的适用条件，不能作为普遍适用的常数。

(于晓虹)

实验二　生物体液和组织蛋白质的分离和鉴定

Ⅰ．血清IgG的分离纯化（离子交换层析法）

【基本原理】

IgG是免疫球蛋白（immunoglobulin，简称IgG）的主要成分之一，相对分子质量约为15万～16万，沉降系数约为7 S。IgG也是人和动物血浆蛋白的重要组分之一。血浆中的蛋白质有70多种，要从中分离出IgG，首先，通过硫酸铵分段盐析法，使IgG初步纯化，再经过离子交换层析，得到纯化的IgG。

一、盐析法粗分离蛋白质

蛋白质分子表面含有带电荷的基团，这些基团与水分子有较大的亲和力，故蛋白质在水溶液中能形成水化膜，增加了蛋白质水溶液的稳定性。如果在蛋白质溶液中加入大量中性盐，蛋白质表面的电荷被大量中和，水化膜被破坏，于是蛋白质分子相互聚集而沉淀析出，此现象称为盐析。因球蛋白在生理pH下的电荷及水化膜均较白蛋白为少，可被较低浓度的中性盐沉淀，故可用各种一定浓度的中性盐将球蛋白首先沉淀下来，而白蛋白仍留在溶液中。由于各种蛋白质分子表面的极性基团所带电荷数目不同，它们在蛋白质表面上的分布情况也不一样，因此将不同蛋白质"盐析"出来所需的盐浓度也各异。盐析法就是通过控制盐的浓度，使蛋白质混合液中的各个成分分步"盐析"出来，达到粗分离蛋白质的目的。

盐析法是1878年Hammarster首次使用的，可用作盐析的中性盐有过硫酸钠、氯化钠、磷酸钠和硫酸铵等，其中应用最广的是硫酸铵。硫酸铵在水中溶解度大，25℃可达4.1 mol/L的浓度；化学性质稳定，溶解度的温度系数变化较小，且价廉易得；分段效果比其他盐好，性质温和，即使浓度很高时也不会影响蛋白质的生物学活性。

实验工作中将饱和硫酸铵溶液的饱和度定为100％或1。盐析某种蛋白质成分所需的饱和度，可以根据情况用下述方法来调整。

1．饱和硫酸铵溶液法

若蛋白质溶液的总体积不大，且要求达到的饱和度在50％以下，则可选用此方法。在已知盐析出某种蛋白质成分所要达到的饱和度，可按下列公式计算应加入饱和硫酸铵溶液的数量：

$$V = V_0 \frac{C_2 - C_1}{100 - C_2} \quad 或 \quad V = V_0 \frac{C_2 - C_1}{1 - C_2},$$

式中，V_0为蛋白质溶液的原始体积；C_2为所要达到的硫酸铵饱和度；C_1为原来溶液的硫酸铵饱和度；V为应加入饱和硫酸铵溶液的体积。

上式中是按混合前两种溶液之和等于混合后的总体积计算的，所以会产生误差，实验证明其误差一般小于20％，可忽略不计。

2．固体硫酸铵法

若所需达到的饱和度较高，蛋白质溶液的体积又不能再过分增大时，则可采用直接加入固体硫酸铵的方法。欲达到某种饱和度可按下列公式计算出应加入固体硫酸铵的数量：

$$X = \frac{G(C_2 - C_1)}{100 - AC_2} \quad 或 \quad X = \frac{G(C_2 - C_1)}{1 - AC_2},$$

式中，X是将1 L饱和度为C_1的溶液提高到饱和度为C_2时，需要加入固体硫酸铵的质量(g)；G和A为常数，数值与温度有关。G为1 L饱和硫酸铵溶液中所含的硫酸铵质量(g)，A为G/固体硫酸铵的比容。现在已将达到各种饱和度所需固体硫酸铵的质量列成表,使用时不需计算可直接从表中查出。

硫酸铵盐析法可使蛋白质的纯度提高5倍,而且可以除去DNA、tRNA等,但要得到纯品IgG,仍需进一步纯化。本实验采用离子交换层析,在此纯化之前,需经过透析"脱盐",除掉硫酸铵。

二、离子交换层析(ion exchange chromatography,简称IEC)

这是指流动相中的离子与固定相上的可解离基团的可逆交换反应。利用这个反应先将要分离的混合物在一定pH的溶液中解离,而后流经固定相,使之与固定相上的可解离基团进行交换,吸附于固定相上。再根据吸附于固定相上各组分解离度的差别,运用不同的pH值或不同盐浓度的溶液,将各组分分别洗脱下来,这样混合物的各组分即被分开,达到分离的目的。

阳离子交换树脂对有机碱的选择性规律是:pK_b越大,亲和力越大;对两性化合物的选择性规律是:其等电点(pI)越大,亲和力越大。阴离子交换树脂对有机酸的选择性规律为:pK_a越小,亲和力越大;而对两性化合物,则pI越小,亲和力越大。

以上规律仅适用于稀溶液。若增加某种离子浓度,则遵循质量作用定律向着产物的方向进行。例如,含Na^+型交换树脂,当通过含有Ca^{2+}的稀溶液时,很容易变成Ca^{2+}型;而含Na^+的稀溶液不能使Ca^{2+}型交换树脂再生成Na^+型。这是因为稀溶液中Na^+和交换树脂的亲和力小于Ca^{2+}离子。如果用浓的NaCl溶液通过,Ca^{2+}可以被Na^+代替,这是因为质量作用定律的结果。

离子交换树脂对不同的离子交换选择性不同。一般来说,离子的价数越高,原子序数越大,水合离子半径越小,离子交换树脂的亲合力也就越大。

强酸性阳离子交换树脂对阳离子的选择性顺序为:

$Fe^{3+} > Al^{3+} > Ca^{2+} > Mg^{2+} > K^+ > NH_4^+ > Na^+ > H^+ > Li^+$

强碱性阴离子交换树脂对阴离子的选择性顺序为:

柠檬酸$^{3-} > SO_4^{2-} > C_2O_4^{2-} > I^- > NO_3^- > CrO_4^{2-} > Br^- > Cl^- > HCOO^- > OH^- > F^- > CH_3COO^-$

弱碱性阴离子交换树脂的选择性顺序为:

$OH^- > SO_4^{2-} > CrO_4^{2-} >$ 柠檬酸 $>$ 酒石酸 $> NO_3^- > AsO_4^{3-} > PO_4^{3-} > CH_3COO^- > I^- > Br^- > Cl^- > F^-$

以上规律对于选择合适的交换树脂可作重要参考。

离子交换层析中的固定相为离子交换剂。它是由在高分子不溶性母体上引入不同的可解离基团构成。常用的高分子不溶性母体有纤维素、葡聚糖、琼脂糖及人工合成的树脂等,引入于母体上的活性基团主要是酸性或碱性物质。引入酸性物质的可解离出H^+离子,能与流动相中的阳离子交换,故将这类离子交换剂称为阳离子交换剂;引入碱性物质的可解离出OH^-离子,能与流动相中的阴离子交换,故称为阴离子交换剂。由于引入的酸或碱的强弱不同,这两类离子交换剂又都可分为不同的型。各型离子交换剂在国内外都已定型生产,性能及规格均可查到。

分离蛋白质常用的交换剂是纤维素离子交换剂。纤维素具有舒展的长链,表面积大,大分子物质容易接触;纤维素还具有亲水性强、容易溶胀等特点,所以对大分子的交换容量大,分辨力强,可以获得较好的分离效果及较高的回收率;另外,纤维素构成的离子交换剂与流动相中离子进行交换后,它对离子的吸附力较弱,用比较温和的条件即可洗脱下来,不影响蛋白质等大分子物质的活性。

利用改变pH值或提高离子强度的方法可将吸附在离子交换剂上的物质洗脱下来，从而获得较纯的物质。洗脱办法可分为分段洗脱法和梯度洗脱法。分段洗脱即在第一种洗脱液洗脱下一种成分后，换成第二种洗脱液洗脱下另一成分，再换第三种洗脱液…… 如此洗脱下所有成分；梯度洗脱法是在洗脱过程中逐步改变洗脱液的离子强度，逐渐将各种成分洗脱下来。

一般离子交换剂在使用前都要用酸碱处理以除去杂质。若离子交换剂是干的，先用水浸泡使之吸水膨胀后再进行处理。阳离子交换树脂的处理主要有以下几步：

(1)用水浸泡，使其充分膨胀并除去细小颗粒(倾斜或浮选法)。

(2)用0.1～1 mol/L 的盐酸溶液浸泡一定时间后，用水洗去酸液至中性。

(3)用0.1～1 mol/L 的NaOH溶液浸泡一定时间后，洗去碱液至中性。

(4)转型，即用适当试剂处理，使其成为所要的形式。如H^+型用盐酸溶液处理，Na^+型用NaOH溶液处理，NH_4^+ 型用NH_4Cl溶液或氨水处理，然后用水、蒸馏水洗至接近中性。必要时还需用指定的缓冲溶液进行平衡，使达到分离样品所要的pH和离子强度。

阴离子交换树脂的处理方法同上，但要将酸碱的次序颠倒过来(即阳离子树脂是酸、碱、酸，阴离子树脂是碱、酸、碱)，转型亦然。希望树脂带Cl^-，则用HCl溶液处理；希望树脂带OH^-，则用NaOH溶液处理。总之，树脂处理、转型、再生是要求树脂带上我们所需要的离子。

(5)再生，即将用过的树脂恢复原状。再生时，不必每次都用酸碱反复处理，只需按转型方法处理即可(参阅表2-2)。

表2-2　离子交换树脂再生剂

树脂	转　化	再生剂	再生剂容积/树脂容积
强　酸	$H^+ \rightarrow Na^+$	1.0 mol/L NaOH 溶液	2
中强酸	$H^+ \rightarrow Na^+$	0.5 mol/L NaOH 溶液	3
弱　酸	$H^+ \rightarrow Na^+$	0.5 mol/L NaOH 溶液	10
强　碱	$Cl^- \rightarrow OH^-$	1.0 mol/L NaOH 溶液	9
中强碱	$Cl^- \rightarrow OH^-$	0.5 mol/L NaOH 溶液	2
弱碱	$Cl^- \rightarrow OH^-$	0.5 mol/L NaOH 溶液	2

再生可以在柱外或柱内进行，分别称为静态法和动态法。前者是将树脂放在一容器内，加进一定浓度的适量酸或碱溶液，浸泡一定时间后，水洗至近中性。动态法是在柱中进行再生，其操作程序同静态法。该法适合工业生产规模的大柱子的处理，其效果较静态法好。

(6)保存。用过的树脂必须经过再生后方能保存。再生时，用酸碱洗后，必须用水充分洗涤干净，使成中性盐型保存。阴离子交换树脂Cl^-型较OH^-稳定，故用盐酸处理后水洗至中性，在湿润状态密封保存。阳离子交换树脂Na^+型较稳定，故用NaOH溶液处理后，水洗至中性，在湿润状态密封保存，防止干燥、长霉。短期存放，阴离子树脂可放在1 mol/L 盐酸溶液中，阳离子树脂放在1 mol/L NaOH溶液中保存。

本实验采用DEAE-纤维素柱层析法纯化IgG。DEAE-纤维素为阴离子交换剂，在弱碱性环境中带正电荷，可与带负电荷的血清蛋白质进行交换吸附，吸附顺序为：清蛋白＞α-球蛋白＞β-球蛋白＞γ-球蛋白。IgG属于γ-球蛋白，所带负电荷最少，故在用一定离子强度及pH的缓冲溶液洗脱时可首先被洗脱出来，而达到分离提纯的目的。IgG的相对分子质量约为150000，每100 mL正常血清含IgG约为800～1700 mg。

【试剂与器材】

一、试剂

1．血清

2．饱和硫酸铵溶液：取$(NH_4)_2SO_4$800 g，加蒸馏水1000 mL，不断搅拌下加热至50～60℃，保持30分钟，趁热过滤，滤液在室温中过夜，有结晶析出，即达到100%饱和度，最后用浓氨水调pH至7.0。

3．0.01 mol/L，pH＝7.4的磷酸盐缓冲溶液

4．生理盐水

5．1%氯化钡溶液

6．DEAE-纤维素

二、器材

1．1.5 cm×40 cm层析柱　　2．高速离心机　　3．核酸-蛋白检测仪

4．部分收集器　　5．751-紫外分光光度计　　6．透析袋

【操作步骤】

一、盐析

运用硫酸铵分级盐析，获得粗制品IgG，操作步骤如下：

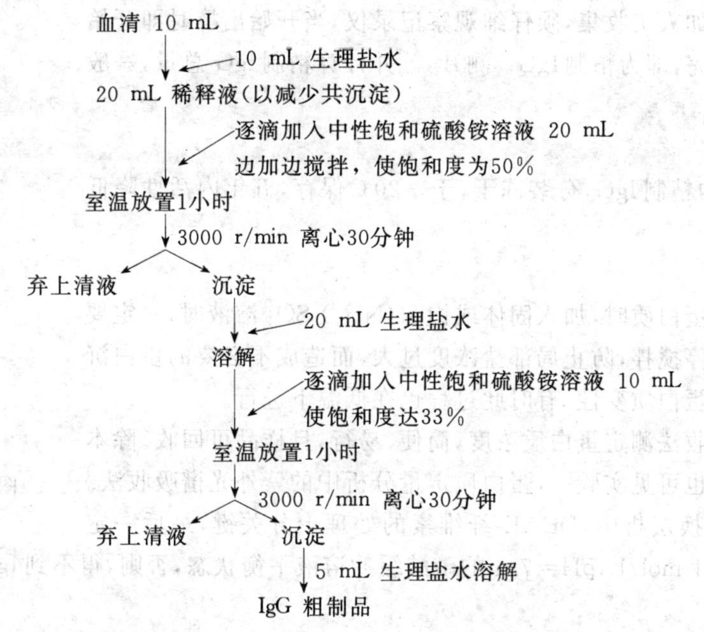

二、测定IgG粗制品的含量

取上述IgG粗制品，在751-紫外分光光度计上测A_{280nm}，以公式$E_{280nm}^{1\%}=13$计算IgG含量。

三、脱盐

1．透析袋预处理

将透析袋剪成适当长度，置于大约含1 mmol/L EDTA之2% Na_2SO_4溶液中，煮沸10分钟。用蒸馏水彻底清洗后，再用1 mmol/L EDTA溶液煮沸10分钟。冷却后，于4℃保存备用。透析袋必须浸没于溶液中。使用前，用蒸馏水清洗透析袋内外，操作时必须戴手套。

第二次EDTA溶液煮沸也可用流水冲洗的方法代替。

2．透析

将上述IgG粗制品装入透析袋，悬于装有0.01 mol/L，pH＝7.4的磷酸盐缓冲溶液的大烧杯内，下置电磁搅拌器，于4℃透析约24小时，换液3～4次，至1%氯化钡溶液检查透析液中无

SO_4^{2-}为止。

四、DEAE-纤维素柱层析纯化IgG

1. 装柱

取1.5 cm×40 cm层析柱一根，如图2-2装柱。打开层析柱顶部，关闭出口，将0.01 mol/L，pH=7.4的磷酸盐缓冲溶液加到层析柱的1/4高度，仔细驱除气泡，把预先处理并用0.01 mol/L，pH=7.4的磷酸盐缓冲溶液平衡好的DEAE-纤维素沿管壁徐徐倒入柱内，待纤维素沉积约5 cm高度时，打开出水口，继续加入纤维素，直至沉积物达30 cm高度，装回层析柱顶橡皮塞，并接通洗脱液，调节"再"形夹，控制流速在1～2 mL/min之间，平衡1小时，并同时开启核酸-蛋白检测仪，调节稳定仪器，使记录仪基线平直。

2. 加样洗脱

打开层析柱顶橡皮塞，让洗脱液流出，至液面下降与纤维素面平切，立即用滴管将透析袋中的样品沿管壁小心加入，待样品液完全进入纤维素后，以少量洗脱液冲洗层析柱，并加洗脱液至一定高度，装回柱顶橡皮塞，开始洗脱。收集第一峰(以收集器收集，可设置2 min/管，合并第一峰相对应的管即可。如人工收集，须仔细观察记录仪，当开始出峰时即开始收集，至第一峰出完，即为精制IgG。测A_{280nm}并计算精制IgG总量，一般可得到40～50 mg。

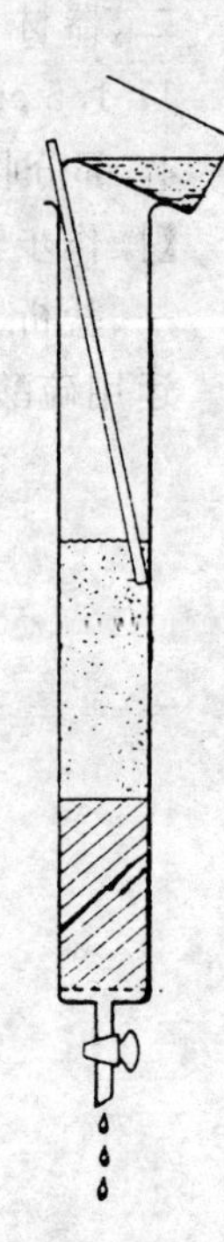

图2-2 装柱

五、保存

将上述制得的精制IgG，分装冻干，于-20℃保存，五年内活性降低甚微。

【讨论】

一、盐析沉淀蛋白质时，加入固体或饱和$(NH_4)_2SO_4$溶液时，一定要慢慢加入，并且不停搅拌，防止局部盐浓度过大，而造成不必要的蛋白沉淀。另外，为防止蛋白质变性，有时此过程也在低温下进行。

二、用紫外吸收法测定蛋白质浓度，简便、易行，且样品可回收。除本实验所提方法外，也可见实验一，蛋白质定量分析中的紫外光谱吸收法。

三、在离子交换层析中，DEAE-纤维素的处理十分关键，最后一定

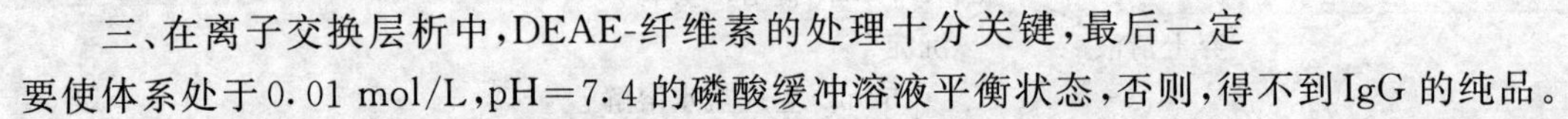

要使体系处于0.01 mol/L，pH=7.4的磷酸缓冲溶液平衡状态，否则，得不到IgG的纯品。

(于晓虹)

Ⅱ. 细胞色素c的制备及鉴定

【基本原理】

细胞色素(cytochrome, cyt)是一类含铁卟啉辅基的电子传递蛋白，在线粒体内膜上起传递电子的作用。线粒体中的细胞色素绝大部分与内膜紧密结合，仅细胞色素c结合较松，较易分离纯化。细胞色素c是呼吸链的重要组成部分，在呼吸链上位于细胞色素b和细胞色素氧化酶之间，是一种稳定的可溶性蛋白，每个细胞色素c分子含有一个血红素和一条多肽链。分子中赖氨酸含量较高，等电点10.2～10.8，含铁量0.37%～0.43%，相对分子质量12000～13000，易溶于水及酸性溶液。其氧化型水溶液呈深红色，还原型水溶液呈桃红色。氧化型最大吸收峰为408 nm、530 nm；还原型为415 nm、520 nm和550 nm(图2-3)。氧化型细胞色素c在550 nm

的摩尔消光系数为0.9×10^4，还原型细胞色素c为2.77×10^4。在pH=7.2～10.2，100℃加热3分钟，细胞色素c氧化型和还原型的变性程度均为18%～28%，增加加热时间，氧化型的不可逆变性程度比还原型高；细胞色素c对酸碱也较稳定，可抵抗0.3 mol/L盐酸和0.1 mol/L氢氧化钾溶液的长时间处理。一般都将细胞色素c制成较稳定的还原型。

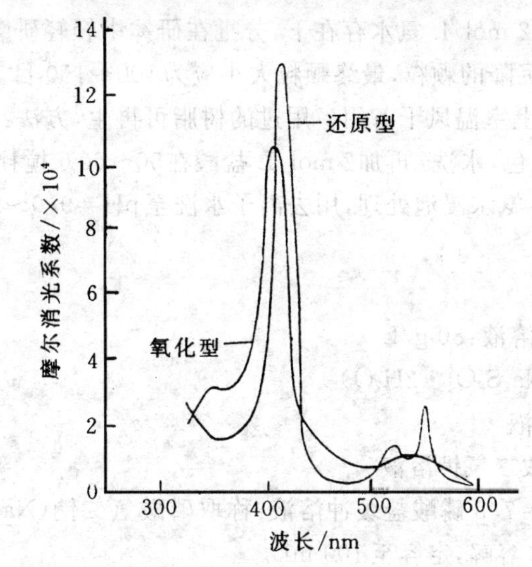

图2-3 氧化型与还原型细胞色素c的吸收光谱

细胞色素c在心肌和酵母中含量较高。本实验以新鲜猪心为原料经酸溶液抽提、人造沸石吸附及三氯醋酸沉淀得到细胞色素c粗制品，再经弱酸性阳离子交换树脂层析，得到精制品。

所得产品用分光光度法测定细胞色素c含量，通过测定含铁量鉴定纯度；测压法或用酶还原与化学还原吸收度比较的方法测定生物活性，两者原理基本一致。

【试剂和器材】

一、试剂

（一）制备用试剂

1. 1 mol/L 硫酸溶液

2. 1 mol/L 氨水

3. 人造沸石($Na_2O \cdot Al_2O_3 \cdot xSiO_2 \cdot yH_2O$)：称取人造沸石(60～80目)20 g，加水搅拌，用倾泻法除去15秒钟内不下沉的过细颗粒，备装柱用。选择1.5 cm×20 cm左右玻璃柱管一根，剪裁大小适合的一块圆形泡沫塑料，装入柱管底部，将柱垂直夹于铁支台上，柱下端接一乳胶管，用夹子夹住。向柱内加去离子水约2/3体积，然后将预处理好的人造沸石一次全部倒入柱内，注意避免柱内滞留气泡。装柱完毕后，打开夹子放水至人造沸石表面上保留一薄层水为止。使用过的沸石可用以下方法再生：先用自来水洗去硫酸铵，再用0.2～0.3 mol/L氢氧化钠和1 mol/L氯化钠混合液洗涤至沸石成白色，最后用水反复洗至pH=7～8，即可重新使用。

4. 0.2% 氯化钠溶液

5. 25% 硫酸铵溶液

6. 20% 三氯醋酸溶液

7. 10% 醋酸钡溶液

8. 0.06 mol/L 磷酸氢二钠-0.4 mol/L 氯化钠溶液：称取磷酸氢二钠($Na_2HPO_4 \cdot 12H_2O$)21.5 g，氯化钠23.4 g，加水溶解，定容至1000 mL。

9. 氯仿

10. Amberlite IRC-50 的处理及再生：使用前先将树脂转变成NH_4^+型。取100 g 树脂用水浸泡洗涤至清。倾去上清液，加入2 mol/L 盐酸300 mL，60℃搅拌1 小时，倾去盐酸溶液后用去离子水洗涤。再加2 mol/L 氨水200 mL，同上60℃搅拌处理，倾去氨水溶液，用水洗。如此酸、碱处理重复三次。最后在2 mol/L 氨水存在下，分批在研钵中轻轻研磨。倾去15 秒内不沉降的颗粒，再选15～300 秒钟沉降的颗粒，最终颗粒大小应为100～150 目。再反复用去离子水洗至上清液完全澄清，在瓷盘上室温风干备用。用过的树脂可再生，方法：先用去离子水洗去盐分，再用2 mol/L 氨水洗至无色，水洗。再加2 mol/L 盐酸在50～60℃搅拌20 分钟，倾去上层液，水洗至中性。再用2 mol/L 氨水浸泡处理，用去离子水洗至pH＝9.0～9.5，在瓷盘上室温风干。

二、测定用试剂

11. 1% 硝酸银溶液

12. 标准细胞色素c 溶液：80 g/L

13. 连二亚硫酸钠($Na_2S_2O_4 \cdot 2H_2O$)

14. 1 mol/L 醋酸溶液

15. 0.02 mol/L 磷酸二氢钾溶液

16. 0.2 mol/L，pH＝7.3 磷酸盐缓冲溶液：称取磷酸氢二钠($Na_2HPO_4 \cdot 12H_2O$)5.52 g，磷酸二氢钾0.628 g，加水溶解，定容至100 mL。

0.1 mol/L，pH＝7.3 磷酸盐缓冲溶液

0.02 mol/L，pH＝7.3 磷酸盐缓冲溶液

17. 0.4 mol/L，pH＝7.3 琥珀酸钾溶液：称取琥珀酸2.36 g，氢氧化钾2.24 g，用水溶解后，再用10% 氢氧化钾溶液调pH 至7.3，定容至50 mL。

18. 10% 氢氧化钾溶液

19. 0.015 mol/L EDTA 溶液：称取EDTA(EDTA・2Na・$2H_2O$)0.139 g，加水溶解后定容至25 mL。

20. 氰化钾溶液：取氰化钾0.65 g，加水使溶解成100 mL 后，用稀硫酸调节pH 值至7.3(教师保管)。

21. 去细胞色素c 的心肌悬浮液：取新鲜猪心2 只，除去脂肪与结缔组织，切成块，用绞肉机绞碎，置纱布兜中，用常水冲洗约2 小时(经常搅动，挤出血色素)，挤干，用水洗数次，挤干，置磷酸盐缓冲溶液(0.1 mol/L)中浸泡约1 小时，挤干，重复浸泡1 次，用水洗数次，挤干，置组织捣碎器内，加磷酸盐缓冲溶液(0.02 mol/L)适量恰使肉糜浸没，捣成匀浆，3000 r/min 离心10 分钟，取上层悬浮液，加冰块少量，迅速用稀醋酸调节pH 值至约5.5，立即离心15 分钟，取沉淀，加等体积的0.1 mol/L 磷酸盐缓冲溶液，用玻璃匀浆器磨匀后，贮存于冰箱中。临用时取1.0 mL，加0.1 mol/L 磷酸盐缓冲溶液稀释成10 mL。

二、器材

1. 新鲜猪心	2. 新鲜猪肾	3. 绞肉机
4. 离心机	5. pH 计	6. 721 型分光光度计
7. 瓦氏呼吸计	8. 层析柱	9. 铁支台
10. 部分收集器	11. 透析袋	12. 下口瓶
13. 搪瓷盘	14. 尼龙纱布	15. 研钵

【操作步骤】

一、细胞色素c的制备

1. 提取

取新鲜或冰冻的猪心，除去脂肪和结缔组织，用水洗净，切成小块，然后用绞肉机绞成肉糜。称取1000 g 肌肉糜，加2000 mL 水，用1 mol/L 硫酸溶液调pH 至4.0，室温下搅拌提取2 小时(或用0.145 mol/L 三氯醋酸溶液提取)。用1 mol/L 氨水调pH 至6.0。用纱布或尼龙纱布压滤，收集滤液。将滤渣按上述条件再提取1 小时，合并两次提取液。

2. 吸附及洗脱

将上述提取液用1 mol/L 氨水调pH 至7.2，静置30～40 分钟，倾出上层澄清液，再将下层带沉淀的悬浮液过滤或离心，合并滤液及澄清液，装入下口瓶，通过已准备好的人造沸石柱进行吸附，流速约为8～10 mL/min。随着细胞色素c 的被吸附，柱内人造沸石逐渐由白色变为红色，流出液为淡黄色或带微红色。

吸附完毕后，将红色人造沸石自柱内取出，在烧杯中，先用蒸馏水搅拌洗涤至清，然后用200 mL 0.2% 氯化钠溶液分三次洗涤人造沸石，最后用蒸馏水洗涤至清。再将人造沸石装柱。用25% 硫酸铵溶液进行洗脱，流速大约为2 mL/min，收集含细胞色素c 的红色洗脱液，当洗脱液红色开始消失时，即洗脱完毕，一般每斤肉糜约收集100 mL。

3. 盐析及浓缩

按每100 mL 洗脱液加入20 g 固体硫酸铵，边加边搅拌，静置1～2 小时后，过滤或离心除去杂蛋白沉淀，得到红色清亮的细胞色素c 溶液。在搅拌下每100 mL 溶液加入2.5 mL 20% 三氯醋酸溶液，立即离心，离心机转速为3000 r/min，15 分钟，收集沉淀。加入少许蒸馏水将沉淀溶解，装入透析袋，在电磁搅拌下透析除盐，用10% 醋酸钡溶液检查透析外液无铵离子或硫酸根离子为止，即得到细胞色素c 的粗品溶液。

4. 精制

用弱酸性阳离子交换树脂(Amberlite IRC-50-NH_4^+)选择性地吸附细胞色素c，用0.06 mol/L 磷酸氢二钠-0.4 mol/L 氯化钠溶液洗脱，可得到高纯度的细胞色素c 溶液。操作如下：将新处理好的树脂装柱(每kg 猪心约需2 g 树脂)，通过下口瓶将样品溶液加入柱内，流速控制为2 mL/min。吸附完毕后，在树脂的上端可看到有一层颜色较浅的部分，此为混有细胞色素c 的 杂蛋白。将柱内交换上细胞色素c 的树脂小心地分层取出，在烧杯中用蒸馏水搅拌洗涤多次，至溶液澄清为止。然后将深红色的树脂重新装柱，柱以细长为宜。用0.06 mol/L 磷酸氢二钠-0.4 mol/L 氯化钠溶液洗脱，控制流速为1 mL/min，收集深红色溶液。将收集的洗脱液装入透析袋，在4℃用蒸馏水透析除盐，用1% 硝酸银溶液检查至无氯离子为止。然后过滤，收集滤液。第一次柱层析后所收集的细胞色素c 溶液较稀，可再通过一根小柱浓缩。当细胞色素c 吸附完毕后，先用0.5 mol/L 氨水迅速洗脱(4～5 mL/min)，当细胞色素c 色带已扩散开，并出现在柱底端时，流速调为0.2～0.3 mL/min，细胞色素c 可被浓缩成小体积洗脱下来，然后进行透析。

二、细胞色素c 的含量测定

根据还原型细胞色素c 在波长520 nm 处有一最大吸收峰这一特性，选用一标准品作出细胞色素c 浓度和吸光度关系的标准曲线，再以同样条件测未知样品的吸光度，由标准曲线便可得出样品的质量浓度(g/L)。用上述方法制备的细胞色素c 溶液是还原型和氧化型的混合物，因此利用520 nm 波长测定含量时，要加还原剂连二亚硫酸钠，以使所有细胞色素c 均转变成还原型，由此所测数值就代表细胞色素c的含量。

1. 标准曲线的制作

取1 mL细胞色素c标准品(80 g/L)用水或0.1 mol/L，pH=7.3磷酸盐缓冲溶液稀释至25 mL。取0.2、0.4、0.6、0.8、1.0 mL置于试管中，用水或缓冲溶液调至4 mL，每管加数mg连二亚硫酸钠，振摇后，以水为空白，测520 nm处的吸光度。以标准品的浓度为横坐标，吸光度为纵坐标绘制标准曲线。

2. 样品测定

取0.4 mL待测样品，用水稀释至10 mL，取1 mL稀释液，加3 mL水。再加少许连二亚硫酸钠，摇动后，在520 nm处测吸光度，由标准曲线计算其浓度。

三、细胞色素c活性的测定

1. 测压法

利用它在呼吸链中传递电子的能力来衡量。其原理是以琥珀酸为底物，在琥珀酸脱氢酶的作用下，脱下的2H与空气中氧形成水，这一过程必需有细胞色素c参加，反应如下：

$$\begin{matrix} CH_2COOH \\ | \\ CH_2COOH \end{matrix} \xrightarrow{\text{琥珀酸脱氢酶}} \begin{matrix} CHCOOH \\ \| \\ HOOCCH \end{matrix} + 2H$$

$$\underset{\text{氧化型细胞色素c}}{2cytc(Fe^{3+})} + 2H \longrightarrow \underset{\text{还原型细胞色素c}}{2cytc(Fe^{2+})} + 2H^+$$

$$2cytc(Fe^{2+}) + \frac{1}{2}O_2 \xrightarrow{\text{细胞色素氧化酶}} 2cytc(Fe^{3+}) + O^{2-}$$

$$2H^+ + O^{2-} \longrightarrow H_2O$$

即在细胞色素氧化酶的存在下，由于细胞色素c传递电子不断地进行氧化还原，激活氢和氧而形成水。

本实验用肾制剂(含有琥珀酸脱氢酶和细胞色素氧化酶)作为酶制剂，琥珀酸为底物，在细胞色素c存在下，用瓦氏测压法测定系统中的耗氧量，以此表示细胞色素c的活性。

每管反应耗氧量/μL=(压力计开始读数—最后读数)×反应瓶常数(K)。

由于每次制备的肾制剂活力不同，在测定样品时需要同时测定一标准样品。设加入标准品后耗氧量为A μL，加入待测样品后，耗氧量为B μL，不加细胞色素c的空白对照样品的耗氧量为C μL，则可用下式表示细胞色素c样品的活性：

$$\text{待测样品活性}/\% = \frac{B-C}{A-C} \times 100\text{。}$$

操作步骤如下：

(1)肾制剂的制备　取新鲜猪肾2个，于冰浴中除去脂肪和结缔组织，用绞肉机绞碎。加100 mL冰冷的蒸馏水，搅拌提取10分钟，纱布挤压过滤。提取液于3000 r/min的离心机中离心15分钟，弃去沉淀。上清液中滴加1 mol/L醋酸溶液调pH至5.5，转速为3000 r/min的离心机中离心15分钟，分出沉淀。用少量0.02 mol/L磷酸二氢钾溶液洗涤沉淀，转速为3000 r/min的离心机中离心5分钟，弃上清液。将沉淀混悬于等体积的0.2 mol/L，pH=7.3的磷酸盐缓冲溶液中，用玻璃匀浆器研匀，贮于−5℃冰箱中备用。肾制剂一般要在临用前制备。

(2)测定方法　取瓦氏反应瓶7支，2支用于标准样品，2支用于待测样品，2支用于空白对照，1支用作温压计，分别在侧臂中加入0.3 mL 0.4 mol/L，pH=7.3琥珀酸钾溶液，在中心杯中加入0.2 mL 10%氢氧化钾溶液，并塞入1小方块滤纸。各杯中加入0.2 mL肾制剂，0.1 mL

0.015 mol/L EDTA 溶液。作标准的反应瓶中加入一定量的标准细胞色素c 溶液(于520 nm 处测定含量,吸光度在0.400 左右),样品瓶中加等量的待测细胞色素c 溶液。最后将各反应瓶用水调到总体积为3.3 mL。将反应瓶与检压计连接好,置37℃恒温水浴中,振荡距离约2 cm,平衡保温10 分钟后,迅速将每个侧臂内琥珀酸钾溶液倾入反应杯中。每隔15 秒钟关闭上端活塞,调节闭臂水柱到150,记下开臂检压计读数。每反应10 分钟读数一次,即调节闭臂到150,记下开臂检压计读数(每管读数相隔15 秒)。反应约30~40 分钟后,记下最后检压计读数。根据所测数据计算细胞色素c 样品的活性百分数。瓦氏测压法操作见实验二十一。

2. 酶可还原率测定法

其原理是在含有琥珀酸脱氢酶和细胞色素氧化酶的酶制剂(本实验用去细胞色素c 的心肌悬浮液)中,加入底物琥珀酸和氧化型细胞色素c 时再加入细胞色素氧化酶的抑制剂氰化钾,使反应进行到将氧化型细胞色素c 转化为还原型细胞色素c 时即终止,此时测定还原型细胞色素c 于550 nm 处的吸光度,即为细胞色素c 的酶可还原吸光度,细胞色素c 的酶活性越高,转化为还原型的细胞色素c 就越多,吸光度就越大。已失活的细胞色素c 在酶反应中不被还原,但仍可被连二亚硫酸钠还原,此时在550 nm 处测得的吸光度称细胞色素c 的化学可还原吸光度。细胞色素c 的酶可还原吸光度与化学可还原吸光度之比即为细胞色素c 的酶可还原率,反映了细胞色素c 的酶活力。

操作步骤如下:

取待测样品,加水制成每mL 中含细胞色素c 约3 mg 的溶液。

取0.2 mol/L 磷酸盐缓冲溶液5 mL,琥珀酸盐溶液1.0 mL 与样品0.5 mL(如系还原型制剂,应先用0.01 mol/L 铁氰化钾溶液0.05 mL 将其转化为氧化型),置10 mL 有塞试管中,加去细胞色素c 的心肌悬浮液0.5 mL 与氰化钾溶液1.0 mL,加水稀释至10 mL,摇匀,以同样的试剂作空白。在550 nm 波长处附近,间隔0.5 nm 找出最大吸收波长,并测定吸光度,直至吸光度不再增大为止,作为酶可还原吸光度;然后各加连二亚硫酸钠约5 mg,摇匀,放置约10 分钟,在上述同一波长处测定吸光度,直至吸光度不再增大为止,作为化学可还原吸光度,按下式计算细胞色素c 的活力:

$$\text{细胞色素c 活力}/\% = \frac{\text{酶可还原吸光度}}{\text{化学可还原吸光度}} \times 100\%\text{。}$$

【讨论】

一、细胞色素c 的纯度检查还可采用电泳、层析如聚丙烯酰胺凝胶电泳、等电聚焦电泳、凝胶过滤、离子交换层析和末端分析等方法。

二、已经测定60 余种不同生物来源的细胞色素c 的一级结构,其中,脊椎动物的细胞色素c 都由104 个氨基酸残基组成,其N 末端均为甘氨酸,都有乙酰基保护,分子中含有大量碱性氨基酸。今将人的细胞色素c 的一级结构列示如下:

GDVEKGKKIFIMKCSQCHTVEKGGKHKTGPNLHGLFGRKTGQAPGYSYTAANK
NKGIIWGEDTLMEYLENPKKYIPGTKMIFVGIKKKEERADLIAYLKKATNE

三、每kg 猪心可提取出的细胞色素c 约在200 mg 左右。

(刘子贻)

实验三　血清蛋白质的电泳分离

Ⅰ．醋酸纤维薄膜电泳

【基本原理】

带电粒子在电场中移动的现象称为电泳(electrophoresis)。电泳现象早在19世纪初就被发现，但其广泛应用则在20世纪三四十年代以后。1937年瑞典科学家Tiselius利用U形玻管进行血清蛋白电泳，成功地将血清蛋白质分成白蛋白、α-球蛋白(α_1-球蛋白及α_2-球蛋白)、β-球蛋白、γ-球蛋白，在电泳仪器方面取得重大成就，使电泳技术开始用于临床研究，但这类电泳仪结构复杂、价值昂贵，不易推广。1948年Wieland和Konig等用滤纸作为支持物，使电泳技术大为简化，可使许多组分相互分离为区带，所以这类电泳被称为区带电泳，而Tiselius的电泳装置则称为界面自由电泳。区带电泳应用比较广泛，按支持物的物理性质不同可分为：①滤纸及其他纤维(如玻璃纤维、醋酸纤维、聚氯乙烯纤维)薄膜电泳；②粉末电泳，如纤维素粉、淀粉、玻璃粉电泳；③凝胶电泳，如琼脂、琼脂糖、硅胶、淀粉胶、聚丙烯酰胺凝胶电泳；④丝线电泳，如尼龙丝、人造丝电泳。此外，按支持物的装置形式不同，区带电泳可分为：平板式、垂直板式、垂直柱式等；按pH的连续性不同，区带电泳可分为：连续pH电泳、非连续pH电泳．区带电泳现已广泛应用于生物化学物质的分析分离以及临床检验等方面。

任一物质质点，由于其本身的解离作用或由于表面上吸附有其他带电质点，在电场中便会向一定的电极移动。例如蛋白质是两性电解质，在一定pH条件下，分子侧链解离成带有一定电荷的基团。在电场作用下，带电的蛋白质离子将向着和其电性相反的电极一侧移动。一般来说，在碱性溶液中(即溶液的pH值大于其等电点)，分子带负电荷；而在酸性溶液中，分子带正电荷。由于各蛋白质的等电点不一，在同一pH条件下，所带电荷的性质和数量不同，各个组分移动的速率甚至方向各异。因此，经过一段时间后，由于各组分移动距离的不同，而达到分离目的。

在同一电场中，不同的带电颗粒具有不同的移动速率。移动速率常用迁移率(mobility)表示：

$$U = V/E,$$

式中，U为迁移率；V为粒子运动速率；E为电场强度。

已知当物质被置于电场中时，其在电场中所受到的力(F)与电场强度(E)以及该物质所带净电荷的数量(Q)有关，即$F = EQ$。

按Stoke定律，一球形的粒子运动时所受到的阻力(F')与粒子运动的速率(V)、粒子的半径(r)及溶液的粘度(η)有关，即$F' = 6\pi r\eta V$。

当$F = F'$，即达到动态平衡时：$EQ = 6\pi r\eta V$。因为$U = V/E$，故可导出：$U = Q/(6\pi r\eta)$。由此可见，粒子在电场中的迁移率在一定条件下决定于粒子本身的性质即其所带电荷以及它的分子大小和形状。

物质在电场中的泳动速率除受上述各项因素的影响外，还受到下列外界因素的影响：

(1)电泳介质的pH值　介质的pH值决定带电颗粒解离的程度，即决定其所带电荷的性质和数量。对蛋白质两性电解质而言，介质pH值离蛋白质等电点越远，分子所带净电荷越多，泳动速率越快。所以当分离某一蛋白质混合物时，应选择一合适的pH值，使各种蛋白质所带的电荷量差异较大，有利于彼此分开。为了保持介质pH值的稳定性，常用一定pH值的缓冲溶液，如在分离血清蛋白质时，常用pH=8.6的巴比妥缓冲溶液。

(2)电场强度　电场强度是电泳支持物上每厘米的电势梯度。以纸电泳为例，滤纸长15 cm，两端电势差为150 V，则电场强度为150/15=10 V。电场强度越高，则带电粒子的移动越快；但电压越高，电流也随之增高，产生的热量也增加。所以在高压电泳(电场强度大于50 V)时常需要用冷却装置，否则可引起蛋白质等物质的变性而不能分离，还因发热引起缓冲溶液中水分蒸发过多，使支持物上离子强度增加，以及引起虹吸现象等，都会影响物质的分离。

(3)缓冲溶液的离子强度　缓冲溶液的离子强度(ionic strength)也影响电泳速率，两者成反比。但离子强度过低，缓冲溶液的缓冲容量小，不易维持pH值恒定；离子强度过高，则降低蛋白质的带电量，使电泳速率减慢，所以常用离子强度为0.02～0.2。溶液中离子强度的计算方法如下：

$$I = 1/2 \sum C_i Z_i^2,$$

式中，I 为离子强度；C_i 为离子的浓度；Z_i 为离子的价数。如0.1 mol/L $ZnSO_4$ 溶液的离子强度 $I=1/2(0.1\times 2^2+0.1\times 2^2)=0.4$。

(4)电渗作用　在电场中，液体对于一个固体支持物的相对移动，称为电渗。例如纸电泳，由于滤纸上吸附OH^-离子带负电荷，而与纸相接触的水溶液带正电荷，液体便向负极移动(如图2-4)。如电泳方向与电渗相反，则实际电泳的距离等于电泳距离减去电渗的距离；如方向相同，则实际电泳距离等于电泳距离加上电渗的距离。琼脂中含有琼脂果胶(agaropeetin)，其中含有较多的硫酸根，所以在琼脂电泳时电渗现象很明显，许多球蛋白均向负极移动。除去了琼脂果胶后的琼脂糖用作凝胶电泳时，电渗大为减弱。

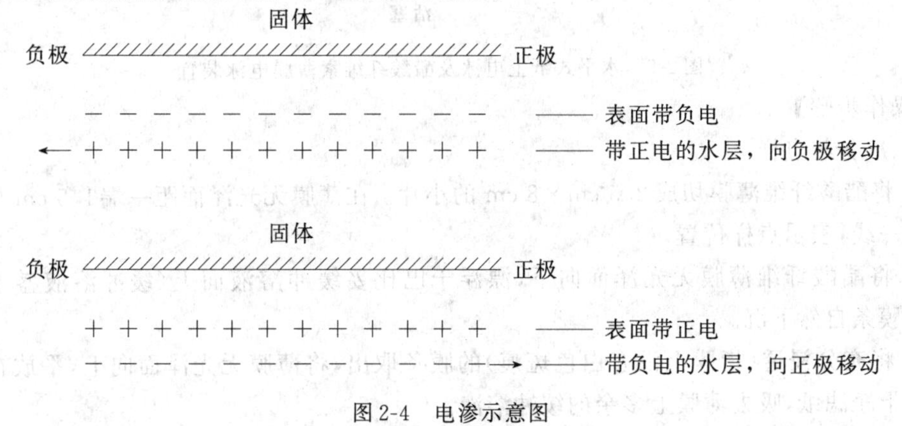

图2-4　电渗示意图

本实验用醋酸纤维薄膜作电泳支持物分离血清蛋白质。血清蛋白质的等电点都小于7.5，在pH=8.6的巴比妥缓冲溶液中都带有负电荷，在电场中将向正极移动。由于血清中各蛋白质的等电点不一，所带净电荷有差异，所以它们的泳动速率也不同。将微量血清点于薄膜上，通电电泳后，将薄膜置染色液中使蛋白质固定并染色，可将血清蛋白质分成5条区带，从正极端起分别为白蛋白、α_1-球蛋白、α_2-球蛋白、β-球蛋白、γ-球蛋白。这些区带经洗脱后可用分光光度法定量，也可直接进行光吸收扫描。

【试剂与器材】

一、试剂

1. 巴比妥缓冲溶液(pH=8.6，离子强度为0.06)：巴比妥钠12.76 g，巴比妥1.66 g，蒸馏水加热溶解后再加水至1000 mL。

2. 氨基黑10B染色液：氨基黑10B 0.5 g，甲醇50 mL，冰醋酸10 mL，蒸馏水40 mL。

3. 漂洗液：95%乙醇45 mL，冰醋酸5 mL，蒸馏水50 mL。

4. 透明液：冰醋酸20 mL，95%乙醇80 mL。

5. 新鲜血清(无溶血)

二、器材

1. 电泳仪：包括直流电源整流器和电泳槽两个部分(如图2-5所示)

2. 醋酸纤维薄膜(2.5 cm×8 cm)

3. 普通滤纸

4. 镊子、培养皿等

5. 分光光度计

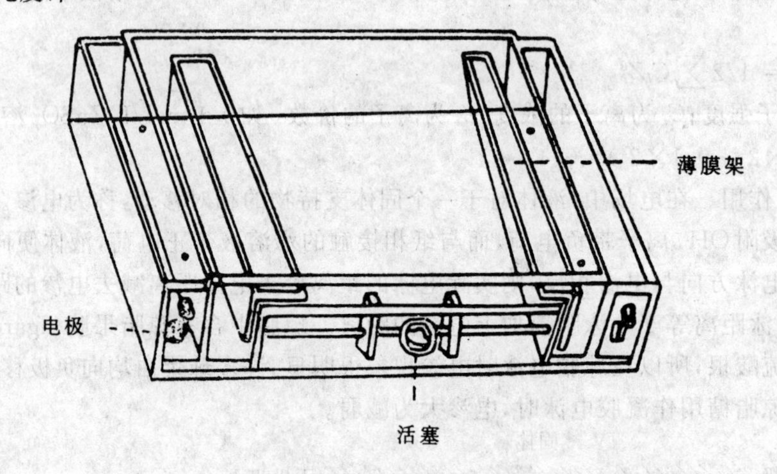

图2-5 水平式纸上电泳及醋酸纤维素薄膜电泳装置

【操作步骤】

一、准备与点样

1. 将醋酸纤维薄膜切成2.5 cm×8 cm的小片。在薄膜无光泽面距一端1.5 cm处用铅笔轻轻划一线，表示点样位置。

2. 将醋酸纤维薄膜无光泽面向下，漂浮于巴比妥缓冲溶液面上(缓冲溶液盛于培养皿中)，使膜条自然下沉。

3. 将充分浸透(指膜上没有白色斑痕)的膜条取出，将薄膜无光泽面向上，平放在干净滤纸上用干净滤纸，吸去薄膜上多余的缓冲溶液。

4. 将膜条(无光泽面向上)放于一干净滤纸上，用宽1 cm的有机玻片在盛有血清的小烧杯中蘸一下，使软片下端粘上薄层血清，然后按在薄膜点样线上，让血清渗入膜内，移开软片。

二、电泳

将点样后的膜条置于电泳槽架上，放置时无光泽面(即点样面)向下，点样端置于阴极(切勿弄错)。槽架上四层滤纸作桥垫，膜条与滤纸桥需贴紧并拉直，中间不能下垂。如一电泳槽中同时安放多张薄膜，则薄膜之间应相隔几毫米。盖上电泳槽盖，待平衡5分钟后通电，电压为10 V/cm长(指膜条与滤纸桥总长度)，电流为0.4～0.6 mA/cm宽，电泳时间约1小时左右。

三、染色

通电完毕后用镊子将薄膜取出，直接浸于盛有氨基黑10B的染色液中，染5分钟取出，立即浸入盛有漂洗液的培养皿中，反复漂洗数次，直至背景漂净为止。用滤纸吸干薄膜。

四、定量

取试管6支，编号，各加0.4 mol/L 氢氧化钠溶液4 mL。剪下膜条上各条蛋白色带，另于空白部位剪一平均大小的薄膜条，将各条分别浸入上述试管内，不时摇动，使蓝色洗出。约半小时后，用分光光度计进行比色，波长用650 nm，以空白膜条的洗出液为空白对照，读取白蛋白、α_1-球蛋白、α_2-球蛋白、β-球蛋白、γ-球蛋白各管的吸光度。

五、计算

吸光度总和$(T) = A_{白} + A_{\alpha_1} + A_{\alpha_2} + A_{\beta} + A_{\gamma}$

各部分蛋白质的质量分数为：

白蛋白的质量分数 $/\% = A_{白}/T \times 100$；

α_1- 球蛋白的质量分数 $/\% = A_{\alpha_1}/T \times 100$；

α_2- 球蛋白的质量分数 $/\% = A_{\alpha_2}/T \times 100$；

β- 球蛋白的质量分数 $/\% = A_{\beta}/T \times 100$；

γ- 球蛋白的质量分数 $/\% = A_{\gamma}/T \times 100$。

六、醋酸纤维薄膜的透明及自动扫描光密度计定量

经电泳、染色后之干燥薄膜浸于透明液中约20分钟，取出平贴于玻璃板上。在干燥过程中，薄膜渐变为透明，但仍保留其色带。此透明薄膜可用光密度计进行扫描，绘出电泳曲线图，并计算血清蛋白各组分的质量分数。此透明薄膜亦可长期保存。

【讨论】

一、用醋酸纤维薄膜电泳分析血清蛋白的结果与纸电泳相比，主要是白蛋白偏高，球蛋白偏低。血清蛋白各组分含量及百分比可因各种病理状态而发生改变，如肝硬化时白蛋白显著降低，球蛋白升高2～3倍；肾病综合症时白蛋白降低，α_2-球蛋白和β-球蛋白升高。

二、醋酸纤维薄膜应自然浸透，切勿用玻棒或镊子搅动，若充分浸透后仍有白色斑痕或条纹，应弃去不用。

三、点样应均匀，否则图谱不齐，分离不清；点样时应将膜条表面多余的缓冲溶液用滤纸吸去，以免缓冲溶液太多引起样品扩散；但亦不能吸得太干，太干则样品不易进入膜条的网孔内，影响分离。

四、点样量不宜过多，过多会造成区带分离不清楚。

五、透明前，薄膜应彻底干燥，潮湿不能透明。

六、透明后，待完全干燥，再从玻璃板上取下，否则薄膜易皱缩。

Ⅱ.聚丙烯酰胺凝胶盘状电泳

【基本原理】

以聚丙烯酰胺凝胶为支持物的电泳方法称为聚丙烯酰胺凝胶电泳（polyacrylamide gel electrophoresis，简称为PAGE）。它是在淀粉凝胶电泳的基础上发展起来的。Davis 和Ornstein于1959年报道了聚丙烯酰胺凝胶盘状电泳法，并用该法成功地对人血清蛋白进行了分离。聚丙烯酰胺凝胶是一种人工合成的凝胶，具有机械强度好、弹性大、透明、化学稳定性高、无电渗作用、设备简单、样品量小（1～100 μg）、分辨率高等优点，并可通过控制单体浓度或与交联剂的比例聚合成不同大小孔径的凝胶，可用于蛋白质、核酸等分子大小不同的物质的分离、定性和定量分析；还可结合解离剂十二烷基硫酸钠（SDS）以测定蛋白质亚基的相对分子质量。

根据凝胶支柱形状不一，可分为盘状电泳和垂直板型电泳。盘状电泳是在直立的玻璃管内

利用不连续的缓冲溶液、pH 值和凝胶孔径进行电泳而命名的(discontinuity electrophoresis)；同时，样品混合物被分开后形成的带很窄，呈圆盘状(discoid shape)。取“不连续性”及“圆盘状”英文字头“disc”，称之为disc electrophoresis，中文直译为盘状电泳。垂直板型电泳(slab electrophoresis)是将聚丙烯酰胺聚合成方形或长方形薄片状，薄片可大可小。其优点是：在同一条件下可电泳多个要比较的样品；一个样品在第一次电泳后可将薄片转90度进行第二次电泳，即双向电泳，可提高分辨力；便于电泳后进行放射自显影的分析。缺点是制备凝胶时较盘状电泳复杂，所需电压较高，电泳时间长。

聚丙烯酰胺凝胶是由丙烯酰胺(acrylamide，简称Acr)与交联剂甲撑双丙烯酰胺(N，N′-methylene-bis acrylamide，简称Bis)在催化剂作用下，经过聚合交联形成含有亲水性酰胺基侧链的脂肪族长链，相邻的两个链通过甲撑桥交联起来的三维网状结构的凝胶。

聚丙烯酰胺凝胶的聚合体系有两种：

(1)化学聚合　通常采用过硫酸铵(ammonium persulfate，AP)为催化剂，四甲基乙二胺(N，N，N′，N′-tetramethyl ethylenediamine，TEMED)为加速剂。在TEMED催化下，过硫酸铵形成自由基$SO_4 \cdot$，后者可使丙烯酰胺单体的双键打开、活化形成自由基丙烯酰胺，从而引发聚合作用。

(2)光聚合　通常采用核黄素作催化剂，核黄素在光照下光解成无色基，后者再被氧化成自由基而引发聚合作用。光聚合的凝胶孔径较大，而且随时间延长而逐渐变小，不太稳定。化学聚合的凝胶孔径较小，且各次制备的重复性好。故一般采用化学聚合。

决定凝胶孔径大小的主要因素是凝胶的浓度，例如，7.5%的凝胶孔径平均为50 ，30%的凝胶孔径为20 左右。但交联剂对电泳泳动率亦有影响，交联剂质量对总单体质量的百分比愈大，则电泳泳动率愈小。为了使实验的重复性较高，在制备凝胶时对交联剂的浓度、交联剂与丙烯酰胺的比例、催化剂的浓度、聚胶所需时间这些影响泳动率的因素都应尽可能保持恒定。

实用中，常按样品的相对分子质量大小来选择适宜的凝胶孔径，如表2-3所示。

表2-3　相对分子质量范围与凝胶浓度的关系

相对分子质量范围	凝胶浓度/%
蛋白质	
<10000	20～30
10000～40000	15～20
40000～100000	10～15
100000～500000	5～10
>500000	2～5
核酸(RNA)	
<10000	15～20
10000～100000	5～10
100000～2000000	2～2.6

常用的所谓标准凝胶是指浓度为7.5%的凝胶，大多数生物体内的蛋白质在此凝胶中电泳都能得到较好的结果。当分析一个未知样品时，常先用7.5%的标准凝胶或用4%～10%的凝胶梯度来试测，选出适宜的凝胶浓度。

选择缓冲系统时主要从pH范围、离子种类和离子强度来考虑。选择的pH值应使蛋白质分子处于最大电荷状态，使样品中各种蛋白质分子表现出泳动率的差别最大。酸性蛋白质在高pH条件下，碱性蛋白质在低pH条件下常得到较好的解离，电泳分离的效果较好。若蛋白质样品经电泳后还希望保留生物活性，则pH 值不应过大或过小(大于9 或小于4)。在考虑离子种类和离子强度时，原则上只要有导电离子存在的任何溶剂就能用于电泳，常选用 0.01～0.1 mol/L低离子强度的缓冲溶液。

聚丙烯酰胺凝胶盘状电泳有三种效应：浓缩效应、电荷效应和分子筛效应。浓缩效应在样品胶和浓缩胶中进行(如不用样品胶，则在浓缩胶中进行)；电荷效应和分子筛效应在分离胶中进行。

1. 浓缩效应

电泳管中置三种不同的凝胶层，即上层为样品胶，第二层为浓缩胶，这两层均为大孔胶、Tris-HCl 缓冲溶液、pH 值为 6.7，第三层为分离胶，该层为小孔胶、Tris-HCl 缓冲溶液、pH 值为8.9。在上下两电泳槽中充以Tris-甘氨酸缓冲溶液，pH 值为8.3。这样造成凝胶孔径、pH 值、缓冲溶液离子成分的不连续性。在此条件下，HCl 几乎全部电离为Cl^-，甘氨酸有极少部分的分子解离成$NH_2CH_2COO^-$，一般酸性蛋白质也能解离带负电荷。当电泳系统通电后，这三种离子都向正极移动，根据有效泳动率的大小，最快的称为快离子(这里是Cl^-)，最慢的称为慢离子(这里是$NH_2CH_2COO^-$)。电泳开始后，快离子在前，在它的后边形成一离子浓度低的区域即低电导区。电导与电压梯度成反比，所以低电导区就有了较高的电压梯度，这种高电压梯度使蛋白质和慢离子在快离子后面加速移动。在快离子和慢离子的移动速率相等的稳定状态建立后，则在快离子和慢离子之间造成一个不断向正极移动的界面。由于蛋白质的有效移动率恰好介于快、慢离子之间，因此蛋白质样品被夹在当中浓缩成一狭窄层。这种浓缩效应可使蛋白质浓缩数百倍。

2. 电荷效应

蛋白质样品在界面处被浓缩成一狭窄的高浓度蛋白质区，但由于每种蛋白质分子所载有效电荷不同，因此泳动率也不同，于是各种蛋白质就按泳动率快慢顺序排列成一个一个的圆盘区带。在进入分离胶时，电荷效应仍起作用。

3. 分子筛效应

当被浓缩的蛋白质样品从浓缩胶进入分离胶时，pH 值和凝胶孔径突然改变，选择分离胶的pH 值为8.9(电泳时实际测量是9.5)，接近甘氨酸的pK_a值(9.7～9.8)，这样慢离子的解离度增大，因此它的有效泳动率也增加。此时慢离子的有效泳动率超过所有蛋白质的有效泳动率。这样，高电压梯度不存在了，各种蛋白质仅仅由于其相对分子质量或构象的不同，在一个均一的电压梯度和pH 条件下通过一定孔径的分离胶时所受摩擦力不同、受阻滞的程度不同，表现出泳动率不同而被分开。

聚丙烯酰胺凝胶盘状电泳用途较广，本实验即以聚丙烯酰胺凝胶作为电泳支持物分离血清蛋白质。血清蛋白质在聚丙烯酰胺凝胶电泳上可分出12～25 个组分。

【试剂与器材】

一、试剂

1. 分离胶缓冲溶液：称取三羟甲基氨基甲烷(Tris)36.3 g，加入1 mol/L HCl 溶液 48.0 mL，再加蒸馏水到100 mL，pH＝8.9。

2. 单体交联剂：称取丙烯酰胺30.0 g，甲撑双丙烯酰胺0.8 g，加蒸馏水至100 mL。

3. 催化剂：10%过硫酸铵溶液。称取过硫酸铵1 g，加水至10 mL(临用前配制)。

4. 加速剂：四甲基乙二胺(TEMED)

5. 浓缩胶缓冲溶液：称取三羟甲基氨基甲烷(Tris)6.0 g，加1 mol/L HCl 溶液48.0 mL，加蒸馏水到100 mL,pH=6.7。

6. 电极缓冲溶液:称取甘氨酸28.8 g及三羟甲基氨基甲烷(Tris)6.0 g,分别溶解后加蒸馏水到100 mL,pH=8.3,应用时稀释10倍。

7. 固定液:50% 三氯醋酸溶液。称取三氯醋酸50 g溶于100 mL 水中。

8. 染色液:称取考马斯亮蓝R-250 0.5 g,溶于90 mL 乙醇中,加冰醋酸10 mL,使用时用蒸馏水稀释2倍。

9. 浸洗、保存液:7% 冰醋酸

10. 样品稀释液:浓缩胶(或分离胶)缓冲溶液25 mL:加蔗糖10 g及0.05%溴酚蓝5 mL,最后加水至100 mL。

二、器材

1. 电泳槽(如图2-6所示)
2. 电泳仪(电压范围500 V)
3. 电泳玻璃管(10 cm×0.6 cm,两端用金刚砂磨平)
4. 50 μL 微量注射器,5 mL 注射器
5. 10 cm 长的局麻针头,18号针头
6. 橡皮塞、洗耳球等

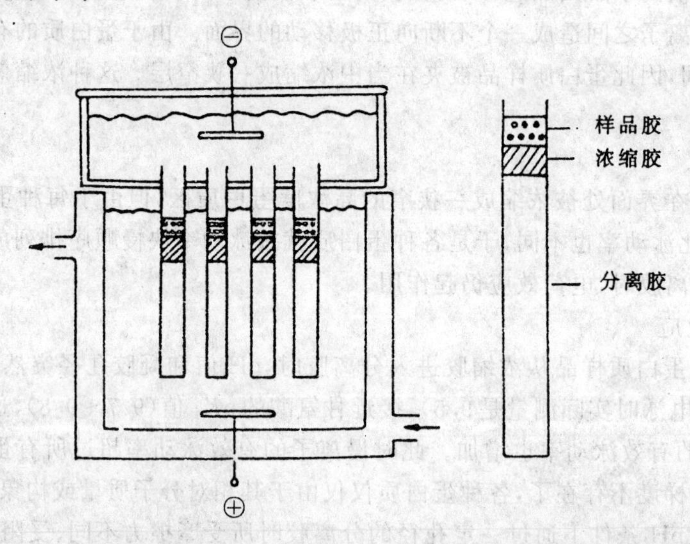

图2-6 聚丙烯酰胺凝胶电泳仪器装置和在玻璃管中三层不同的凝胶示意图

【操作步骤】

一、凝胶柱的制备

1. 取10 cm×0.6 cm 的玻管,两端用金刚砂磨平。从一端量取7 cm、7.5 cm 两处,分别用记号笔划线。起始端管口用小块玻璃纸包封后,插入橡皮塞垫孔中,垂直安放于试管架中或桌面上。

2. 按表2-4配制分离胶溶液。用滴管吸取分离胶溶液,沿管壁注入玻璃管至7 cm 划线处,如有气泡,可轻轻叩打玻管,排除气泡。

3. 立即用滴管沿凝胶管壁加入蒸馏水约0.5 cm 高度,加水时应注意减少胶液表面的震动与扩散。加蒸馏水的目的,除能隔离空气中的氧外,还能消除液柱表面的弯月面,使凝胶表面平坦(加水时切勿呈滴状滴入胶液)。

表 2-4　凝胶溶液的配制

		分离胶/mL		浓缩胶/mL
试剂	分离胶缓冲溶液	5.0	5.0	—
	单体交联剂	5.0	4.0	1.0
	浓缩胶缓冲溶液	—	—	2.5
	蒸馏水	9.8	10.8	6.4
	催化剂：过硫酸铵	0.2	0.2	0.1
	加速剂：TEMED	0.01	0.01	0.01
总体积/mL		20	20	10
丙烯酰胺浓度/%		7.5	6	3

4. 静置30～60分钟，在凝胶表面与水之间出现清晰的界面，表示聚合已完成(注:刚加水时看出有界面，后逐渐消失，等再看出清晰界面时，表明凝胶已聚合)。用滴管吸去凝胶管的水层，并用滤纸条(无毛边)轻轻吸去凝胶表面残留的水分，注意不要损伤已聚合的凝胶表面。

5. 按上表制备浓缩胶，用滴管沿管壁加入浓缩胶至7.5 cm划线处，并随即沿管壁加入蒸馏水约0.5 cm高度，静置30～60分钟，待凝胶聚合后，按(4)所述移去水层，待用。

二、样品配制

正常人血清0.1 mL，加入样品稀释液1.9 mL，内含0.0025%的溴酚蓝为示踪染料。

三、电泳

1. 将上述制备好的凝胶管分别插入上电泳槽槽底的橡胶塞孔中，注意应紧密插入，防止上槽缓冲溶液漏下。按管做好标记，注意保证凝胶管垂直。

2. 加入10倍稀释的甘氨酸-Tris缓冲溶液于下电泳槽中，各凝胶管的下端悬上一滴缓冲溶液，以排除气泡，然后将凝胶管放入下电泳槽中。

3. 用微量注射器取样品30 μL，沿管壁加在浓缩胶上，然后再用10倍稀释的电极缓冲溶液加在样品液上，注意不应冲散样品液。因样品比重大(含蔗糖)，即平铺在凝胶表面。

4. 将上电泳槽的电极接至电泳仪的负极，下电泳槽的电极接至电泳仪的正极，接通电源，调节电流为2 mA/管，待示踪染料进入分离胶时，调节电流为4 mA/管，待示踪染料迁移到下口约0.5 cm处时，就可停止电泳，切断电源(电泳时间约为2小时左右)。

四、剥胶

取下凝胶管，用带有10 cm长的局麻针头注射器，内盛蒸馏水作润滑剂。将针头插入胶柱与管壁之间，边注水边慢慢旋转玻管并推针前进，靠水流压力和润滑作用使玻管内壁与凝胶分开，然后用洗耳球轻轻在胶管的一端加压，使凝胶柱从玻管中缓缓滑出，放入试管中。

五、固定，染色与脱色

用50% 三氯醋酸溶液固定1小时，再以考马斯亮蓝R-250染色2小时，倾去染色液，用7%醋酸浸洗和保存。

【讨论】

一、制备凝胶应选用分析纯的丙烯酰胺和甲撑双丙烯酰胺，两者均为白色结晶物质。如试剂不纯，则需进一步纯化，否则会影响凝胶聚合和电泳效果。纯化方法如下：

(1)丙烯酰胺的重结晶　将丙烯酰胺溶于50℃氯仿中(70 g/L)，溶解后趁热过滤。将滤液冷却至室温，置－20℃冰箱中过夜(有白色晶体析出)，用预冷的布氏漏斗过滤回收晶体。再用预冷的氯仿淋洗几次，真空干燥(纯化的Acr水溶液的pH值是4.9～5.2，只要其pH值变化不大于0.4pH单位，就可使用。)。

(2)甲撑双丙烯酰胺的重结晶　12 g Bis溶于40～50℃的1 L丙酮中，趁热过滤，将滤液慢慢冷却至室温，置−20℃冰箱中过夜，过滤收集晶体。用预冷丙酮洗涤数次后，真空干燥。

二、Acr和Bis的固体应避光贮存于棕色瓶中，保持干燥与较低温度(4℃)。Acr和Bis的贮液也应贮存于棕色瓶中，置于冰箱(4℃)中以减少水解，但也只能贮存1～2个月。可通过测pH值(4.9～5.2)来检查是否失效。当pH值改变大于0.4pH单位时，则不能使用，因在偏酸或偏碱的环境中，它们可不断水解放出丙烯酸和NH_3，NH_4^+而引起pH值改变，从而影响凝胶聚合。

三、Acr和Bis是神经性毒剂，同时对皮肤有刺激作用，实验表明对小鼠半致死剂量为170 mg/kg，应注意避免直接接触(聚丙烯酰胺凝胶无毒，除非凝胶中含有未聚合的单体)。大量操作(如纯化)时可在通风橱内进行。

四、TEMED原液应密闭贮存于4℃的冰箱中；过硫酸铵易吸潮，固体过硫酸铵应密闭干燥，其溶液最好当天配制。应用已潮解的过硫酸铵将严重影响凝胶聚合。

五、凝胶聚合时间与温度有关，温度过低则聚合时间延长，聚胶的最佳温度为20～25℃。

六、样品的盐浓度(离子强度)不能太高，否则电导太大，会降低浓缩效应，甚至使样品泳动缓慢。对含高盐浓度的样品应在电泳前先透析去盐。

七、样品液中的沉淀和混浊等物质必须除去，否则会堵塞凝胶筛孔，影响分离。

(丁　倩)

实验四　蛋白质理化性质分析

Ⅰ. 等电聚焦电泳法测定蛋白质等电点

【基本原理】

等电点聚焦(isoelectric focusing,IEF)是1966年瑞典科学家Rible和Vesterberg建立的一种高分辨率的蛋白质分离分析技术,克服了一般电泳易扩散的缺点。由于它具有分辨率高(0.001pH单位)、重复性好、样品容量大、操作简便等优点,在生物化学、分子生物学、遗传学及临床医学研究等诸方面有广泛应用。

蛋白质及多肽是两性电解质,当溶液的pH处于该蛋白质的等电点时,蛋白质分子解离成正、负离子的趋势相等,成为兼性离子,处于等电状态,此时该蛋白质分子在电场中的迁移率为零。

如果在一个pH梯度的环境中将含有各种不同等电点的蛋白质混合样品进行电泳,那么在电场作用下各蛋白质分子将按照它们各自的等电点大小在pH梯度中相应位置进行“聚焦”,不再泳动,因而能使各种等电点不同的蛋白质分离开来,形成彼此分开的蛋白质区带。

等电点聚焦电泳产生pH梯度的方法有两种:一种是用不同的pH缓冲溶液相互扩散,在混合区形成pH梯度,此为人工pH梯度。但这种pH梯度受缓冲溶液离子电迁移和扩散的影响,因而这种pH梯度不稳定;另一种是利用载体两性电解质(carrier ampholytes)在电场作用下形成自然pH梯度。本实验即用载体两性电解质形成的自然pH梯度进行蛋白质等电聚焦电泳。

通常使用的载体两性电解质是多氨基多羧基的脂肪族化合物,相对分子质量为300～1000,商品名为Ampholine,是由丙烯酸和多乙烯多胺加合而成的。合成的产物是多种异构体和同系物的混合物,各组分的等电点(pI)既有差异又相接近,pI范围在3～10之间。在制备聚丙烯酰胺凝胶时,将载体两性电解质混溶其中,在正极槽注入强酸性的电极液(磷酸),负极槽中注入强碱性的电极液(氢氧化钠),在两种电极液之间充满两性电解质。通电以后,pI最低的两性电解质带负电荷,向正极移动,其中pI最低者(pI_1)移至酸液界面,与正极溶液电离出来的H^+中和失去电荷,停止泳动;与此类似,等电点稍大的两性电解质(pI_2)也向正极移动,当泳动到pI_1阴极端时,就不再向前移动;依此类推,经过一段时间后,载体两性电解质混合物中各成分按其等电点递增的次序,从正极到负极排成一个pH梯度。此种两性电解质具有一定的缓冲能力,能使其周围一定区域内介质的pH稳定地保持于其等电点范围内,且形成的几乎是连续的pH梯度。

在聚焦过程中,扩散是一种起破坏作用的因素,特别是外加电场撤销后,它能使两性电解质载体所构成的pH梯度遭到破坏,使因聚焦而分离的样品组分又重新混合。要消除这一破坏因素需加入抗对流的支持介质。最常用的抗对流介质是聚丙烯酰胺凝胶。

凝胶等电聚焦一般就是指用聚丙烯酰胺凝胶做抗对流介质的等电聚焦。如果是在凝胶柱内产生pH梯度,那么当蛋白质样品泳动到凝胶柱的某一部位且此部位的pH值正好相当于该蛋白质等电点时便聚焦形成一条蛋白质区带。只要测得聚焦部位的pH值就可得知该蛋白质的等电点。

【试剂与器材】

一、试剂

1. 电极缓冲溶液：上槽(负极)0.02 mol/L NaOH 溶液；下槽(正极)0.01 mol/L H_3PO_4 溶液。

2. 20% Ampholine

3. 尿素

4. 30%(W/V)凝胶贮液：23.36% 丙烯酰胺，1.64% N,N′-甲撑双丙烯酰胺。

5. 10% 过硫酸铵溶液

6. TEMED

7. 样品稀释液：0.2 g SDS，0.5 mL β-巯基乙醇，1 mL 甘油，并加水至10 mL，混匀备用。

8. 10%Triton X-100

9. 染色液：1 g 考马氏亮蓝R-250，40 mL 醋酸，180 mL 95% 乙醇，再加水180 mL，混匀。

10. 漂洗液：7% 冰醋酸

二、器材

1. 电泳槽　　2. 电泳仪　　3. 玻璃管　　4. 微量注射器

【操作步骤】

1. 取0.1 mL 样品加0.6 mL 样品稀释液，混匀后，试管上用玻璃纸覆盖，置于沸水浴中加热2～3 分钟，冷却备用。

2. 按下列配方配制凝胶：

尿素	5 g
30% 凝胶贮液	1.4 mL
10% Triton X-100	2.0 mL
20% Ampholine	1.0 mL
水	2.2 mL

混匀，待尿素溶解后加水至10 mL，用水泵抽气驱出溶于混合液中的O_2。

TEMED	10 μL
10% 过硫酸铵溶液(现配)	70 μL

混匀，用细长滴管分别加到预先插在橡皮塞孔中的玻管内，上端覆盖一层含4 mol/L 尿素，20% Ampholine 的覆盖液，静置，等聚合后用滴管移出上端覆盖液，即可上样。

3. 用微量加样器移取上述处理过的样品液10 μL(含蛋白质约100 μg)加在凝胶上端，小心沿管壁缓慢加入0.2 mol/L NaOH 溶液，勿留有气泡。

4. 电泳：上端(负极)加0.02 mol/L NaOH 溶液作为电极缓冲溶液，下端(正极)加0.01 mol/L H_3PO_4 作为电极缓冲溶液。接通电源，恒压150～200V，电泳时间约4 小时，当电流基本为零时停止电泳(电流为零说明聚焦完毕)。

5. 剥胶：取下凝胶管，迅速用蒸馏水将凝胶管两端洗三次，再用带有长针头的注射器内装蒸馏水进行剥胶。以凝胶柱的负极端为“头”，正极端为“尾”作标记。

6. 量出染色前凝胶柱长度，并记录。

7. 将凝胶放入染色液中，染色6 小时，再于漂洗液中漂洗至背景清晰。

8. 量出染色后凝胶柱长度以及凝胶柱的负极端至蛋白质色带中心位置的距离，记录。

9. 测定pH 梯度：取一支同时聚焦电泳的空白凝胶，平放在玻璃板上，按照从负极端(碱性端)到正极端(酸性端)的顺序用刀片依次切成5 mm 长的小段，按次序分别置于有1 mL 蒸馏水的试管中，浸泡过夜，次日用pH试纸测出每一支试管内浸泡液的pH值，记录。

10. pH梯度曲线的制作：以凝胶柱长度(mm)为横坐标，pH值为纵坐标作图，可得到一条pH梯度曲线。由于所测得的每管pH值是以5 mm长为一小段的pH混合平均值，因此在作图时可以把这个pH值看作5 mm小段中心区的pH值，于是第一小段的pH值所对应的凝胶柱长度应为2.5 mm，第二小段的pH值所对应的凝胶柱长度应为(5×2－2.5)mm，依此类推，第n小段的pH值所对应的凝胶柱长度应为$(5n-2.5)$mm。

11. 蛋白质样品等电点的求算：首先，按下列公式计算蛋白质聚焦部位距凝胶柱负极端(碱性端)的实际长度(以L_p表示)：

$$L_p = l_p \times (l_1/l_2),$$

式中，l_p表示所量出的蛋白质色带中心距凝胶柱负极端的长度；l_1表示凝胶柱固定前的长度；l_2表示凝胶柱固定后的长度。然后，根据蛋白质聚焦部位距凝胶柱负极端的实际长度L_p，从pH梯度曲线上查得的某一pH值就是该蛋白质的等电点。

【讨论】

一、制胶时尽可能使各凝胶条长度一致，以减少测量误差。

二、电泳停止，取出凝胶条前，务必将两端电极液冲洗干净，并用滤纸吸干，否则将造成很大的测定误差。

三、许多蛋白质在等电点附近会产生沉淀，可在凝胶介质中或样品溶液中加尿素、Triton X-100或其他一些非离子型表面活性剂。

四、IEF蛋白质样品最好均匀溶解于不含盐或低盐的溶液中，因盐离子干扰pH梯度的形成。在水中和低盐缓冲溶液中难溶的蛋白质样品，可通过在样品中(包括凝胶中)加入两性电解质(如甘氨酸、Ampholytes)来解决。

五、载体两性电解质相对分子质量小，不会与蛋白质反应和使之变性，因此只需硫酸铵沉淀，通过透析和分子筛、电泳等方法很容易与蛋白质分开。

Ⅱ. SDS-PAGE测定蛋白质相对分子质量

【基本原理】

聚丙烯酰胺凝胶电泳具有较高分辨率，用它分离、检测蛋白质混合样品，主要是根据各蛋白质组分的分子大小和形状以及所带净电荷多少等因素所造成的电泳迁移率的差别。1967年，Shapiro等人发现，在聚丙烯酰胺凝胶中加入十二烷基硫酸钠(sodium dodecylsulfate, SDS)后，与SDS结合的蛋白质带有一致的负电荷，电泳时其迁移速率主要取决于它的M_r(相对分子质量)，而与所带电荷和形状无关。

当蛋白质的M_r在15000～200000之间时，蛋白质的M_r与电泳迁移率间的关系可用下式表示：

$$\lg M_r = K - bm,$$

式中，M_r为蛋白质的相对分子质量；m为迁移率；b为斜率；K为截距。在条件一定时，b和K均为常数。

将已知相对分子质量的标准蛋白质的迁移率对M_r的对数作图，可得到一条标准曲线(如图2-7)。将未知相对分子质量的蛋白质样品，在相同的条件下进行电泳，根据它的电泳迁移率可在标准曲线上查得它的相对分子质量。

SDS是一种阴离子型去污剂，在蛋白质溶解液中加入SDS和巯基乙醇后，巯基乙醇可使蛋白质分子中的二硫键还原;SDS能使蛋白质的非共价键(氢键、疏水键)打开,并结合到蛋白质分子上(在一定条件下,大多数蛋白质与SDS的结合比为1.4 g SDS/g 蛋白质),形成蛋白质-SDS复合物。由于SDS带有大量负电荷,当它与蛋白质结合时,所带的负电荷的量大大超过了蛋白质分子原有的电荷量,因而掩盖了不同种类蛋白质间原有的电荷差异。

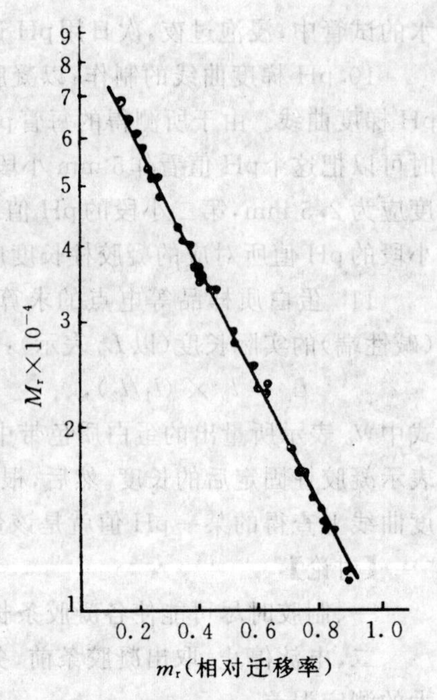

图2-7 37种蛋白质的M_r对数与电泳相对迁移率关系图

(M_r范围为11000~70000,10%凝胶,pH=7.2,SDS-磷酸盐缓冲系统)

SDS与蛋白质结合后,还引起了蛋白质构象的改变。蛋白质-SDS复合物的流体力学和光学性质表明,它们在水溶液中的形状,近似于雪茄烟形的长椭圆棒。不同蛋白质的SDS复合物的短轴长度都一样,而长轴则随蛋白质相对分子质量的大小成正比地变化。这样的蛋白质-SDS复合物在凝胶中的迁移率,不再受蛋白质原有电荷和形状的影响,而只是椭圆棒的长度,也就是蛋白质相对分子质量的函数。

SDS-PAGE缓冲系统有连续系统和不连续系统。不连续SDS-PAGE缓冲系统有较好的浓缩效应,近年趋向用不连续SDS-PAGE缓冲系统。按所制成的凝胶形状又有垂直板型电泳和垂直柱型电泳。本实验采用SDS-不连续系统垂直板型凝胶电泳测定蛋白质的相对分子质量。

【试剂与器材】

一、试剂

1. 标准蛋白质纯品:根据待测蛋白质的相对分子质量大小,选择4~6种已知相对分子质量的蛋白质纯品作为标准蛋白质。本实验采用的标准蛋白质见表2-5所示。

表2-5 5种标准蛋白质的相对分子质量

标准蛋白质	来源	相对分子质量(道尔顿)
细胞色素c	马心或酵母	12500
胰凝乳蛋白酶原A	牛胰	25000
胃蛋白酶	猪胃	35000
卵清蛋白	鸡卵	43000
牛血清清蛋白	牛血清	67000

2. 1%(V/V)TEMED溶液:取1 mL TEMED,加蒸馏水至100 mL,置于棕色瓶中,在4℃冰箱中保存。

3. 10%(W/V)过硫酸铵溶液:取过硫酸铵1 g,溶解于10 mL蒸馏水中。最好当天配制。

4. 0.05 mol/L,pH=8.0 Tris-HCl缓冲溶液:称取Tris 0.61 g,加入50 mL蒸馏水使之溶解,再加入3 mL 1 mol/L HCl溶液,混匀后在pH计上调pH至8.0,最后加蒸馏水定容至100 mL。

5. 蛋白质样品溶解液:SDS 100 mg,巯基乙醇0.1 mL,甘油1.0 mL,溴酚蓝2 mg,Tris-HCl缓冲溶液2 mL,加蒸馏水至总体积10 mL。

6. 分离胶缓冲溶液:Tris 36.3 g,加入1 mol/L HCl溶液48.0 mL,再加蒸馏水到100 mL,

pH=8.9。

7. 浓缩胶缓冲溶液:Tris 5.98 g,加1 mol/L HCl溶液48.0 mL,加蒸馏水到100 mL,pH=6.7。

8. 凝胶贮液:Acr 30.0 g,Bis 0.8 g,加蒸馏水到100 mL

9. 电极缓冲溶液:SDS 1 g,Tris 6 g,甘氨酸28.8 g,加蒸馏水至1000 mL,pH=8.3。

10. 固定液:取50%甲醇454 mL,冰醋酸46 mL,混匀。

11. 染色液:1.25 g考马斯亮蓝R-250,加454 mL 50%甲醇溶液和46 mL冰醋酸,混匀。

12. 脱色液:取冰醋酸75 mL,甲醇50 mL,加蒸馏水875 mL。

二、器材

1. 垂直板型电泳槽

2. 直流稳压电源(电压300~600 V,电流50~100 mA)

3. 50或100 μL的微量注射器

【操作步骤】

一、安装垂直板型电泳装置

此种夹心式垂直板电泳装置(如图2-8,2-9)的两侧为有机玻璃制成的电极槽,两个电极槽中间夹有一个凝胶模子。凝胶模子由3部分组成:一个"U"形的硅胶框、两块长短不等的玻璃片、样品槽模板(俗称"梳子")。电极槽由上贮槽(白金电极在上或面对短玻璃片)、下贮槽(白金电极在下或面对长玻璃片)和冷凝系统组成。凝胶模子的硅胶框内侧有两条凹槽,可将两块相应大小的玻璃片嵌入槽内。玻璃片之间形成一个2~3 mm厚的间隙,将来制胶时,将胶灌入其中。灌胶前,先将玻璃片洗净、晾干、嵌入胶带凹槽中。长玻璃片下沿与胶带框底之间保持有一缝隙,以使此端的凝胶与一侧的电极槽相通;而短玻璃片的下沿则插入橡胶框的底槽内。将已插好玻璃片的凝胶模子置于仰放的上贮槽上,短玻璃片应面对上贮槽,再合上下贮槽,用4条长螺丝将两个半槽固定在一起。上螺丝时,要按一定顺序逐个拧紧,均匀用力。将装好的电泳装置垂直放置,在长玻璃片下端与硅胶框交界的缝隙内加入用电极缓冲溶液配制的1%琼脂糖溶液,待其凝固后,即堵住凝胶模板下面的窄缝(通电时又可作为盐桥)。

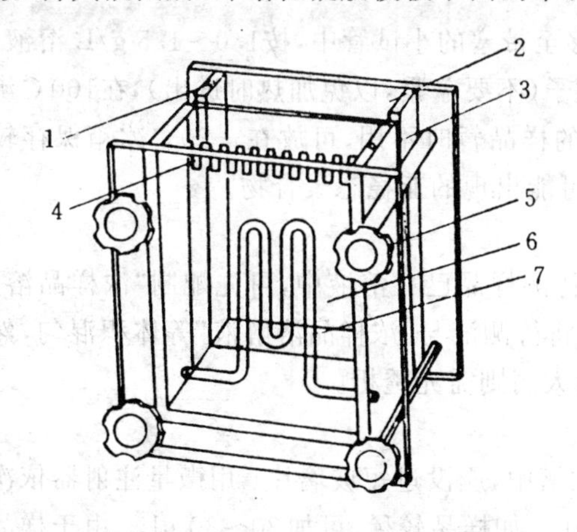

图2-8 夹心式垂直板型电泳槽示意图

1. 导线接头 2. 下贮槽 3. U形橡胶框 4. 样品槽模板 5. 固定螺丝 6. 上贮槽 7. 冷凝系统

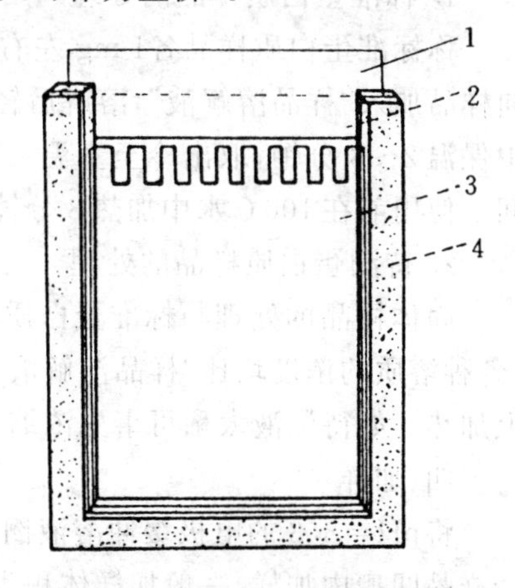

图2-9 凝胶模子示意图

1. 样品槽模板 2. 长玻璃片 3. 短玻璃片 4. U形硅胶框

二、凝胶的制备

1. 分离胶的制备

根据所测蛋白质的相对分子质量范围，选择某一合适的分离胶浓度。按表2-6所列的试剂用量配制。

表2-6 SDS-不连续系统不同浓度凝胶配制用量表

贮液	配制30 mL不同浓度的分离胶液所需试剂用量/mL					配制10 mL 3%浓缩胶/mL
	7%	10%	12%	15%	20%	
凝胶贮液	7	10	12	15	20	
分离胶缓冲溶液	7.5	7.5	7.5	7.5	7.5	
凝胶贮液	—	—	—	—	—	1
浓缩胶缓冲溶液	—	—	—	—	—	1.25
10% SDS溶液	0.3	0.3	0.3	0.3	0.3	0.1
1% TEMED溶液	2	2	2	2	2	2
蒸馏水	13	10	8	5	—	5.55
以上溶液混合后抽气10分钟						
10%过硫酸铵溶液	0.2	0.2	0.2	0.2	0.2	0.1

将所配制的凝胶液沿着凝胶的长玻璃片的内面用细长头的滴管加至长、短玻璃片的窄缝内，加胶高度距样品槽模板下缘约1 cm。用滴管沿玻璃片内壁加一层蒸馏水(用于隔绝空气，使胶面平整)。约30～60分钟凝胶完全聚合，用滴管吸去分离胶胶面的水封层，并用无毛边的滤纸条吸去残留的水液。

2. 浓缩胶的制备

按表2-6配制浓缩胶，混匀后用细长头的滴管将凝胶溶液加到已聚合的分离胶上方，直至距短玻璃片上缘0.5 cm处，轻轻将“梳子”插入浓缩胶内(插入“梳子”的目的是使胶液聚合后，在凝胶顶部形成数个相互隔开的凹槽)。约30分钟后凝胶聚合，再放置30分钟。小心拔去“梳子”，用窄条滤纸吸去样品凹槽内多余的水分。

三、蛋白质样品的处理

1. 标准蛋白质样品的处理

称标准蛋白质样品各1 mg左右，分别转移至带塞的小试管中，按1.0～1.5 g/L溶液比例，向样品加入“样品溶解液”，溶解后轻轻盖上盖子(不要盖紧，以免加热时迸出)，在100℃沸水浴中保温2～3分钟，取出冷至室温。如处理好的样品暂时不用，可放在－20℃冰箱保存较长时间。使用前在100℃水中加热3分钟，以除去可能出现的亚稳态聚合物。

2. 待测蛋白质样品的处理

固体样品的处理与标准蛋白质相同。如待测样品已在溶液中，可先配制“浓样品溶解液”(各种溶质的浓度均比“样品溶解液”高1倍)，将待测液与“浓样品溶解液”等体积混匀，然后同上加热。如待测液太稀可事先浓缩，若含盐量太高则需先透析。

四、加样

将pH＝8.3的电极缓冲溶液倒入上、下贮槽中，应没过短玻璃片。用微量注射器依次在各个样品凹槽内加样，一般加样体积为10～15 μL。如样品较稀，可加20～30 μL。由于样品溶解液中含有比重较大的甘油，故样品溶液会自动沉降在凝胶表面形成样品层。

五、电泳

将上槽接负极，下槽接正极，打开电源，开始时将电流控制在15～20 mA，待样品进入分离胶后，改为30～50 mA。待蓝色染料迁移至下端约1～1.5 cm时，停止电泳，约需5～6小时。

六、剥胶和固定

取下凝胶模子，将凝胶片取出，滑入一白瓷盘或大培养皿内，在染料区带的中心插入细铜丝作为标志。加入固定液(应没过凝胶片)，固定2小时或过夜。

七、染色

倾出固定液，加入染色液，染色过夜。

八、脱色

染色完毕，倾出染色液，加入脱色液。数小时换一次脱色液，直至背景清晰，约需一昼夜。

九、M_r 的计算

通常以相对迁移率(m_r)来表示迁移率。相对迁移率的计算方法如下：

用直尺分别量出样品区带中心及铜丝与凝胶顶端的距离(如图2-10)，按下式计算：

相对迁移率(m_r) = 样品迁移距离(cm)/染料迁移距离(cm)。

以标准蛋白质相对分子质量的对数对相对迁移率作图，得到标准曲线(如图2-7)。根据待测样品的相对迁移率，从标准曲线上查出其相对分子质量。

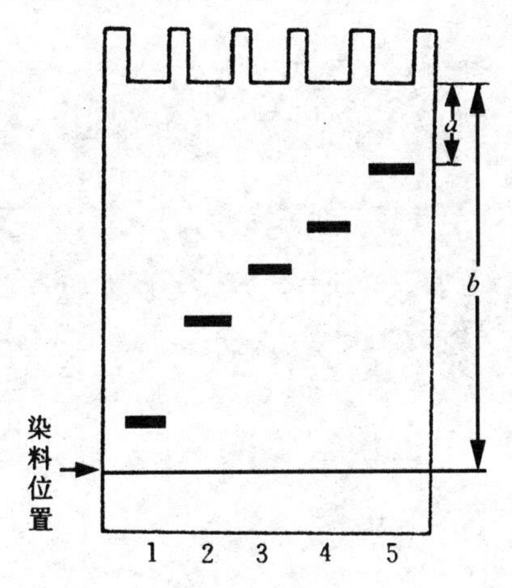

图2-10 标准蛋白质在SDS-凝胶上的分离示意图

a. 样品迁移距离 b. 染料迁移距离

1. 细胞色素c 2. 胰凝乳蛋白酶原A 3. 胃蛋白酶

4. 卵清蛋白 5. 牛血清清蛋白

【讨论】

一、市售化学纯SDS需重结晶后使用。

SDS的重结晶方法如下：称20 g SDS，放入500 mL圆底烧瓶中，加入半角匙活性炭和300 mL无水乙醇，摇匀。烧瓶上接一个小冷凝管，在沸水浴中回流5小时以后，用热过滤漏斗趁热滤除不溶物，滤液应透明无色。将滤液冷至室温后放冰箱过夜，次日用预冷的布氏漏斗抽滤，用少量预冷的乙醚(分析纯)淋洗两次，然后再将其置真空干燥器中干燥或40℃以下的烘箱中烘干。

二、在用SDS-PAGE测定蛋白质的相对分子质量时，每次测定样品必须同时作标准曲线，而不能用上一次电泳的标准曲线。

三、凝胶浓度的选择：根据待测样品估计的相对分子质量，选择凝胶浓度。M_r 在25000～200000的蛋白质选用终浓度为5％的凝胶；M_r 在10000～70000的蛋白质选用15％的凝胶；在此范围内样品的相对分子质量的对数与迁移率呈直线关系。

四、一些由亚基或两条以上肽链组成的蛋白质，它们在SDS及巯基乙醇作用下，解离成亚基或单条肽链。故对这些蛋白质，SDS-PAGE测定结果只是亚基或单条肽链的M_r。须用其他方法测定其M_r及分子中肽链的数目。

五、SDS-PAGE对电荷异常（如组蛋白F_1）或构象异常的蛋白质、带有较大辅基的蛋白质（如糖蛋白）以及一些结构蛋白（如胶原蛋白）等测出的相对分子质量不太可靠。因此要确定某种蛋白质的相对分子质量，最好用2种测定方法互相验证。

六、氧气会与被激活的单体自由基作用，从而抑制聚合过程，因此在加激活剂前对单体溶液最好用真空泵或水泵抽气。

七、用琼脂糖封底及灌入凝胶时不能有气泡，以免影响电泳时电流的通过。

八、凝胶聚合后，必须放置30分钟至1小时，使其充分“老化”后才能轻轻取出样品槽模板，切勿破坏加样凹槽底部的平整，以免电泳后区带扭曲。

（丁　倩）

实验五　蛋白质的分子筛层析分离及相对分子质量测定

Ⅰ.血红蛋白、DNP-鱼精蛋白混合物的分离(分子筛层析法)

【基本原理】

分子筛层析(molecular sieve chromatography)是20世纪60年代发展起来的一种层析技术,又称为凝胶层析法(gel chromatography)或凝胶过滤法(gel filtration)、排阻层析法(exclusion chromatography)等。其基本原理是利用流动相中被分离物质的相对分子质量大小不同及固定相(凝胶)具有分子筛的特点,将被分离的物质按分子大小分开,达到分离纯化的目的。分离过程示意如图2-11所示。

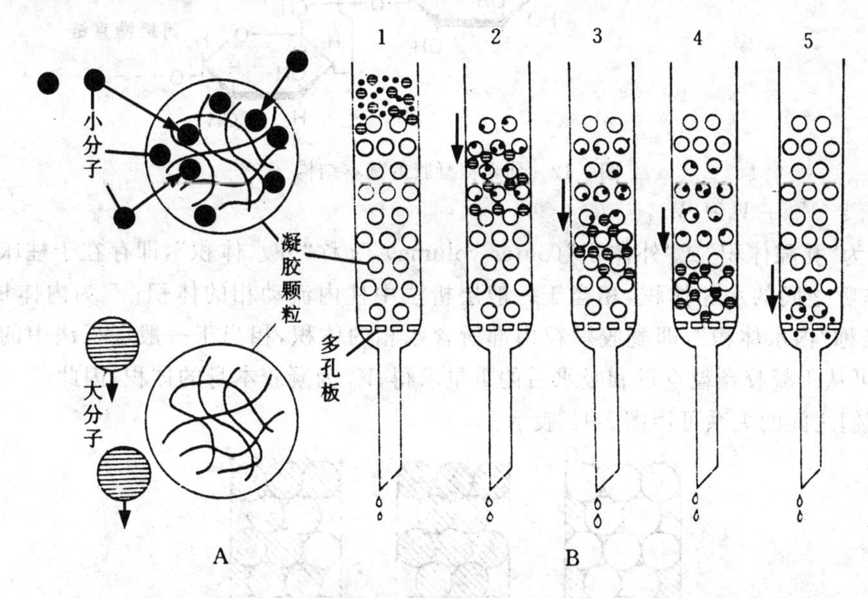

图2-11　凝胶层析的原理

A:小分子由于扩散作用进入凝胶颗粒内部而被滞留,大分子被排阻在凝胶颗粒外面,在颗粒之间迅速通过。B:1. 蛋白质混合物上柱;2. 洗脱开始,小分子扩散进入凝胶颗粒内,大分子则被排阻于颗粒之外;3. 小分子被滞留,大分子向下移动,大小分子开始分开;4. 大小分子完全分开;5. 大分子行程较短,已洗脱出层析柱,小分子尚在进行中。

凝胶是由胶体溶液凝结而成的固体物质,不论是天然凝胶还是人工合成凝胶,它们的内部都具有很微细的多孔网状结构。凝胶层析法常用的天然凝胶是琼脂糖凝胶(agarose gel,商品名为Sepharose),人工合成的有Bio-gel P和葡聚糖(dextran)凝胶。后者的商品名称为Sephadex型的各种交联葡聚糖凝胶,它是具有不同孔隙度的立体网状结构的凝胶,不溶于水,其化学结构式如图2-12所示。

这种聚合物的立体网状结构,其孔隙大小与被分离物质分子的大小有相应的数量级。在凝胶充分溶胀后,交联度高的孔隙小,只有相应的小分子可以通过,适于分离小分子物质;相反,交联度低的孔隙大,适于分离大分子物质。利用这种性质可分离不同M_r的物质。

为了说明凝胶层析的原理,将凝胶装柱后,柱床体积称为“总体积”,以V_t(total volume)表示。实际上V_t是由V_o、V_i与V_g三部分组成,即

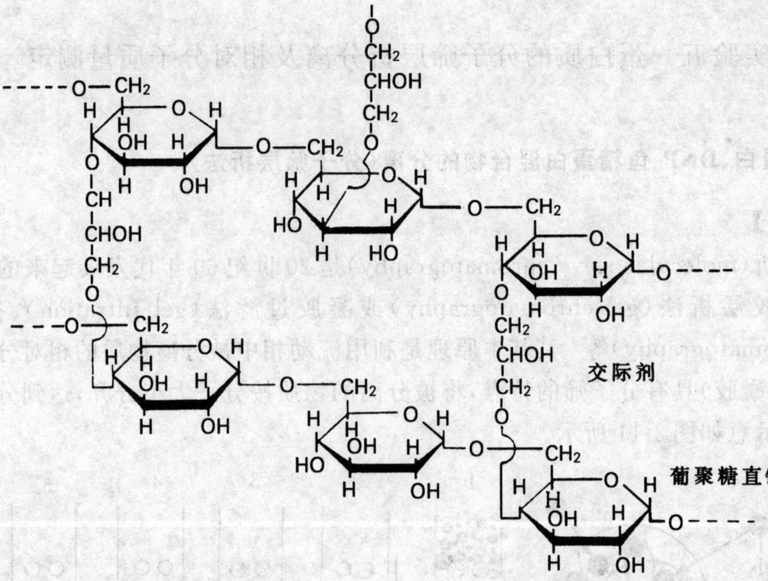

交际剂

葡聚糖直链

图 2-12　葡聚糖凝胶的基本结构

$$V_t = V_o + V_i + V_g,$$

式中，V_o 称为“孔隙体积”或“外体积”(outer volume)，又称“外水体积”，即存在于柱床内凝胶颗粒外面空隙之间的水相体积，相当于一般层析法中柱内流动相的体积；V_i 为内体积(inner volume)，又称“内水体积”，即凝胶颗粒内部所含水相的体积，相当于一般层析法中的固定相的体积，它可从干凝胶颗粒重量和吸水后的重量求得；V_g 为凝胶本身的体积，因此 $V_t - V_o$ 等于 $V_i + V_g$。它们之间的关系可用图 2-13 表示。

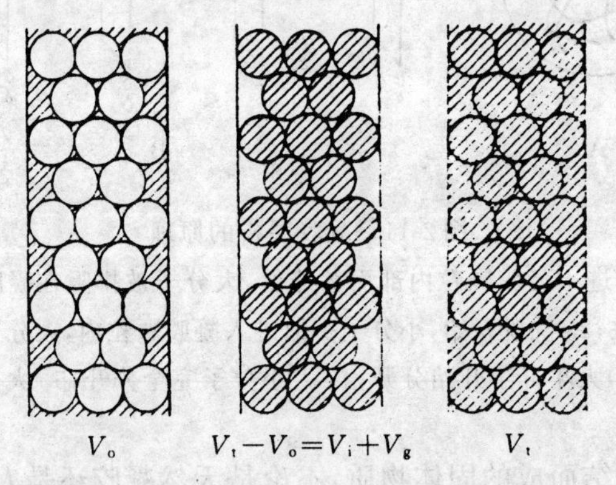

图 2-13　凝胶柱床中 V_t、V_o 等关系示意图

洗脱体积(V_e，elution volume)与 V_o 及 V_i 之间的关系可用下式表示：

$$V_e = V_o + K_d V_i,$$

式中，V_e 为洗脱体积，自加入样品时算起，到组分最大浓度(峰)出现时所流出的体积；K_d 为样品组分在两相间的分配系数，也可以说，K_d 是相对分子质量不同的溶质在凝胶内部和外部的分配系数。它只与被分离物质分子的大小和凝胶颗粒孔隙的大小分布有关，而与柱的长短粗细无关，也就是说它对某一物质为常数，与柱的物理条件无关。K_d 可通过实验求得。上式可改写成：

$$K_d = \frac{V_e - V_o}{V_i},$$

上 式中V_e为实际测得的洗脱体积;V_o可用不被凝胶滞留的大分子物质的溶液(最好有颜色以便于观察,如血红蛋白、印度黑墨水、M_r 约为200万的蓝色葡聚糖-2000等)通过实际测量求出;V_i可由$g \cdot W_R$求得(g为干凝胶重,单位为g;W_R为凝胶的"吸水量",以mL/g表示)。因此,对一层析柱凝胶床来说,只要通过实验得知某一物质的洗脱体积V_e,就可算出它的K_d值。以上关系可用图2-14表示。

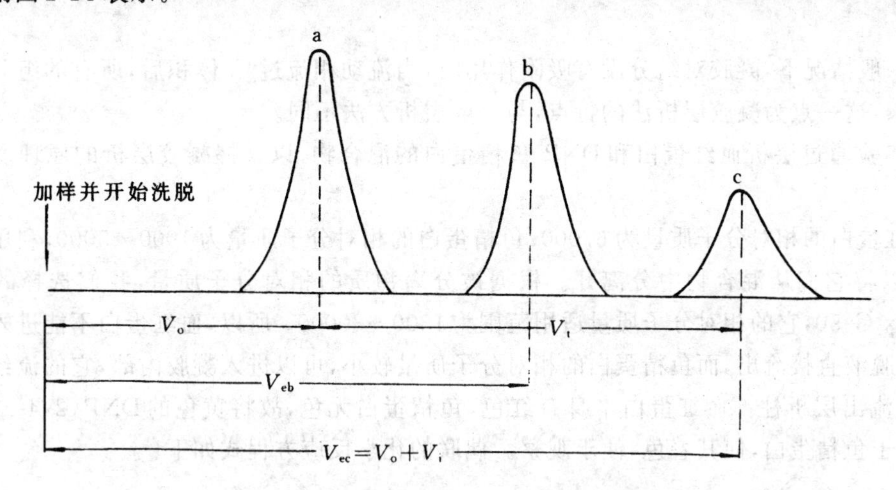

图2-14 凝胶层析柱洗脱的三部分示意图

V_o表示外体积;V_i为内体积;V_{eb}、V_{ec}分别代表组分b和c的洗脱体积

K_d可以有下列几种情况:

1. 当$K_d=0$时,则$V_e=V_o$,即对于根本不能进入凝胶内部的大分子物质(全排阻)来说,洗脱体积等于空隙体积(图2-14中的组分a)。

2. 当$K_d=1$时,$V_e=V_o+V_i$,即小分子可完全渗入凝胶内部时,洗脱体积应为空隙体积与内体积之和(图2-14中的组分c)。

由此可以看出,对某一凝胶介质,两种全排出的分子即K_d都等于零,虽然分子大小有差别,但不能有分离效果。同样,如果两种分子都进入内部空隙,即K_d都等于1,即使它们的分子大小不同,也没有分离效果。因此不同型号的凝胶介质,有它一定的使用范围。

3. 当$0<K_d<1$时,$V_e=V_o+K_dV_i$,表示内体积只有一部分可被组分利用,扩散渗入,V_e即在V_o与V_o+V_i之间变化(图2-14中的组分b)。

4. 有时$K_d>1$,表示凝胶对组分有吸附作用,此时$V_e>V_o+V_i$。例如一些芳香族化合物的洗脱体积远超出理论计算的最大值,这些化合物的$K_d>1$。如苯丙氨酸、酪氨酸和色氨酸在Sephadex G-25中的K_d值分别为1.2、1.4和2.2。

在实际工作中,对小分子物质也得不到$K_d=1$的数值,特别是交联度大的凝胶差别更大,如用G-10型时K_d值在0.75左右,用G-25型时K_d值在0.8左右。这是由于一部分水相与凝胶结合较牢固,成为凝胶本身的一部分,因而不起作用,小分子不能扩散入内所致。此时V_i即不能以$g \cdot W_R$计算,为此也常有直接用小分子物质D_2O、NaCl等通过凝胶柱而由实验计算出V_i值的。另一个解决的办法是不使用V_i与K_d,而用K_{av}(有效分配系数)代替K_d,其定义如下:

已知 $$K_d=\frac{V_e-V_o}{V_i},$$

将V_t-V_o代替V_i,则

$$K_{av}=\frac{V_e-V_o}{V_t-V_o},$$

即 $$V_e=V_o+K_{av}(V_t-V_o)。$$

在这里实际上将原来以水作为固定相(V_i)改为以水与凝胶颗粒(V_t-V_o)作为固定相,而洗脱剂(V_e-V_o)作为流动相。K_{av}与K_d对交联度小的凝胶差别较小,而对交联度大的凝胶差别大。

在一般情况下,凝胶对组分没有吸附作用时,当流动相流过V_t体积后,所有的组分都应该被洗出来,这一点为凝胶层析法的特点,与一般层析方法不同。

本实验通过层析血红蛋白和DNP-鱼精蛋白的混合物,以掌握凝胶层析的原理及基本操作。

血红蛋白的相对分子质量为67000;鱼精蛋白的相对分子质量为1000～5000,利用凝胶层析法可以将它们从混合物中分离开。根据被分离物质的相对分子质量,我们选择的凝胶是Sephadex G-50,它的相对分子质量适用范围为1500～30000。所以,血红蛋白不能进入凝胶内部,随洗脱液直接流出,而鱼精蛋白的相对分子质量较小,可以进入凝胶内部,它的流经途径较长,较后流出层析柱。血红蛋白本身有红色,鱼精蛋白无色,故将黄色的DNP(2,4-二硝基氟苯)偶联于鱼精蛋白,使其着色,便于观察。偶联的化学反应方程式如下:

O_2N—(苯环, 邻位 NO_2)—F ＋H_2N—鱼精蛋白 ⟶ O_2N—(苯环, 邻位 NO_2)—NH—鱼精蛋白 ＋HF

【试剂与器材】

一、试剂

1. 葡聚糖凝胶G-50(Sephadex G-50)

2. 血红蛋白溶液:取抗凝血5 mL,离心除去血浆,用0.9% NaCl溶液洗涤血球3次,每次用5 mL,要把血球搅起,离心后尽量倒去上清液。加水5 mL,混匀,放冰箱过夜使充分溶血,再用转速为2000 r/min的离心机离心10～15分钟,使血球膜残渣沉淀,取上清透明液放冰箱备用。

3. DNP-鱼精蛋白溶液:取鱼精蛋白20 mg溶于1 mL 10%的$NaHCO_3$溶液中,另取2,4-二硝基氟苯(1-Fluro-2,4-dinitrobenzene)0.05 mg溶于微热的1 mL 9.5%的乙醇中充分溶解后,立即倾入上述蛋白质溶液。然后,将此液置于沸水浴中,煮沸5分钟,冷后加2倍体积的无水乙醇,使黄色DNP-鱼精蛋白沉淀,离心5分钟,弃去上清液。再用95%乙醇洗沉淀2次,所得沉淀用0.5 mL蒸馏水溶解,备用。

4. 洗脱液:蒸馏水。

二、器材

1. 层析柱(∅0.8～1.2 cm×25～30 cm)

2. 乳胶管或尼龙管

3. “再”形夹

4. 玻璃纤维

5. 橡皮塞

【操作步骤】

1. 凝胶溶胀

葡聚糖凝胶是以干粉保存的，因此使用前必须将干凝胶浸泡于将要用作洗脱剂的相同液体中充分溶胀，然后才能使用。根据层析柱的体积和所选用的凝胶膨胀后床体积，计算所需凝胶干粉的质量，将称好的干粉倾入过量的洗脱液中，一般多为水、盐溶液或缓冲溶液，放置在室温，使之充分吸水溶胀。注意不要过分搅拌，以防颗粒破碎。浸泡时间根据凝胶交联度的不同而异。为了缩短溶胀时间，可在沸水浴上加热至将近100℃，这样可大大缩短溶胀时间至几小时，而且还可杀死细菌和霉菌，并且可排除凝胶内部的气泡。

凝胶颗粒最好大小均匀，这样流速稳定，结果较好。如果颗粒大小不匀，可以在浸时用倾泻法将不易沉下的较细的颗粒倾去。装柱前最好将处理好的凝胶置真空干燥器中抽真空，以除尽凝胶中的空气。

在本实验中，称取Sephadex G-50 1 g，置于锥形瓶中，加蒸馏水30 mL，沸水浴中放置1小时，冷至室温备用。

2. 装柱

层析柱必须粗细均匀，柱管大小可根据实际需要选择。一般柱直径(内径)为1 cm，如果样品量比较多，最好用直径为2～3 cm 的柱。但要注意直径太小时会发生“管壁效应”，即在柱管中心部分组分移动较慢，而在管壁周围移动较快，因而影响分离效果。一般说来，柱愈长，分离效果愈好，但柱过长，实验时间长而且样品稀释度大，易扩散，反而分离效果不好。一般用作脱盐时，柱高度为50 cm 比较合适；在进行分级分离时，100 cm 高度就够了。

装柱方法与一般柱层析法相似，柱管可用一般柱层析管，底部目前常用多孔的聚乙烯片做底板。如用烧结玻璃砂板做底，尽量用细孔的(3号)，粗孔的则要在其上铺一层滤纸或尼龙滤布。将层析柱垂直固定在铁架上，打开柱下口开关。将溶胀好的凝胶放在烧杯中，使凝胶表面的水层与凝胶体积相等，用玻璃棒搅匀凝胶液，顺玻璃棒灌入柱内。此时柱下口一边排水，上口一边加入搅匀的凝胶，可见凝胶连续均匀地沉降，逐步形成凝胶柱。当到达所需凝胶柱高度时，立即关闭下口，使凝胶完全沉降。凝胶面离柱上口5 cm 左右，并覆盖一层溶液。装柱时要求将均匀的凝胶一直加到所需柱床高度，不能时断时续，否则会出现分层。

3. 平衡

凝胶沉集后，将溶剂放出，并且再通过2～3倍柱床体积的溶剂使柱床稳定，然后在凝胶表面上放一片滤纸或尼龙滤布，以防将来在加样时凝胶被冲起。调节流速为0.4 mL/min。

4. 检验

新装好的柱要检验其均一性，可用带色的高分子物质如蓝色葡聚糖-2000(又称蓝色右旋糖酐，商品名为Blue dextran-2000)、红色葡聚糖或细胞色素c等配成2 g/L 的溶液过柱，看色带是否均匀下降；或将柱管向光照方向用眼睛观察，看是否均匀，有否“纹路”或气泡。若层析柱床不均一，必须重新装柱。

要注意在任何时候不要使液面低于凝胶表面，否则水分挥发，凝胶变干，分离效果变差，并有可能混入气泡，影响液体在柱内的流动。

5. 加样

被分离样品溶液一般以浓度大些为好，但因用凝胶分离的物质多为M_r较大的物质，浓度大时，溶液的粘度也随之变大，而粘度过大就会影响分离效果，所以要照顾到浓度与粘度两方面。分析用量一般100 mL 床体积为1～2 mL(1%～2%)，制备用量一般100 mL 床体积为20～30 mL。

临上样前，将0.3 mL 血红蛋白溶液和0.5 mL DNP-鱼精蛋白溶液混匀。

当层析柱中洗脱液的液面下降至与凝胶表层齐平时，即用滴管将样品液缓缓沿柱壁加入，不使凝胶表层扰动；待样品液面与凝胶表面平齐时，再加少许蒸馏水，洗柱内壁的样品，并打开下口，使这小部分洗样溶液进入到凝胶内部，再加 2～3 cm 的蒸馏水，并连通洗脱液，开始洗脱。

6. 洗脱

洗脱用的液体应与浸泡膨胀凝胶所用的液体相同，否则由于更换溶剂，凝胶体积会发生变化而影响分离效果。洗脱用的液体有水(多用于分离不带电荷的中性物质)及电解质溶液(用于分离带电基团的样品)，如酸、碱、盐的溶液及缓冲溶液等。对于吸附较强的组分，也有使用水与有机溶剂的混合液，如水-甲醇、水-乙醇、水-丙酮等为洗脱液的，可以减少吸附，将组分洗下。本实验用蒸馏水为洗脱液。

流速与洗脱液加在柱上的压力有关。它与一般离子交换树脂不同，加压超过一个极限值，不仅不能增加流速，反而使流速减小。流速对交联度大小不同的凝胶是不同的。对交联度大的凝胶(G-10 至G-50 型)，流速与柱的压力差成正比，与柱长成反比，与柱的直径无关。对交联度小的凝胶(G-75 至 G-200 型)，流速与柱的直径有关，并在一定的适宜操作压差下有最大的流速值。目前对流速和操作压多用恒流泵(蠕动泵)控制。

流速亦受颗粒大小影响，颗粒大时流速较大，但流速大时洗脱峰形常较宽，颗粒小时流速较慢，分离情况较好。在操作时应根据实际需要，在不影响分离效果的情况下，尽可能使流速不致太慢，以免时间过长。

7. 收集

随着洗脱液的流动，注意观察层析柱中红色的血红蛋白与黄色的DNP-鱼精蛋白的分离情况，记录现象，并用试管分别收集。

【讨论】

一、凝胶用完后可以回收，保存。方法如下：

(1)膨胀状态　即在水相中保存，可加入防腐剂(0.02%的叠氮钠溶液)，或加热灭菌后于低温保存。

(2)半收缩状态　用完后用水洗净，然后再用60%～70%的乙醇洗，则凝胶体积缩小，于低温保存。

(3)干燥状态　用水洗净后，加入含乙醇的水洗，并逐渐加大含醇量，最后用95%的乙醇洗，则凝胶脱水收缩，再用乙醚洗去乙醇，抽滤至干，于60～80℃干燥后保存。这三种方法中，以干燥状态保存为最好。

二、柱长对凝胶层析的影响

层析柱是凝胶层析中的主要部件，柱的长短、粗细对层析效果都会产生直接的影响。在实际工作中，常常通过系统实验来选择规格合适的层析柱。为了满足高分辨率的需要，通常采用L/D(长度/直径)比值高的柱子。但必须指出，增高柱长虽然能提高分辨率，但会影响流速和增加样品的稀释度。同样高度的层析柱，由于管壁效应的影响，直径大些的分辨率高。在分析工作中，由于样品量少的限制，可采用直径较小的柱子。在制备工作中，可采用较大直径的柱子以增加容量，这不会明显影响分辨率。

三、样品体积对凝胶层析的影响

样品的上柱体积对凝胶层析的效果有影响，往往根据层析目的，确定样品的上柱体积。分析工作一般所用样品体积为柱床体积的1%～4%。制备分离时，一般样品体积可达柱床体积的

25%～30%，这样，样品的稀释程度小，柱床体积的利用率高。

在凝胶层析中，样品的上柱体积，习惯上根据相邻两种物质洗脱体积之差来确定。相邻两种物质洗脱体积的差值称之为分离体积(V_{sep})：

$$V_{sep}=V_{e1}-V_{e2},$$

式中的V_{e1}和V_{e2}分别代表两种相邻不同物质的洗脱体积。当样品体积等于或大于分离体积时，两个相邻的组分不能完全分离；只有当样品体积适当小于分离体积时，两个相邻组分才能得到有效分离。所以样品体积必须小于分离体积才能得到较好的层析效果。

四、操作压对凝胶层析的影响

在凝胶层析中，流速是影响分离效果的重要因素之一，所以洗脱时应维持流速的恒定。流速又与洗脱液加在柱上的压力有密切关系，也就是说，恒定的操作压是恒流的先决条件，机械强度高的凝胶，如G-50以下的葡聚糖凝胶，对操作压不甚敏感，因此流速和操作压基本上呈正比关系；机械强度低的凝胶，如G-75以上的葡聚糖凝胶，情况就不一样了，层析柱床受操作压的影响极为明显。增加压力虽能短暂地提高流速，但随时间的延长，因凝胶被压紧而使流速降低，严重时会使层析柱床堵塞。

用机械泵控制操作压比较稳定，但当层析时间较长时，必须控制在凝胶所能承受的最大压力范围之内，否则，将会因层析柱床被压得过紧而严重影响流速。

Ⅱ. 分子筛层析测定蛋白质相对分子质量

【基本原理】

凝胶过滤层析法操作方便、设备简单、周期短、重复性能好，而且条件温和，一般不引起生物活性物质的变化，已广泛应用于脱盐、生化物质的分离提纯、去除热源物质以及测定高分子物质的相对分子质量。本实验是利用葡聚糖凝胶层析法测定蛋白质的相对分子质量。

根据凝胶层析的原理，同一类型化合物的洗脱特征与组分的相对分子质量有关。流过凝胶柱时，按分子大小顺序流出，相对分子质量大的走在前面。洗脱容积V_e是该物质相对分子质量对数的线性函数，可用下式表示：

$$V_e=K_1-K_2\lg M_r,$$

式中，K_1与K_2为常数；M_r为相对分子质量；V_e也可用V_e-V_o(分离体积)、V_e/V_o(相对保留体积)、V_e/V_t(简化的洗脱体积，它受柱的填充情况的影响较小)或K_{av}代替。通常多以K_{av}对相对分子质量的对数作图，得一曲线，称为“选择曲线”，如图2-15所示。曲线的斜率说明凝胶性质的一个很重要的特征。在允许的工作范围内，曲线愈陡，则分级愈好，而工作范围愈窄。凝胶层析主要决定于溶质分子的大小，每一类型的化合物，如球蛋白类、右旋糖酐类等，都有它自己特殊的选择曲线，可用于测定未知物的相对分子质量，测定时以使用曲线的直线部位为宜。

为了测定相对分子质量，就必须知道一根特定柱的V_t、V_o和V_i，从而计算出K_d，K_{av}，V_e/V_o，V_e/V_t，V_e-V_o。

一、V_o的测定

V_o可用不被凝胶滞留的大分子物质的溶液(通常用血红蛋白、印度黑墨水、M_r约200万的蓝色葡聚糖-2000等有颜色的溶液，便于观察)，通过实际测量求出，即测定它的洗脱曲线，洗脱峰峰顶洗出的体积就是该柱的V_o值。这时蛋白质的检查一般用紫外吸收，也可用显色方法等。

在凝胶颗粒相当均匀时，V_o大体上是柱床体积(V_t)的30%，这一参数可用来检查测出的

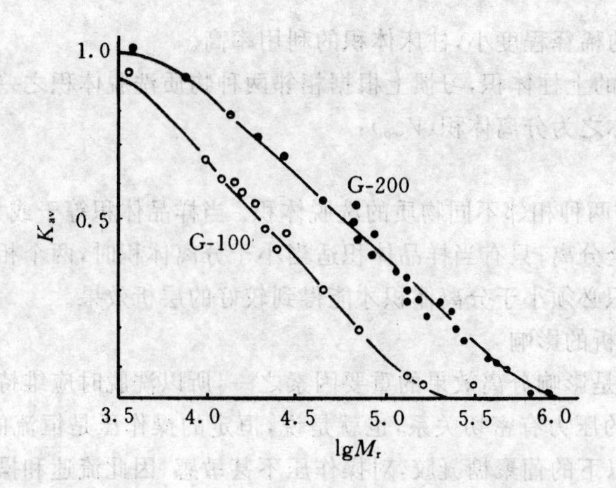

图 2-15 球蛋白的相对分子质量“选择曲线”

V_0 值是否合理。

二、V_i 的测定

V_i 可选一种 M_r 小于凝胶工作范围下限的化合物，测出其洗脱体积，减去 V_0 就是 V_i。常用硫酸铵来测定，可简单地用硝酸银检出洗脱峰，也可用 D_2O、铬酸钾（黄色）或有 UV 吸收的物质（如 N-乙酰酪氨酸乙酯）来测定。

V_i 也可以用计算法求出：

$$V_i = gW_R,$$

式中，g 为干凝胶重，单位为g，W_R 为凝胶的“吸水量”，以mL/g 干胶表示。V_i 一般都用实测值，上述计算方法只用来核对 V_i 数据的可靠性。

在测定 V_0 与 V_i 的时候，由于是从洗脱峰的顶点来决定洗脱体积的，因此实验条件的选择关键是要得到尖而窄的洗脱峰。这就要求上柱体积要小，为了适应检测灵敏度的需要，上柱时样品的浓度相应提高。

三、V_t 的测定

V_t 的计算公式为

$$V_t = \pi\left(\frac{D}{2}\right)^2 h,$$

式中，π 为常数 3.14；D 为柱直径；h 为凝胶床的高度。

用凝胶层析法测定蛋白质的相对分子质量，方法简单，技术易掌握，样品用量少，而且有时不需要纯物质，用一粗制品即可。凝胶层析法测定相对分子质量也有一定的局限性。它在pH＝6～8 的范围内，线性关系比较好，但在极端pH 时，一般蛋白质有可能因变性而引起偏离。糖蛋白在含糖量大于5% 时，测得的相对分子质量比真实值大；铁蛋白则与此相反，测出的相对分子质量比真实值要小。有一些酶，它的底物是糖，如淀粉酶、溶菌酶等会与交联葡聚糖形成络合物，这种络合物与酶-底物络合物相似，因此在葡聚糖凝胶上层析时，表现异常。用凝胶层析法所测得的蛋白质相对分子质量的结果，要与其他方法的测定结果相对照，才能作出较可靠的结论。

【试剂与器材】

一、试剂

1. 标准蛋白混合液

2. 牛血清清蛋白(M_r=67000)

3. 0.025 mol/L 氯化钾-0.2 mol/L 醋酸溶液

4. 蓝色葡聚糖-2000:配成质量浓度为2 g/L

5. N-乙酰酪氨酸乙酯(或硫酸铵):配成质量浓度为1～2 g/L

6. Sephadex G-75(或G-100)

7. 5% $Ba(Ac)_2$ 溶液

二、器材

1. 层析柱:直径1.5厘米,管长90厘米

2. 核酸蛋白检测仪

3. 自动部分收集器

4. 试剂瓶

【操作步骤】

一、凝胶处理、装柱、平衡详见实验五-I。

二、测定V_o和V_i

1. 将0.5 mL蓝色葡聚糖-2000(质量浓度为2 g/L)和硫酸铵(质量浓度为2 g/L)混合,上样。

2. 0.025 mol/L 氯化钾-0.2 mol/L 醋酸溶液洗脱,流速为4 mL/min。

3. 从上样洗脱开始收集流出液,至流出的蓝色葡聚糖的体积为V_o,用$Ba(Ac)_2$溶液检测$Ba(Ac)_2$峰的位置,此时的洗脱体积为V_e,$V_e-V_o=V_i$。

三、标准曲线的制作

1. 将1 mL标准蛋白质混合液上柱,然后用0.025 mol/L 氯化钾-0.2 mol/L 醋酸溶液洗脱。流速为0.4 mL/min,4 mL/管。用部分收集器收集,核酸蛋白质检测仪于280 nm处检测,记录洗脱曲线,或收集后用紫外分光光度计于280 nm处测定每管光吸收值。以管号(或洗脱体积)为横坐标,光吸收值为纵坐标作出洗脱曲线。

2. 根据洗脱峰位置,量出每种蛋白质的洗脱体积(V_e)。然后,以蛋白质相对分子质量的对数$\lg M_r$为纵坐标,V_e为横坐标,作出标准曲线(图2-16)。为了结果可靠应以同样条件重复1～2次,取V_e的平均值作图。

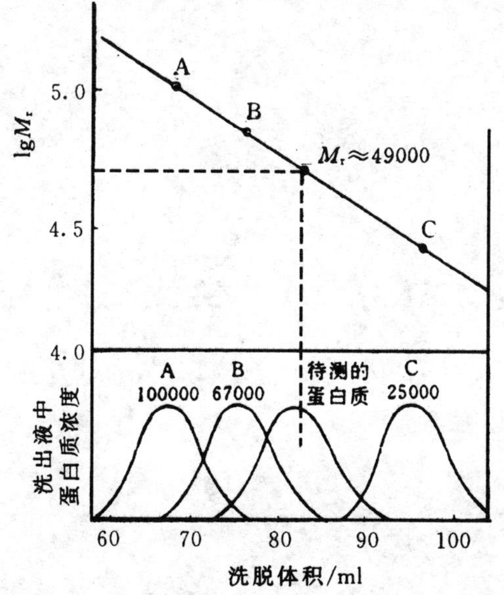

图2-16 洗脱体积与相对分子质量(M_r)的关系

3. 同时根据已测出的V_o和V_i以及通过测量柱的直径和凝胶柱床高度计算出的V_t，分别求出K_d和K_{av}，

$$K_d=\frac{V_e-V_o}{V_i}\text{，}$$

$$K_{av}=\frac{V_e-V_o}{V_t-V_o}\text{。}$$

也可以K_d或K_{av}为横坐标，$\lg M_r$为纵坐标作出标准曲线。

四、样品蛋白相对分子质量的测定

取牛血清清蛋白溶液（质量浓度为1 g/L），上样，完全按照标准曲线的条件操作。根据紫外检测的洗脱峰位置，量出洗脱体积，重复测定1～2次，取其平均值。也可以计算出K_{av}，分别由标准曲线查得样品的相对分子质量。

【讨论】

一、利用凝胶层析法测定相对分子质量时，层析柱连续工作时间较长，注意保持操作压，流速不宜过快，避免因此而压紧凝胶。

二、用此方法测蛋白质的相对分子质量，受蛋白质分子形状的影响，并且测出的结果可能是聚合体的相对分子质量，因而还需用电泳等方法配合验证相对分子质量测定结果。

（于晓虹）

实验六　蛋白质分子组成及末端氨基酸分析

Ⅰ.DNS 法分析蛋白质氨基酸组分

【基本原理】

蛋白质经酸水解后,生成各种氨基酸。氨基酸的氨基在碱性条件下,与荧光试剂丹磺酰氯(二甲氨基萘磺酰氯,1-dimethylaminophthalene-5-sulfonyl chloride,dansyl chloride, DNS-Cl)反应,产生稳定的、在紫外光检测下呈黄绿荧光的DNS-氨基酸,经聚酰胺薄膜双向层析,定出各斑点的中心位置,与标准混合氨基酸的层析图谱比较,或分别计算各氨基酸在两相中的R_f值,与标准品在该溶剂系统中的R_f值比较,确定蛋白质的氨基酸组成。氨基酸与DNS-Cl 的反应式如下:

$N(CH_3)_2$ / SO_2Cl (naphthalene) + $H_2NCHCOOH$ (R) $\xrightarrow{pH=9\sim9.5}$ $N(CH_3)_2$ / $SO_2NHCHCOOH$ (R) (naphthalene)

DNS-Cl　　　　　　　　　　　　　　　　DNS-氨基酸

DNS-氨基酸的荧光十分强烈,检测灵敏度达$10^{-10}\sim10^{-9}$mol,比茚三酮法高10 倍以上,比2,4-二硝基氟苯(FDNB)法高100 倍。DNS-氨基酸相当稳定,在6 mol/L 的盐酸中105℃水解22小时,除 DNS-色氨酸全部被破坏,DNS-脯氨酸(77%)、DNS-丝氨酸(35%)、DNS-苏氨酸(30%)、DNS-甘氨酸(18%)、DNS-丙氨酸(7%)部分被破坏外,其余DNS-氨基酸很少被破坏。因此,DNS 法可用于蛋白质或肽的氨基酸组成和N-末端分析。DNS 法也可与Edman 法结合起来,用于蛋白质结构的顺序分析,以提高Edman 法的灵敏度及分析速率,称Edman-DNS 法。

DNS-Cl 除与氨基酸的α-氨基反应以外,还可与赖氨酸的ε-氨基、酪氨酸的酚基等反应,产生双DNS-氨基酸、ε-DNS-赖氨酸、O-DNS-酪氨酸等,在层析图谱上可与相应的α-DNS-氨基酸的层析位置区别;DNS-Cl 在pH 过高时,水解产生在紫外灯下呈蓝色荧光的副产物DNS-OH;DNS-Cl 过量时,会产生DNS-NH_2,在某些展层溶剂系统中,其层析斑点往往和丙氨酸重叠,通过调换适当溶剂系统可以达到分离效果。

DNS-氨基酸可用聚酰胺薄膜层析进行分离和鉴定,聚酰胺薄膜是将锦纶(聚己内酰胺纤维,由己内酰胺或ω-氨基己酸聚合而成,又称聚酰胺6 纤维,或由己二胺和己二酸制得,称聚酰胺66 纤维)涂于涤纶(对苯二甲酸己二酯纤维)上制得。这类聚合物含有许多重复的酰胺基团,故统称聚酰胺。聚酰胺分子中的 $>$C═O 和 $>$NH 基能与被分离物质间形成氢键而对极性物质有吸附作用。但被分离物质形成氢键能力有差异,可有不同的吸附力。在层析过程中由于展层溶剂(即流动相)与被分离物质在聚酰胺表面竞争形成氢键,使被分离物质在溶剂和聚酰胺表面的分配系数有较大差异,经吸附-解析的展层过程而一一分离。

【试剂与器材】

一、试剂

1. 标准混合氨基酸:称取各种氨基酸(层析纯)2 μmol(可将氨基酸的相对分子质量粗分

为100、150、200 三个等级，其相应称量分别为0.2 mg、0.3 mg、0.4 mg)，溶于0.5 mL 0.2 mol/L $NaHCO_3$ 缓冲溶液中，其浓度约为2 mmol/L。

2. 供分析用的蛋白质或多肽样品：用0.2 mol/L $NaHCO_3$ 缓冲溶液配制，终浓度为2 mmol/L。

3. DNS-丙酮溶液(2.5 g/L)：贮棕色瓶中，冰箱保存，一个月内稳定。

4. 浓盐酸(A.R.)

5. 0.2 mol/L，pH＝9.5 $NaHCO_3$ 缓冲溶液：取0.2 mol/L Na_2CO_3 溶液与0.2 mol/L $NaHCO_3$ 溶液按3 ∶ 7(V/V)混合。

6. 展层溶剂系统：

(1) V(88%甲酸)∶V(水)＝1.5 ∶ 100

(2) V(苯)∶V(冰醋酸)＝9 ∶ 1

(3) V(乙酸乙酯)∶V(甲醇)∶V(冰醋酸)＝20 ∶ 1 ∶ 1

(4) V(0.05 mol/L 磷酸三钠溶液)∶V(乙醇)＝3 ∶ 1

二、器材

1. 厚壁硬质玻管(0.5 cm×15 cm，一端封口)

2. 10 mL 有塞试管

3. 聚酰胺薄膜：单面或夹心式(两面均涂聚酰胺)，7 cm×7 cm。

4. 紫外分析仪

5. 恒温水浴

6. 毛细管

7. 旧35 mm 照相底片，在1 mol/L NaOH 溶液中煮沸浸泡后，用水冲洗干净，做成小箍，捆扎聚酰胺薄膜用。

8. 展层容器(可用干燥器或标本缸)

9. 培养皿

10. 电吹风

【操作步骤】

一、标准DNS-氨基酸的制备

于有塞试管中加标准混合氨基酸溶液与DNS-Cl 各0.1 mL，测pH，必要时用1 mol/L NaOH 溶液调节pH 至9～9.5。37℃保温1 小时，或室温(20℃)放置2～4 小时，置暗处保存，以备制作标准DNS-氨基酸聚酰胺薄膜层析图谱。

二、蛋白质的水解及组成氨基酸的DNS 化

于玻管中加2 mmol/L 蛋白质溶液 0.1 mL，加浓盐酸至终浓度为5.7 mol/L，真空或通氮下封管，置105℃烘箱水解18～24 小时，开管，转移至小烧杯中，置沸水浴中蒸去盐酸，干后加少量去离子水，再蒸干，反复3 次，以除净盐酸，加0.2 mol/L $NaHCO_3$ 缓冲溶液0.1 mL 及DNS-Cl 丙酮溶液0.1 mL，用1 mol/L NaOH 溶液调pH 至9～9.5，转移到有塞试管中，37℃保温1 小时，或室温放置2～4 小时，置暗处备用。

三、聚酰胺薄膜层析鉴定DNS 氨基酸

1. 点样

取聚酰胺薄膜，在聚酰胺面的相邻两边，用铅笔在距边0.5 cm 处画互为垂直的两条基线，其交叉点即为点样位置。用粗细合适的毛细管取样，点在聚酰胺薄膜的点样位置上，斑点直径

不超过2 mm，需要多次点样时每次都需用电吹风将前次样品吹干后再点。

2. 展层

在展层容器中放入加有展层溶剂系统(1)5～10 mL 的小培养皿。将点样后的聚酰胺薄膜的点样面(聚酰胺面)向内，点样原点在左下角，用线或旧35 mm 照相底片捆扎成半园筒形，垂直置于培养皿中展层。待溶剂前沿上升至离膜顶端0.5 cm 处时停止展层，取出薄膜，标记前沿位置，用电吹风吹干。逆时钟旋转90°，使样品原点转到右下角，以同样方法用展层溶剂系统(2)做第二相展层。为了分离DNS-谷氨酸和DNS-天冬氨酸，DNS-丝氨酸和DNS-苏氨酸，DNS-丙氨酸和DNS-NH_2，第二相层析完成后，再在同一方向用展层溶剂系统(3)层析。有时碱性氨基酸如DNS-组氨酸和DNS-精氨酸，α-DNS-和ε-DNS 赖氨酸分离还不完全，需用展层溶剂系统(4)再展层一次。

3. 检测

用波长为360 nm 或280 nm 的紫外灯检测，可见呈黄绿色荧光的DNS-氨基酸斑点。用铅笔标记各荧光斑点位置，与标准氨基酸斑点位置比较，确定各斑点氨基酸的种类。

4. 同上法制备标准混合氨基酸图谱

标准混合氨基酸的图谱见图2-17 所示。

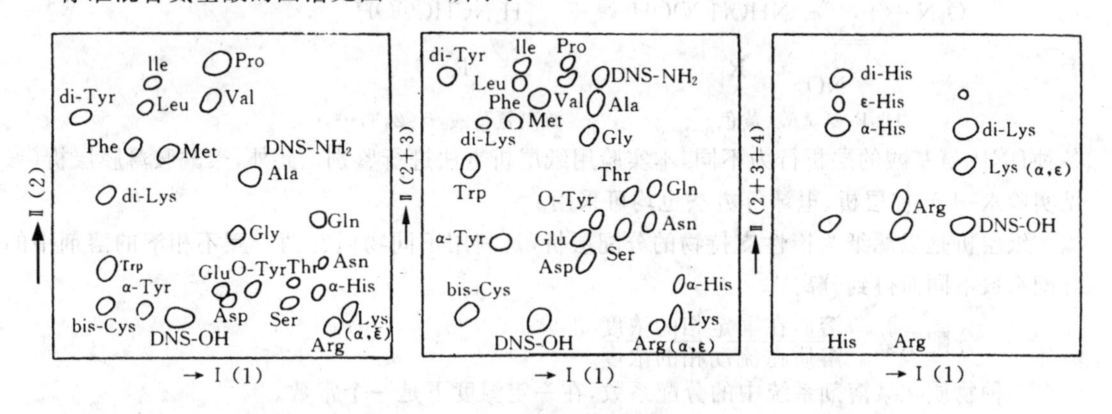

图2-17　标准混合氨基酸在聚酰胺薄膜上的双向层析图谱

展层溶剂系统，Ⅰ(1)V(88%甲酸) ： V(水)＝1.5 ： 100

Ⅱ(2)V(苯) ： V(冰醋酸)＝9 ： 1

(3)V(乙酸乙酯) ： V(甲醇) ： V(冰醋酸)＝20 ： 1 ： 1

(4)V(0.05 mol/L 磷酸三钠溶液) ： V(乙醇)＝3 ： 1

【讨论】

一、聚酰胺薄膜可以反复使用。处理方法是：层析后用丙酮和25%～28%浓氨水(体积比为9 ： 1)，或用丙酮和88%甲酸(体积比为9 ： 1)浸泡6 小时，再用甲醇洗涤后凉干，即可再用。

二、夹心型聚酰胺薄膜，两面都涂有聚酰胺，可在一面点待测样品DNS-氨基酸，另一面相应同一位置处点对照的标准DNS-氨基酸。层析后利用基板的透明性质，比较、鉴定未知DNS-氨基酸。如用单面薄膜，则将所得图谱与标准图谱进行比较，有时还需要计算R_f 值才能确定氨基酸的种类。

Ⅱ. 蛋白质及多肽的N-末端氨基酸分析(FDNB 法)

【基本原理】

2,4-二硝基氟苯(1-氟-2,4-二硝基苯，1-fluoro-2,4-dinitrobenzene，FDNB 或 DNFB)在温

和条件下(室温,pH＝8～9)与蛋白质或多肽的N-末端氨基酸残基的自由α-氨基定量地反应,生成二硝基苯基蛋白质(Dinitrophenyl-protein,DNP-蛋白质)或二硝基苯基多肽(DNP-多肽)。经酸水解,得到DNP-氨基酸和氨基酸的混合液,再用有机溶剂抽提,得黄色的DNP化的N-末端氨基酸。通过双向纸层析与标准DNP氨基酸比较,可以鉴定蛋白质的N-末端氨基酸。

FDNB与蛋白质的反应如下：

$$O_2N\text{—}C_6H_3(NO_2)\text{—}F + H_2N\underset{R_1}{CH}CONH\underset{R_2}{CH}CO\cdots\cdots NH\underset{R_n}{CH}COOH \xrightarrow[\text{室温或}37\sim40℃]{pH=8\sim9}$$

FDNB

$$O_2N\text{—}C_6H_3(NO_2)\text{—}NH\underset{R_1}{CH}CONH\underset{R_2}{CH}CO\cdots\cdots NH\underset{R_n}{CH}COOH \xrightarrow[\text{酸水解}]{105℃,15h}$$

DNP-蛋白质或肽(R_{1-n})

$$O_2N\text{—}C_6H_3(NO_2)\text{—}NH\underset{R_1}{CH}COOH + H_2N\underset{R_i}{CH}COOH$$

DNP-氨基酸(黄色)　　　　游离氨基酸,$i=2,3,\cdots,n$

各种DNP-氨基酸的层析行为不同,本实验用纸层析方法进行鉴别。此外,聚酰胺薄膜层析(参见实验六-Ⅰ)、柱层析、电泳等方法也均可采用。

纸层析是以滤纸为惰性支持物的分配层析,是利用不同物质在两个互不相溶的溶剂中的分配系数不同而得到分离。

$$\text{分配系数}=\frac{\text{溶质在固定相的浓度}}{\text{溶质在流动相的浓度}}。$$

一种物质在某溶剂系统中的分配系数,在一定温度下是一个常数。

滤纸纤维上的羟基具有亲水性,能吸附水作为固定相,与水不相混合的有机溶剂为流动相。当流动相沿滤纸经过点样原点时,原点上的溶质在固定相和流动相之间进行分配,一部分溶质离开原点随有机相移动,进入固定相无溶质的区域,此时又重新进行分配,一部分溶质从有机相移入水相,当有机相不断流动时,溶质也就这样在两相间不断分配,从而得到分离与纯化。

溶质在纸上移动的速率可用R_f值表示：

$$R_f=\frac{\text{溶质从原点到色斑中心的距离}}{\text{溶剂从原点到溶剂前沿的距离}}。$$

溶质在纸上移动的速率与溶剂在纸上移动速率的比值就是该溶质的R_f值。R_f值决定于被分离物质在水相和有机相的分配系数和两相间的体积比。在同一实验条件下,两相的体积比是一常数,故R_f值主要决定于分配系数,因此只要溶剂不变,各种不同溶质最高浓度的位置(即色斑中心位置)到原点的距离和溶剂前沿到原点的距离有一定的比值。但是影响R_f值的因素很多,要获得有重现性的R_f值,就必需使每次层析的条件相同,消除各种影响因素,方能得到满意的结果。例如,温度变化对R_f值的影响很大,温度不仅影响物质在溶剂中的分配系数,而且影响溶剂相的组成和纤维素的水合作用,所以层析最好在恒温条件下进行,每次层析的温差<±0.5℃;所用滤纸的质地必须均匀,含杂质少,如含有Ca^{2+}、Mg^{2+}等离子时,可与氨基酸形成

络合物，用稀酸浸洗的方法可以除去；溶剂的pH值不仅影响物质极性基团的解离，影响其亲水性，而且可影响有机相的含水量从而影响极性物质的R_f值；展层前在层析容器中先要放置盛有溶剂系统的烧杯或培养皿，密闭一段时间，使容器中有一个与溶剂系统平衡的气相以及滤纸的预先平衡等。

【试剂与器材】

一、试剂

1. 标准DNP-氨基酸

2. 蛋白质试样

3. 浓盐酸

4. 乙醇

5. 5% FDNB-乙醇溶液

6. 0.2 mol/L，pH=9.0 $NaHCO_3$-Na_2CO_3 缓冲溶液

7. 6 mol/L HCl 溶液：浓盐酸加等体积水，重蒸3次，去除前后馏分，即得6 mol/L HCl 溶液。

8. 乙醚：需预处理除去过氧化物，以防止其促使DNP-氨基酸分解。方法是：在500 mL 乙醚中加入$FeSO_4$(A.R.)5～10 g，振摇1～2 小时，水浴蒸出乙醚。

9. 丙酮

10. 甲苯

11. 吡啶

12. 氯乙醇

13. 浓氨水

14. 1.6 mol/L，pH=6.0 磷酸盐缓冲溶液

二、器材

1. 10 mL 有塞试管	2. 恒温箱	3. 烘箱
4. 黑纸	5. 离心机	6. 真空干燥器
7. 厚壁硬质玻管(一端封口)	8. 新华1号层析滤纸	9. 毛细管
10. 层析缸	11. 电吹风	

【操作步骤】

一、DNP-蛋白质(或多肽)的制备

取有塞试管1支加蛋白质或肽0.5～2 μmol，滴加0.2 mol/L pH=9.0 的$NaHCO_3$-Na_2CO_3缓冲溶液使其溶解，再加5% FDNB-乙醇溶液0.2 mL。加塞，混匀，试管外包黑纸，37 ℃恒温箱保温2 小时，经常振摇，使反应充分，渐见带黄色DNP 蛋白质沉淀。取出后用浓盐酸酸化，用转速为3000 r/min 的离心机离心10 min，弃上清液，沉淀用水(盐酸酸化，pH=1～2)、乙醇、乙醚各洗3 次，每次2～3 mL，以除去过剩FDNB。置真空干燥器中减压抽干。

二、DNP-蛋白质的水解和DNP-氨基酸的提取

取DNP-蛋白质置一端已封口的玻管中，加6 mol/L HCl 溶液2 mL，封口，105 ℃ 烘箱中水解16～24 小时，割开玻管，将水解液倾入小分液漏斗或有塞试管中，用乙醚抽提3 次，每次3 mL，合并醚层减压蒸干。

三、DNP-氨基酸的双向纸层析

1. 点样

取新华1号层析滤纸1张(约22 cm×22 cm),用铅笔在滤纸相邻两边,距纸边2 cm处各轻轻划一条基线,其交点即为点样原点。向DNP-蛋白质水解液醚溶性残渣中加丙酮0.1 mL,用毛细管取样点在原点上,直径不要超过5 mm,可多次点样至斑点呈深黄色,但点样时需用电吹风将前次所点样品吹干,然后才可继续点样。

2. 展层

将滤纸用线连成圆筒状。先作第一向层析。在展层前需至少平衡1小时。方法是在层析缸内放一加有第一向用的展层溶剂系统的小烧杯,将滤纸放入缸内,使其与溶剂蒸汽平衡。平衡后将溶剂迅速倒入层析缸内的培养皿中,将滤纸直立培养皿中展层,待前沿距纸边1 cm处,取出,吹干展层剂,在前沿下1 cm处截去纸条,将滤纸转90°,再缝成圆筒状,同上进行第二向展层。

展层溶剂系统:

第一向　V(甲苯):V(吡啶):V(氯乙醇):V(0.8 mol/L 氨水)=5 : 1.5 : 3 : 3

第二向　1.6 mol/L,pH=6.0的磷酸盐缓冲溶液

3. DNP-氨基酸的鉴定

将样品的层析图谱与标准DNP-氨基酸的图谱(如图2-18所示)比较,即可初步确定样品的N-末端氨基酸。

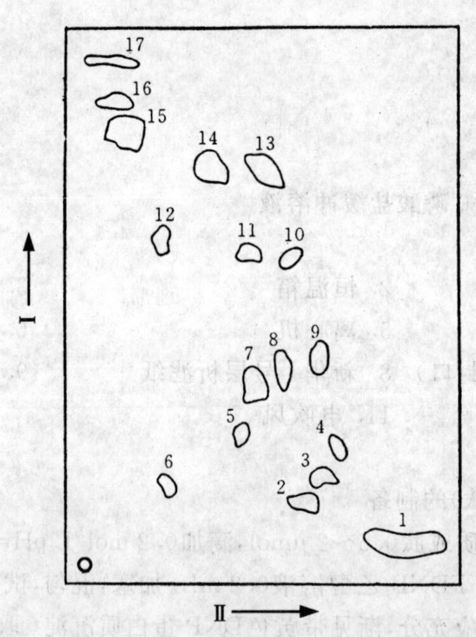

图2-18　醚溶性DNP-氨基酸双向纸层析图谱

1. 谷氨酸和天冬氨酸　2. 天冬酰胺　3. 丝氨酸　4. 苏氨酸　5. 甘氨酸　6 胱氨酸　7. DNP-OH　8. 丙氨酸　9. 脯氨酸　10. 缬氨酸　11. 甲硫氨酸　12. 色氨酸　13. 亮氨酸和异亮氨酸　14. 苯丙氨酸　15. 赖氨酸　16. 酪氨酸　17. DNP-NH_2

【讨论】

一、FDNB系1945年Sanger F首先用于蛋白质的N-末端氨基酸分析,故又称Sanger试剂。

二、FDNB与蛋白质或多肽反应的过程中产生氟化氢,故反应需在碱性条件下进行。但过碱易产生副反应,如FDNB在pH=9以上将分解产生二硝基苯酚。

三、DNP-氨基酸见光易分解为二硝基苯胺、乙醛、二氧化碳等，故其制备及分析鉴定过程需在避光条件下进行。

四、样品N-末端为焦谷氨酸或末端氨基被乙酰化或甲基化者，因无自由氨基，不能检出α-DNP-氨基酸。这种样本必须进行相应的预处理。

五、由于缬氨酸和异亮氨酸形成的肽键对酸水解有耐受性，一般酸水解时不易产生DNP-氨基酸而产生DNP-小肽，因而需延长水解时间；DNP-脯氨酸和DNP-甘氨酸对酸的稳定性差，酸水解时易破坏，因而需缩短水解时间；其他DNP-氨基酸在105℃酸水解12小时的回收率在70％～95％之间。

六、常用的蛋白质或肽N-末端氨基酸分析方法，除2,4-二硝基氟苯(FDNB)法以外，尚有丹磺酰氯(dansyl-Cl)法、苯异硫氰酸酯(phenylthioisocyanate,PTH)法等。N-末端分析法也是鉴别蛋白质纯度的好方法。

七、DNP 氨基酸的物理常数及重结晶溶剂

表2-7 DNP-氨基酸的物理常数及重结晶溶剂

DNP-氨基酸	M_r	$[M]_D$ 1 mol/L NaOH	$[M]_D$ 冰醋酸	摩尔消光系数 $/\times10^4$	熔点/℃	重结晶溶剂
L-天冬氨酸	299	+275	−20	*1.59；1.82	186～187	乙醚-石油醚
DL-天冬氨酸	299			1.81	196(d)；188；190	水；乙酸乙酯-石油醚
L-天冬酰胺	298	+190	−100	2.00	191～192；185；180～182	乙醇；乙酸-水；丙酮-水
L-谷氨酸	313	−58	−396		134～136	乙酸乙酯-氯仿
DL-谷氨酸	313			1.74	155～162；148～149	乙醚-石油醚
L-胱氨酸	572	−1487	−1833	2.75	109；118～121(d)	乙酸-水；乙醚-石油醚
L-谷氨酰胺	312	−177	−302	2.07	189～191	甲醇-水
L-丝氨酸	271	+341	−65	*1.28；1.73	176～177；173～174	甲醇-水
DL-丝氨酸	271			1.74	199；186～188(d)；200	甲醇-水；丙酮-石油醚
L-苏氨酸	285	+305	−141	1.72	145	乙醚-石油醚
DL-苏氨酸	285				152，178；177～178	甲醇-水；丙酮-石油醚；乙醚-石油醚
甘氨酸	241			*1.64；1.58	205；192～193(d)；200(d)	水；丙酮-石油醚；甲醇-水；乙醇
L-丙氨酸	255	+367	+39	*1.38；1.72	178；177	乙醇-水；乙醚-石油醚
DL-丙氨酸	255			1.71	172～173；178；176	甲醇-水；丙酮-石油醚
L-脯氨酸	281	−2172	−1978	1.92；*1.91	137～138；138～139	乙醚-石油醚；甲醇；乙酸-水
DL-脯氨酸	281			1.87；1.91	181	乙醚-石油醚
L-缬氨酸	283	+309	−79	*1.50；1.94	132；130.5	乙醚-石油醚；甲醇-水
DL-缬氨酸	283			1.80	185；182～183	乙醚-石油醚；丙酮-石油醚

（续表）

DNP-氨基酸	M_r	$[M]_D$ 1 mol/L NaOH	$[M]_D$ 冰醋酸	摩尔消光系数 /×10^4	熔点/℃	重结晶溶剂
DL-甲硫氨酸	315			*1.47; 1.55	117;120～121	乙醚-石油醚;甲醇-水
L-亮氨酸	297	+168	−135	1.46; 1.88	94～95;101	乙醚-石油醚;乙酸-水
DL-亮氨酸	297				203;132;126	丙酮-石油醚;乙酸-水
L-异亮氨酸	297	+252	−104	1.78	113～114	乙醚-石油醚
DL-异亮氨酸	297				166;174～175	甲醇-水;乙醚-石油醚
L-苯丙氨酸	331	−310	−364	2.0; *1.9	186;189;185～187	甲醇-水;乙醚-石油醚
DL-苯丙氨酸	331			1.72	204～206;211～212	丙酮-石油醚;乙酸-水
L-色氨酸	370	−1291	−672	1.68	175;196～198;211(d)	甲醇-水;丙酮-乙醚
DL-色氨酸	370				215(d)	
L-酪氨酸	513		−60	*1.69	92～98(d) 178～182(d)	丙酮-乙醚
DL-酪氨酸	513				84;191～193	甲醇-水;乙醇
L-O-酪氨酸	347			**2.9	B·H_2O　202(d)	水
L-赖氨酸	478		−127	*2.64; 2.86; 3.00; 3.22	146;173～174 170～172(d)	甲醇-水 丙酮-乙醚
N^5-L-赖氨酸				1.50(365nm) 1.74;	B·HCl·H_2O 186 137	20%盐酸
L-组氨酸	487			*1.87 2.15	250;228;252(d) 235.5	丙酮-水 8 mol/L 盐酸-氨水
a-L-组氨酸	321	−82			275(d)	水
Im-L-组氨酸	321				280(d)	
L-精氨酸	340		−121	*1.46; 1.76	252(d);260 B·HCl～168 172～173	丙酮-水;水 浓盐酸

注：表中摩尔消光系数均在1 mol/L 氢氧化钠溶液中测定，其中有＊号的表示这些DNP-氨基酸在1%碳酸氢钠溶液中，于360 nm 处测定；有＊＊号的表示这些DNP-氨基酸在1 mol/L 盐酸溶液中，于350 nm 处测定。$[M]_D=[d]_D\times\frac{\text{相对分子质量}}{100}$(温度为24～26℃)，浓度为0.2%～1.0%。B·HCl 代表盐酸盐，d 代表达到熔点后分解。

八、DNP-氨基酸的制备

一般制备方法：取有塞试管一支，加入0.25 g 氨基酸和0.4 g 无水碳酸钠，然后加8 mL 水使其溶解。再向溶液中加入约0.4 g(或0.28 mL)FDNB(如将FDNB 溶于乙醇中，则振摇2 小时待反应完成后，需减压除去乙醇)。避光于40℃振摇30 分钟至1 小时。当FDNB 分层消失即为反应完成。将溶液转移于小分液漏斗中，用乙醚抽提过剩的FDNB，每次用10 mL，抽提3 次，弃去醚层。再逐滴加入0.6 mL 浓盐酸，有油状物出现，此油状物很快形成固体，离心或抽滤收集沉淀。按不同DNP-氨基酸的性质及重结晶溶剂条件用不同方法进行结晶。

1. DNP-甘氨酸、DNP-苯丙氨酸、DNP-DL-丝氨酸、DNP-DL-苏氨酸、DNP-L-羟脯氨酸、DNP-L-谷氨酸、DNP-L-精氨酸等的制备：将沉淀溶于少量热甲醇中，冷却后析出晶体，再重结晶一次，离心或抽滤收集。

2. DNP-缬氨酸、DNP-丙氨酸、DNP-苏氨酸、DNP-亮氨酸、DNP-异亮氨酸、DNP-羟脯氨酸、DNP-苯丙氨酸、DNP-天冬氨酸、DNP-半胱氨酸及DNP-DL-谷氨酸、DNP-DL-脯氨酸、DNP-DL-甲硫氨酸、DNP-DL-苏氨酸、DNP-DL-缬氨酸等的制备：将沉淀以少量冰水洗涤去除盐酸，溶于适量丙酮，加入少量无水硫酸钠干燥过夜。次日过滤除去硫酸钠。加入等体积的无水苯，再慢慢滴入过量的石油醚，即见DNP-氨基酸晶体析出，离心或抽滤收集，将产物吹干，再溶于少量乙醚中，然后加入数倍量的石油醚，冷却后即析出晶体。按此方法，再进行重结晶。

3. N，N′-双DNP-赖氨酸的制备：将沉淀溶于热甲酸中，冷却后析出晶体，可在甲酸-水中重结晶。

ε-DNP-赖氨酸的制备：将0.5 g 赖氨酸溶于10 mL 水中，将溶液煮沸后逐渐加入碳酸铜，从暗蓝色的溶液中过滤除去过剩的碳酸铜，并用2～3 mL 水洗涤，合并滤液。加入过量的碳酸氢钠及1.5 g FDNB(溶于20 mL 乙醇中)，将此混合物于室温振荡2小时，将黄绿色沉淀滤出，依次用水、乙醇和乙醚洗涤，再将沉淀悬浮于5 mL 水中。逐滴加入1 mol/L 盐酸至悬浊液澄清为止，将此溶液放入冰水中冷却。通入硫化氢2分钟，立即加入少量活性炭脱色，过滤后尽快将滤液真空干燥，即出现黄色晶体。然后在20%盐酸中重结晶，产量为0.45 g。5-DNP-L-鸟氨酸亦可用此法制备，此外也可用α-乙酰-L-赖氨酸制备ε-DNP-赖氨酸。

α-N-DNP-赖氨酸的制备：0.25 g ε-苄氧羰基-L-赖氨酸与0.2 g FDNB于乙醇溶液中反应，酸化后逐渐有固体析出。将沉淀溶于4 mL 醋酸和4 mL 浓盐酸。将此混合物煮沸，蒸发至干，将残渣溶于水，除去不溶物，用吡啶中和后即见有α-DNP-L 赖氨酸晶体析出。

4. DNP-L-谷氨酰胺、DNP-丝氨酸、DNP-酪氨酸、DNP-色氨酸、DNP-精氨酸、DNP-组氨酸、DNP-鸟氨酸以及DNP-天冬酰胺的制备：用过量冰水洗涤，再用甲醇重结晶。

DNP-L-谷氨酸的制备：DNP-L-谷氨酸不易得到晶体，故须从DNP-L-谷氨酰胺水解而来，将重结晶之DNP-L-谷氨酰胺悬浮于10倍体积的6 mol/L 盐酸中过夜。次日在水浴上加热至全溶即止，逐渐冷却即有黄色油状物析出，置冰箱数周后即成晶体析出。再用冰水洗涤以除去盐酸。置五氧化二磷真空干燥器内干燥。

5. DNP-组氨酸的制备：将DNP-组氨酸粗制品溶于一定量的8 mol/L 盐酸中，待全溶后，用浓氨水调pH 至7，即有浅黄色沉淀产生，过滤后用冷水洗涤，置干燥器内干燥。

α-DNP-组氨酸的制备：将1.917 g(0.01 mol)L-组氨酸盐酸盐和8.4克碳酸氢钠溶于200 mL 水，加入25 mL 含0.459 g FDNB 乙醇溶液(0.0025 mol)，于室温振摇1小时，减压浓缩至约50 mL，再用浓盐酸调pH 至6.5。将溶液放置5～10℃，即有沉淀出现。过滤后可在少量水中重结晶，约18小时后出现结晶。置60℃真空干燥器内干燥。

Im-DNP-L-组氨酸的制备需先合成α-乙酰-L-组氨酸，再与FDNB 反应生成α-乙酰-Im-DNP-L-组氨酸，经用20%盐酸水解除去乙酰基，生成Im-DNP-L-组氨酸，在醋酸中重结晶。

6. α-DNP-胱氨酸的制备：将1.2 g L-胱氨酸与2 g 碳酸钠溶于50 mL 水中，加入5 mL 含0.9 g FDNB 的乙醇溶液，在室温下不断搅拌30～60分钟，用盐酸调pH 至7，过滤除去未作用的L-胱氨酸。进一步酸化，再浓缩至10～20 mL，加入丙酮使氯化钠沉淀，过滤除去。再浓缩至干，用乙醚洗残渣数次，用少量水进行结晶。

α-DNP-半胱磺酸的制备：取上述0.2 g α-DNP-胱氨酸，溶于10 mL 过甲酸中，放置30分钟，然后在水浴上蒸发至干，将残渣溶于少量水中，用氢氧化钾溶液调pH 至6，加入乙醚-乙醇(2 : 1)混合液，即有结晶析出。

以上合成的用量可以减半或按1/4量进行。

所得到的DNP-氨基酸可选用以下方法鉴定：双向纸层析、双向聚酰胺薄膜层析、薄板层析或柱层析，根据层析图谱与已知图谱对照；或将DNP-氨基酸斑点以浓氨水洗脱置封闭玻管中，以100℃水解2小时，水浴蒸干，以少量水溶解，然后用纸层析法或聚酰胺薄膜层析法鉴定其原来的氨基酸；或测定DNP-氨基酸的熔点等。

Ⅲ．蛋白质及多肽的C-末端氨基酸分析（羧肽酶法）

【基本原理】

羧肽酶（carboxypeptidases，CP）是一种外肽酶，能催化氨基酸从肽链C-末端逐个水解释出，其种类和数目随时间而变化。蛋白质溶液在适宜pH条件下加羧肽酶保温，然后按一定时间间隔取样，经沉淀蛋白质，中止酶反应后，用氨基酸自动分析仪测定释出的游离氨基酸，以释出氨基酸的量（nmol）为纵坐标，时间为横坐标，得到氨基酸释放的动力学曲线，根据氨基酸水解释出的顺序，确定蛋白质的C-端氨基酸。

不同生物来源的羧肽酶，其性质和专一性不同，参见表2-8所示。其中，CPY的作用范围很广，可以释放C-末端的所有氨基酸，是目前蛋白质及多肽C-末端分析常用的工具酶。

表2-8　4种羧肽酶的专一性及反应条件

酶	来　源	专一性	反应pH值	反应温度/℃
CPA	胰腺	除Arg、Pro、Hypro、Lys外的所有氨基酸	8.0	37
CPB	胰腺	Lys、Arg	8.0	37
CPC	柑、桔、柠檬的果实和叶	除Hypro外的所有氨基酸	5.3	30
CPY	面包酵母	所有氨基酸	5.5	25

【试剂与器材】

一、试剂

1．样品蛋白质（细胞色素c）

2．0.5 mol/L，pH＝5.5的吡啶-醋酸缓冲溶液

3．0.2 mol/L，pH＝8.0的N-乙基吗啉（N-ethylmorpholine）-醋酸缓冲溶液

4．1 mol/L HCl溶液

5．羧肽酶Y（1 g/L双蒸水）

6．羧肽酶A：该酶在低离子强度下不溶，呈悬液状存放于4℃。使用时吸取1 mg羧肽酶A悬浮液（通常为20 μL），加1 mL双蒸水，用转速为2000 r/min的离心机离心5分钟，除去上清液，加1% $NaHCO_3$ 溶液0.1 mL，置冰浴中小心滴加0.1 mol/L NaOH溶液，振摇直至沉淀溶解。用盐酸调pH＝8.0左右，再加0.2 mol/L，pH＝8.0的N-乙基吗啉-醋酸缓冲溶液使总体积为1 mL，置冰箱备用。

二、器材

1．恒温水浴　　2．移液管或可调微量进样器　　3．有塞试管

4．氨基酸自动分析仪

【操作步骤】

一、羧肽酶A法

取有塞试管1支，加入蛋白质或多肽样品0.2～0.4 μmol，以及0.2 mol/L，pH＝8.0的N-乙基吗啉-醋酸缓冲溶液1 mL，混匀，使之溶解。37℃水浴保温，加入羧肽酶A（1 g/L），混匀，记时。分别于0、1、2、4、8、15、30、60分钟取样100 μL，立即加入醋酸100 μL，置沸水浴中加热5分钟，离心，取上清液，冷冻干燥后，用氨基酸自动分析仪进行测定。

二、羧肽酶Y法

取有塞试管1支，加入蛋白质或多肽样品0.2～0.4 μmol，以及0.5 mol/L，pH=5.5的吡啶-醋酸缓冲溶液1 mL，混匀，使之溶解。25℃ 水浴保温，加入羧肽酶Y(1 g/L)20 μL，混匀，计时。分别于0、1、2、4、8、15、30、60 分钟取样100 μL，加入已加有适量1 mol/L HCl 溶液(可使最终pH 为2)的离心管中，沸水浴加热5 分钟，离心，取上清液，冷冻干燥后，用氨基酸自动分析仪进行测定。

以 时间为横坐标，测得的各氨基酸的nmol 数为纵坐标作图，就可推知样品的C-末端氨基酸及其排列顺序，如图2-19 所示。

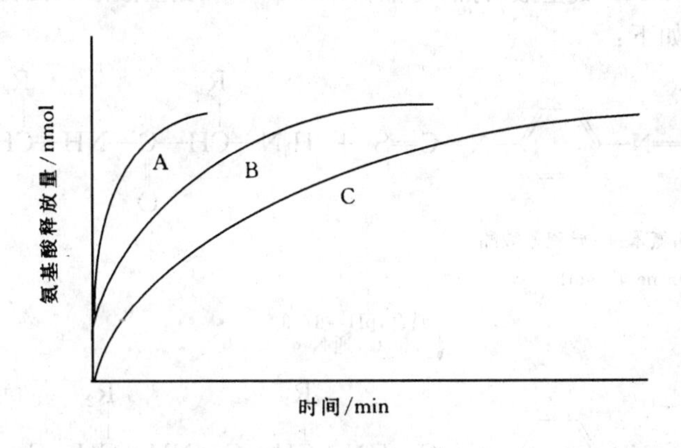

图2-19　羧肽酶测定C-末端残基及C-末端顺序示意图

C-末端的顺序为C、B、A

【讨论】

一、商品羧肽酶中常含有其他内肽酶，如胰蛋白酶、糜蛋白酶等，严重干扰羧肽酶对蛋白质和多肽的 C-末端氨基酸残基正常的降解。通常用二异丙基磷酰氟(diisopropylfluorophosphate，DFP)抑制丝氨酸蛋白酶类的活性。但是CPC、CPY 等的活性也能为DFP 抑制。

二、羧肽酶法是测定蛋白质及多肽C-末端氨基酸残基最常用的方法，但在实际应用中有不少困难。一般情况下，反应时间尽可能接近零时，是能够判断端基的，但是由于不同肽键酶解的速率不同，当末端第一个残基释放很慢，而第二个残基释出很快时，容易导致错误结论。

三、蛋白质及多肽C-末端测定的方法尚有：肼解法，其基本原理是蛋白质或多肽与无水肼共热，发生肼解，除C-末端氨基酸以游离形式存在外，其他氨基酸残基均转变为相应的酰肼化合物，与苯甲醛作用产生二苯基衍生物沉淀；还原法，以硼氢化锂($LiBH_4$)还原C-末端氨基酸残基为α-氨基醇，肽链水解后可与其他氨基酸通过层析方法区别开来。

(刘子贻)

实验七　肽的N-末端测定及其顺序分析(DABITC/PITC双偶合法)

【基本原理】

有色试剂DABITC,也称有色Edman试剂,在pH=8～9条件下与多肽及蛋白质的N-末端氨基偶合,生成DABITC-肽,在无水条件下酸裂解,切下反应的第一个氨基酸残基DABTZ-氨基酸,后者不稳定,在酸性水溶液中转化为稳定的DABTH-氨基酸,经聚酰胺薄膜层析,盐酸蒸汽薰膜后显现红色DABTH-氨基酸斑点,对照标准DABTH-氨基酸层析图谱,即可判断N-末端氨基酸。其反应过程如下:

$$(H_3C)_2N-C_6H_4-N=N-C_6H_4-N=C=S + H_2N-CH(R_1)-CO-NH-CH(R_2)-CO-NH\cdots\cdots$$

DABITC(4-N,N-二甲氨基偶氮苯-4′-异硫氰酸酯

4-N,N-dimethylaminoazobenzene-4′-isothiocyanate)

↓ 偶合,pH=8～9　50℃,通N_2

$$(H_3C)_2N-C_6H_4-N=N-C_6H_4-NH-C(=S)-HN-CH(R_1)-CO-NH-CH(R_2)-CO-NH\cdots\cdots$$

DABTC-肽(4-N,N-二甲氨基偶氮苯-4′-硫代氨甲酰基-肽

4-N,N-dimethylaminoazobenzene-4′-thiocarbamoylpeptide)

↓ 裂解,无水三氟醋酸　50℃,通N_2

$$(H_3C)_2N-C_6H_4-N=N-C_6H_4-NH-C\overset{|}{=}N \;(\text{环}: -S-C(=O)-CHR_1-) + \overset{+}{H_3N}-CH(R_2)-CO-NH\cdots\cdots$$

DABTZ-氨基酸(4-N,N-二甲氨基偶氮苯-4′-噻唑啉酮-氨基酸

4-N,N-dimethylaminoazobenzene-4′-thiozolinone-amino acid

↓ 转化　50%TFA,50℃,通N_2

$$(H_3C)_2N-C_6H_4-N=N-C_6H_4-N\;(\text{环}: -C(=O)-CHR_1-NH-C(=S)-)$$

DABTH-氨基酸(4-N,N-二甲氨基偶氮苯-4′-乙内酰硫脲-氨基酸

4-N,N-dimethylaminoazobenzene-4′-thiohydantoin-amino acid)

DABITC 与多肽或蛋白质的氨基偶合反应的产率仅为20%～50%，因此进行多肽顺序分析时，余下未与DABITC 反应的氨基需再用PITC(异硫氰酸苯酯，phenyl isothiocyanate)作第二次偶合，即所谓的双偶合法，两者的反应原理相同。因为PITC 与多肽或蛋白质的偶合反应几乎是定量的，保证了每个残基均反应完全，定量地去除N-末端，使第二个氨基酸残基暴露出游离α-氨基，又能进行DABITC/PITC 双偶合降解，依此循环，就能逐个测出多肽或蛋白质的N-端氨基酸序列。PITC 偶合、裂解、转化产生的PTH 氨基酸不作鉴定，对于N-末端的测定，则只需完成第一步反应即可。

【试剂和器材】

一、试剂

1. 醋酸缓冲溶液：取2 mol/L 乙酸2 mL，加三乙胺1.2 mL，混匀，加双蒸水至25 mL，再加等量丙酮，pH=10.1。

2. DABITC 丙酮溶液(1 g/L)

3. DABITC 吡啶溶液(2.5 g/L)

4. 50% 吡啶水溶液

5. 无水乙醇

6. 异硫氰酸苯酯(PITC)

7. 正庚烷

8. 醋酸乙酯

9. 三氟醋酸(TFA)

10. 醋酸

11. 33% 醋酸

12. 甲苯

13. 正己烷

14. 浓HCl 溶液

二、器材

1. 有塞小试管
2. 聚酰胺薄膜
3. 烘箱
4. 旋涡混合器
5. 台式离心机
6. 微量离心真空浓缩器
7. 通N_2装置

【操作步骤】

一、标记物的制备

取有塞小试管，加入50% 吡啶水溶液500 μL，二乙胺30 μL，乙醇胺30 μL，DABITC 300 μg，通N_2数分钟，盖塞充分混匀，50℃反应1 小时，离心真空干燥，用无水乙醇500 μL 溶解后备用。

二、DABITC/PITC 双偶合分析

1. 偶合

取2～10 nmol 蛋白质或多肽样品于有塞试管中，加50%吡啶水溶液80 μL，DABITC 吡啶溶液(2.5 g/L)40 μL，通N_2数分钟，盖塞摇匀，50℃保温45 分钟。然后加入PITC 15 μL，再通N_2，盖塞摇匀，50℃反应30 分钟。用正庚烷和醋酸乙酯混合液［V(正庚烷)：V(醋酸乙酯)=2：1，如疏水性肽用3：1］抽提4 次，每次用量100 μL，每次抽提均通N_2，盖塞，用转速为3000 r/min 的离心机离心10 分钟，移去上层有机相(内含过量试剂及副产物)，取下层水相真空干燥。

2. 裂解

取干燥后的水相，加三氟醋酸50 μL，通N_2数分钟，盖塞，50℃保温15分钟，离心真空干燥。加入300 μL双蒸水，用醋酸乙酯抽提2次，每次用量为100 μL，用转速为3000 r/min的离心机离心10分钟，将2次上层有机相合并，离心真空干燥。下层水相干燥后进行下一个循环。

3. 转化

取干燥后的有机相，加40 μL 50%的TFA溶液，通N_2，盖塞，于50℃反应50分钟，离心真空干燥，加无水乙醇溶解，用于鉴定。

三、聚酰胺薄膜层析鉴定

吸取转化后的乙醇液0.5 μL于聚酰胺薄膜上点样，点样量根据样品浓度而定，一般点样至斑点显淡黄色为止。然后点上标记物(DABTC-二乙胺与DABTC-乙醇胺)0.5 μL作层析标记点，进行双向层析。展层溶剂：Ⅰ向为33%醋酸，Ⅱ向为V(甲苯)：V(正己烷)：V(醋酸)=2：1：1。展层后，将膜吹干，用盐酸蒸汽熏膜，即可显出蓝色的标记物斑点和红色的DABTH-氨基酸斑点。对照标准层析图谱与参考点的相对位置，即可判断出被鉴定的DABTH-氨基酸。

【讨论】

一、DABITC系由Chang J Y(1976年)合成的蛋白质序列测定试剂，由于其与多肽游离α-氨基偶合反应的产率较低，Chang J Y(1978年)设计了此双偶合法，即余下的未与DABITC偶合的氨基和PITC进行第二次偶合。

二、该法有许多优点：灵敏度高(标记氨基酸检测灵敏度可达1 nmol，较Edman法灵敏25倍)，操作简便，不需特殊设备。

三、DABTH-氨基酸的制备

取氨基酸约70 μg于有塞试管中，加醋酸缓冲溶液100 μL，DABITC溶液(1 g/L丙酮)100 μL，通N_2数分钟，盖塞混匀，50℃烘箱中保温1小时，取出后置微量离心真空浓缩器中，离心真空干燥。加双蒸水200 μL，用盐酸饱和的醋酸溶液(用盐酸蒸汽通入冰醋酸直到饱和为止)400 μL，通N_2数分钟，盖塞混合，50℃反应50分钟，离心真空干燥，加400 μL无水乙醇，离心除去不溶物。

四、本实验拟用谷胱甘肽为样本，实验前先进行样品的过甲酸氧化。其过程为：①过甲酸试剂的配制：取30% H_2O_2溶液1 mL，加97%甲酸9 mL，室温放置1～2小时，即成过甲酸试剂，置冰箱备用。使用前配制。②过甲酸氧化：谷胱甘肽10 mg(或0.3 mmol半胱氨酸)，溶于0.5 mL甲酸中，加过甲酸试剂1 mL，置冰箱中反应4小时，减压去除过量试剂或在40℃以下蒸发至干后放入干燥器中，或立即作双偶合反应。

五、疏水性肽在用正庚烷和醋酸乙酯的混合液[V(正庚烷)：V(醋酸乙酯)=2：1]提取时易在有机相和水相之间形成沉淀或薄膜，移去有机相时切勿将其弃去。

六、赖氨酸可出现三个不同颜色的衍生物：α-DABTH-ε-DABTC-Lys(紫色)、α-ε-DABTC-Lys(蓝色)、α-DABTH-ε-PTC-Lys(红色)。Ser和Thr副反应较多，一般可有3～4个产物，如Ser，除DABTH-Ser外，还可有失水产物、失水后再聚合产物等；Asn、Gln可能有8%～15%水解成Asp、Glu。

(刘子贻)

实验八　固定化蛋白质的免疫生化鉴定(Western 印迹)

【基本原理】

蛋白质先用SDS-PAGE 等适当方法分离后,再经电转移到固相支持物硝酸纤维素膜上。为防止免疫学检测试剂中的蛋白质与膜的非特异结合,用封闭液封闭膜上可能结合非相关蛋白的位点。然后将此膜与该蛋白质的特异抗体(第一抗体,非标记抗体)反应。洗去未结合的抗体后,对于已结合的第一抗体可用放射性标记的或与辣根过氧化物酶或碱性磷酸酶偶联的抗免疫球蛋白抗体(第二抗体)检测,通过显色反应、发光反应或放射自显影等方法确定第一抗体也即其特异结合的蛋白质在膜上的位置,从而鉴定该蛋白质纯度及相对分子质量。

【试剂与器材】

一、试剂

1. SDS-PAGE 用试剂(参见实验四-I)

2. 标准参照蛋白质

3. 电转移缓冲溶液:称取甘氨酸 2.9 g,Tris 5.8 g,SDS 0.37 g,加甲醇 200 mL,加水至 1 L。

4. 0.1% 氨基黑10B(20% 甲醇-10% 醋酸溶液)

5. 漂洗液:20% 甲醇-10% 醋酸溶液

6. 封闭液:脱脂奶粉 5 g,溶于 100 mL PBS(含 0.02% Tween-20、0.02% NaN_3)

7. TBS 缓冲溶液:20 mmol/L,pH=7.5 Tris-HCl,500 mol/L NaCl

8. TBS T 缓冲溶液:TBS 缓冲溶液加 0.05% Tween-20

9. CBS 溶液:0.1 mol/L $NaHCO_3$-1.0 mol/L $MgCl_2$,pH=9.8

10. 底物溶液:取氮蓝四唑(nitro blue tetrazolium chloride,NBT)3 mg、5-溴-4-氯-3-吲哚磷酸(5-bromo-4-chloro-3-indolyl phosphate,BCIP)1.5 mg 溶于二甲基亚砜170 μL,加CBS 溶液稀释至 10 mL。

二、器材

1. 电泳仪电源	2. 垂直平板电泳槽	3. 转移电泳槽
4. 硝酸纤维素膜	5. 新华 3 号层析滤纸	6. 搪瓷盖盘
7. 剪刀		

【操作步骤】

一、样品的SDS-聚丙烯酰胺凝胶电泳

按实验四-Ⅰ操作步骤进行。加样时,注意在同一块胶上按顺序做一份重复点样,以备电泳结束时,一份用于免疫鉴定,一份用于蛋白染色显带,以利相互对比,分析实验结果。

二、转膜

1. 当样本的SDS-PAGE 即将结束时,用蒸馏水淋洗电泳转移装置的石墨电极板,用滤纸吸干电极板上液滴。

2. 戴上乳胶手套,切 10 张新华 3 号层析滤纸和 1 张硝酸纤维素膜,大小与凝胶完全一致,在硝酸纤维素膜一角用铅笔作好标记。

3. 将硝酸纤维素膜漂浮在盛有电转移缓冲溶液的浅盘中,使缓冲溶液由下而上渗湿硝酸纤维素膜,驱出膜上气泡,切忌用玻棒或镊子搅拌。

4. 将滤纸浸泡在另一盛有电转移缓冲溶液的盘中。

5. 安装转移装置

(1)平放阳极电极板,石墨面朝上。

(2)在电极板上逐张铺上用缓冲溶液浸透的5张滤纸,精确对齐,以玻棒仔细擀动,挤出所有气泡;将硝酸纤维素膜放在滤纸层上精确对齐,并同样驱除气泡。

(3)从电泳槽上取下凝胶,在去离子水浅盘中略加漂洗后,慢慢平放于硝酸纤维素膜上,对齐,不使两者间存有气泡,把凝胶左下角置于硝酸纤维素膜的标记角上。

(4)把另外5张滤纸按5(2)同样要求盖在凝胶上。

(5)盖上阴极电极板,石墨面朝下。

(6)电泳转移,按0.65 mA/cm^2 接通电流,电转移2小时。

(7)切断电源,卸下转移装置,将凝胶转移至盛有考马斯亮兰R-250的搪瓷盖盘中,按实验四-Ⅰ方法染色,检查蛋白质转移是否完全。

(8)将滤膜均分剪开,并在左下角各剪去一小角作标志以防止铅笔记号在以后的操作过程中抹去。其中半张用0.1% 氨基黑10B(20% 甲醇-10% 醋酸溶液)染色1分钟,用不含染料的相同溶液(漂洗液)洗脱以显示蛋白质区带。另半张备作以下免疫鉴定用。

三、硝酸纤维素膜蛋白质结合位点的封闭

将硝酸纤维素膜浸于封闭液中,蛋白面向上,室温平缓摇动2小时,以封闭膜上可能结合非相关蛋白的位点,降低非特异结合的背景,提高Western印迹的灵敏度,封闭后弃去封闭液。

四、与第一抗体反应

按0.1～0.15 mL/cm^2 的量加第一抗体(单抗以1∶50稀释于封闭液中),37℃平缓摇动2小时或4℃过夜。用TBS T缓冲溶液洗3次,每次5分钟。

五、与第二抗体反应

将膜转入用碱性磷酸酶标记的羊抗鼠IgG抗体(以1∶500～1∶1000,稀释于TBS T缓冲溶液中),37℃平缓摇动2小时。用TBS T缓冲溶液洗3次,每次5分钟。用TBS缓冲溶液洗10分钟。

六、进行酶反应

按0.1 mL/0.15 cm^2 加底物溶液,室温平缓摇动约20分钟左右。当膜上出现深蓝色条带时,用去离子水洗涤,中止反应,用滤纸吸去水分,晾干,暗处保存。

七、比较蛋白染色显带结果与免疫鉴定结果,即可得知样品中该蛋白质的存在、纯度以及相对分子质量等。

【讨论】

一、Towbin 等(1979)首先将此法用于抗原检出,称免疫印迹法(immunoblotting)。Burnette(1981)将其称为Western 印迹法。

二、Western 印迹法的优点是:PAGE 分辨率高,免疫检测特异、灵敏,可以从混杂的蛋白质中检出特异蛋白质,其检测灵敏度为1～5 μg,固相膜便于保存。但有些蛋白质可因SDS-PAGE 的变性作用影响其免疫检出。

三、硝酸纤维素膜与蛋白质以非共价键结合,结合能力约80～240 μg/cm^2,对蛋白质生物活性影响小,不需预先活化,能应用多种染色方法,非特异性染色浅,是目前最常用的固相支持物。用于蛋白质电转移的膜,尚有聚四氟乙烯膜(PVDF)、尼龙膜等。PVDF 结合蛋白质的能力较低,封闭时间长,但韧性好。尼龙膜结合蛋白质的能力与PVDF 相仿,封闭时间也较PVDF

短，但对结合能力差的蛋白质背景可能较深，脆性较硝酸纤维素低。

四、由于膜结合蛋白质的专一性远远超过其结合盐、去垢剂等小分子物质，所以电转移也用于从SDS-PAGE凝胶中回收蛋白质。

五、切取滤纸和硝酸纤维素膜时，①必须戴乳胶手套以防皮肤分泌物影响实验结果；②滤纸和硝酸纤维素膜的大小都必须和凝胶大小完全一致，以防伸出的边缘部分导致电流短路，使蛋白质不能从凝胶向硝酸纤维素膜转移。

六、硝酸纤维素膜加溶液温育时，应注意蛋白面向上，抗体反应液加量为0.1～0.15 mL/cm^2，封闭及洗涤溶液至少应为抗体反应液的2倍。

七、Western印迹不同检测系统的灵敏度如下：

^{125}I	10 pg
碱性磷酸酶	
NBT/BCIP	25～50 pg
Western Blue	25～50 pg
辣根过氧化物酶	
氯萘酚	1 ng
TMB稳定底物	100 pg
化学发光	
AMPPD	125 pg
鲁米那	300 pg
ECL	1～10 pg

（刘子贻）

本章参考文献

1. 张龙翔，张庭芳，李令媛主编. 生化实验方法和技术. 第二版. 北京：高等教育出版社，1997
2. 李建武主编. 生物化学实验原理和方法. 北京：北京大学出版社，1994
3. 夏其昌主编. 蛋白质化学研究技术与进展. 北京：科学出版社，1997
4. 王重庆，等主编. 高级生物化学实验教程. 北京：北京大学出版社，1994
5. 袁玉荪，等编. 生物化学实验. 第二版. 北京：高等教育出版社，1988
6. 周顺伍主编. 生物化学实验技术. 北京：北京农业大学出版社，1991
7. 鲁子贤编著. 蛋白质化学. 北京：科学出版社，1982
8. 孙志贤主编. 现代生物化学理论与研究技术. 北京：军事医学科学出版社，1995
9. Sambrook J，et al. Molecular Cloning：A Laboratory Manual. 2nd ed. Cold Spring Harbor Laboratory Press，1989
10. 中华人民共和国卫生部药典委员会. 中华人民共和国药典（二部）. 北京：化学工业出版社，1995

第三章 核酸的分子组成及理化性质分析

第一节 概 述

核酸是生物体中最重要的组成成分之一，是生物遗传信息的载体，它和蛋白质一起构成了生命的主要物质基础，所有的生物包括病毒、细菌、动物和植物都含有核酸。核酸在生物的遗传变异、生长繁殖和分化发育以及疾病的发生和治疗等方面都起着重要的作用。核酸已成为生物化学和分子生物学研究领域中一个非常重要的研究内容。

一、核酸的分子组成与结构

核酸分为两大类：脱氧核糖核酸(DNA)和核糖核酸(RNA)。DNA 和RNA 在化学组成、分子结构、细胞内分布以及生物学功能等方面存在着一些异同点。所有的核酸都是由核苷酸通过磷酸二酯键连接成的多聚核苷酸，核苷酸是由碱基、戊糖和磷酸组成的。

从核酸在细胞内的分布状况来看，DNA 主要集中在细胞核内，线粒体、叶绿体中也含有少量的DNA；RNA 主要分布于细胞质中。但对于病毒来说，要么只含有DNA，要么只含有RNA，故可将病毒分为DNA 病毒和RNA 病毒。

在研究DNA 的化学组成、结构和功能的历史上，有三个具有重要意义的研究成果。1944年Avery 等通过肺炎双球菌的转化作用实验，证明了转化因子是DNA 而不是蛋白质；1951 年Chargaff 等在大量测定各种生物DNA 的碱基组成后，发现不同生物DNA 的碱基组成不同，DNA 的碱基组成具有种的特异性，但没有组织和器官的特异性，不同生物的DNA 的碱基组成总是A—T，G—C 配对。这一极其重要的发现为1953 年Watson、Crick 两人提出DNA 分子的双螺旋结构模型提供了重要依据。

DNA 双螺旋结构模型的提出，被认为是20 世纪自然科学的重大突破之一，它真正拉开了分子生物学研究的序幕，为分子遗传学的发展奠定了基础。双螺旋模型认为：结晶的B-型DNA钠盐是由两条反向平行的多核苷酸链围绕同一中心轴构成的双螺旋结构，嘌呤碱和嘧啶碱层叠于螺旋的内侧，一条链上的嘌呤碱必须与另一条链上的嘧啶碱相配对，其间的距离才正好与双螺旋的直径相吻合。A—T 配对，其间形成两个氢键；G—C 配对，其间形成三个氢键，这种碱基之间的互补配对原则具有重要的生物学意义。当一条核苷酸链上的碱基序列确定后，即可推知另一条核苷酸链的碱基序列，DNA 的复制、转录、反转录、PCR 扩增的分子基础都是碱基互补。

维持DNA 双螺旋结构稳定的力主要有三种：一种是互补碱基对之间的氢键，它在使四种碱基形成特异性的配对上是十分重要的，但并不是维持DNA 结构稳定最主要的力，而且氢键的断裂具有协同效应；第二种力是碱基堆积力，其是由芳香族碱基的π 电子之间相互作用而形成的，是维持DNA 稳定的主要力量；第三种力是DNA 骨架磷酸残基上的负电荷与介质中的阳离子之间形成的离子键。DNA 在生理pH 条件下带有大量的负电荷，要是没有阳离子(或是带正电荷的多聚胺、组蛋白等)与它形成离子键,DNA 链由于自身不同部位之间的排斥力的作用也是不稳定的。原核细胞的DNA 常与精胺、亚精胺结合,真核生物细胞的DNA 则在核内与组蛋白结合。

DNA 的二级结构是双螺旋结构,并可进一步折叠形成三级结构。RNA 为单链的核酸分子,但可在局部进行碱基配对形成局部的双螺旋结构,并进一步形成三级结构,每段螺旋区至少需要4～6 对碱基,才能保持螺旋结构的稳定。无论动物、植物还是微生物细胞内都含有三种主要的RNA:tRNA、rRNA 和mRNA,它们都是DNA 的转录产物。其中由于mRNA 能传递DNA 的遗传信息指导蛋白质的生物合成,故格外受到重视。任何基因的表达都可以通过mRNA 表现出来,所以通过研究mRNA 的表达与否以及表达量的多少来研究基因的表达,也可以通过mRNA 逆转录生成cDNA,并进行克隆,从而完成基因的克隆。真核生物的mRNA 在3′-末端有一段长约200 个碱基的多聚腺苷酸(Poly A)的尾巴,5′-末端有一个$^{m}GpppN^{m}$ 的“帽子”结构。

二、核酸的理化性质

(一)DNA 的分子大小

用苯酚及中性盐法制备的DNA 往往都是部分降解的产物,所以测得的DNA 的相对分子质量(10^6～10^7)往往偏低。电子显微镜照像及放射自显影等技术是测定DNA 相对分子质量常用的方法。常见的几种生物来源的DNA 相对分子质量见表3-1 所示。

表3-1　不同生物来源的DNA 的相对分子质量

DNA 来源	相对分子质量	长度	核苷酸对数目	构象
多瘤病毒	3×10^6	1.1 μm	4.6×10^3	环状、双链
λ噬菌体	3.3×10^7	13 μm	0.5×10^5	线状、双链
噬菌体ΦX174	1.6×10^6	0.6 μm	2.4×10^3	环状、双链
T_2 噬菌体	1.3×10^8	50 μm	2.0×10^5	线状、双链
大肠杆菌染色体	2.2×10^9	1.3 mm	3.0×10^6	环状、双链
小白鼠线粒体	9.5×10^6	5.0 μm	1.4×10^4	线状、双链
小鼠	1.5×10^{12}	80 cm	2.3×10^9	线状、双链
果蝇巨染色体	8×10^{10}	4.0 cm	1.2×10^8	线状、双链
人	1.8×10^{12}	94 cm	2.8×10^9	线状、双链

(二)核酸的紫外吸收

由于碱基共轭双键的作用,嘌呤碱和嘧啶碱都具有强烈的紫外吸收,核酸也是如此,最大吸收值在260 nm 处,蛋白质的最大吸收值在280 nm 处。利用这一特性,可以测定核酸的含量,以及核酸样品中蛋白质的含量。还可以根据核酸溶液在260 nm 处吸光度(OD_{260})变化监测DNA 的变性情况。因为在核苷酸的量相同的情况下,OD_{260}值的大小有如下关系:单核苷酸>单链DNA>双链DNA。当过量的酸、碱或加热使DNA 变性时,可出现OD_{260}值升高的现象,此现象称为增色效应。这是因为DNA 变性后,双螺旋结构被破坏,碱基充分地暴露,导致紫外吸收值增加。

(三)核酸的变性、复性及杂交

在一些理化因素的作用下,核酸分子可发生变性作用,即核酸的双螺旋结构被破坏,氢键断裂,但不涉及核苷酸间共价键的断裂。DNA 变性可导致一系列理化性质的改变,如260 nm 处紫外吸收值升高、粘度降低、比旋下降、浮力密度升高、酸碱滴定曲线改变,同时失去部分或全部生物活性。引起核酸变性的因素有很多:由温度升高而引起的变性称热变性,它是最常见也是应用最为广泛的一种变性因素。由于DNA 的双螺旋结构中G—C 之间有三对氢键,故核酸分子中(主要是DNA)G—C 配对越多,核酸解链所需的温度就越高。当溶液的温度达一定的值时,解链先从A—T 配对较多的区域开始,迅速蔓延至全链解开,所以DNA 的变性过程是爆发式的,从变性开始至完全变性,是在一个很窄的温度范围内进行的,这个温度范围的中点温度即称为DNA 的熔点(T_m),或称为解链温度。T_m 值的大小与DNA 中(G+C)的含量成正比,20 个核苷酸以下的寡核苷酸分子的解链温度可按下列经验公式推算:$T_m = 4(G + C)\% + 2(A+T)\%$,式中,(G+C)%代表DNA 中(G+C)的含量;(A+T)%代表DNA 中(A+T)的含量。酸碱因素引起核酸变性的原因是:过量的酸使A、G、C 上的氮原子质子化,过量的碱使G、T上的氮原子去质子化,这都不利于氢键的形成;乙醇、丙酮等有机溶剂是因为改变了核酸溶液中介质的介电常数,从而引起核酸的变性;尿素、酰胺等试剂因破坏氢键的形成而引起核酸的变性。

变性的DNA 在适当的条件下,可以使两条彼此分开的链重新缔合成双螺旋结构,这一过程称为复性(renaturation)。复性后DNA 的一系列理化性质得到恢复。复性的快慢以及是否完全复性与以下因素有关:DNA 片段的大小、DNA 的浓度、DNA 的均一性等。一般来说,均质DNA 较异质DNA 易复性,变性DNA 的片段越大复性越慢,而DNA 的浓度越大复性越快。另外如热变性,热变性的DNA 若快速冷却则不易复性,只有缓慢地冷却,才可以较完全地复性。但热变性的DNA 在复性过程中往往发生不同DNA 片段或同一DNA 的不同区域之间的杂交(hybridization),因为各片段之间只要有一定数量的碱基彼此配对,就可以形成局部的双螺旋结构,不配对的部分可形成突环。DNA-DNA 的同源序列之间可以杂交,DNA-RNA 的同源序列之间也可以进行杂交。杂交技术现已成为分子生物学领域研究核酸的结构、功能以及检测、鉴定等方面一项极其重要的技术。

三、核酸的制备和含量测定

核酸的制备(包括分离、纯化、鉴定)和定量是研究核酸的基础。制备具有生物活性的大分子核酸,必需采取温和的制备条件,避免过酸、过碱的反应环境和剧烈的搅拌,防止核酸酶的作用,并要求在低温下进行操作。由于体内核酸都是与蛋白质结合以核蛋白体的形式存在,所以在制备核酸时要去除蛋白质。一般在提取DNA、RNA 的过程中,首先是利用DNP 和RNP 在不同浓度的盐溶液中的溶解度不同而将DNP 和RNP 分开,如DNP、RNP 都溶于1~2 mol/L 的NaCl 溶液中,而DNP 在0.14 mol/L 的NaCl 溶液中几乎不溶(RNP 溶解),从而将DNP 与RNP 分开。提取核酸的方法较多,有苯酚法、氯仿-异戊醇法、SDS 法等,它们都是蛋白质的变性剂,能将核酸与蛋白质分开。一般可根据不同的目的和要求采用不同的方法。最常用的方法是如用苯酚法提取核酸,其具有操作条件比较温和,能迅速使蛋白质变性并同时抑制核酸酶的活性,可得到具有生物活性的高聚合度的核酸等优点。但其操作步骤较为繁琐,去除蛋白质需要反复进行多次,费时,所得到的核酸仍有部分降解。砷盐、氟化物、柠檬酸、EDTA 等可抑制DNase 的活性;皂土等可抑制RNase 的活性。

核酸的纯化和鉴定也是核酸制备过程中一个重要的步骤。蔗糖密度梯度离心法可按核酸分子的大小和形状将不同的核酸分子分开;羟基磷灰石柱、甲基白蛋白硅藻土柱和各种纤维素柱也可用来分离各种核酸;通过聚丙烯酰胺凝胶电泳和琼脂糖凝胶电泳可以分离并制备少量高纯度的核酸,并可利用转膜技术、杂交技术和标准相对分子质量DNA 等对核酸分子进行鉴定。利用寡聚dT-纤维素柱是提取mRNA的一种有效方法。

核酸的含量可以用定磷法、定糖法和紫外分光光度法来测定。定磷法是利用核酸分子中磷的含量相对恒定这一性质来测定核酸的含量，该法测定的结果较准确（RNA、DNA中磷的质量分数的平均值分别为9.5%，9.9%）；定糖法中的二苯胺法测定DNA的含量，地衣酚法测定RNA的含量，但两种方法的精确度较小；紫外分光光度法测定核酸较为方便，但误差较大。

（赵鲁杭）

第二节　实验项目

实验九　动物肝脏RNA的制备（苯酚法）

【基本原理】

细胞内大部分RNA均与蛋白质结合在一起，以核蛋白的形式存在。因此分离RNA时必须使RNA与蛋白质解离，并除去蛋白质。目前应用最广的是苯酚法。

以酚水两相系统分离RNA是将细胞或细胞器置于含有SDS的缓冲盐溶液中，加等体积水饱和酚液，通过剧烈振荡，然后离心形成上层水相和下层酚相。核酸溶于水相，被酚变性的蛋白质或溶于酚相，或在两相界面处形成一变性蛋白层。实验所用的0.15 mol/L缓冲盐溶液系统可使大部分核糖核蛋白解离，但脱氧核糖核蛋白只有极少部分解离，再用酚处理时，脱氧核糖核蛋白变性，在低温条件下，从水相中除去，这样得到的RNA制品中混杂的DNA量极低。RNA制品继续用氯仿-异戊醇处理，可以进一步除去其中含有的少量蛋白质。最后用乙醇使RNA自水溶液中沉淀下来。

实验所得制品的核酸含量可用紫外吸收法、定磷法和地衣酚显色法测定RNA含量。

【试剂和器材】

一、试剂

1. SDS-缓冲盐溶液（0.3% SDS-0.1 mol/L氯化钠-0.05 mol/L乙酸钠缓冲溶液，pH=5.0）：称取1.5 g SDS，2.92 g氯化钠，2.05 g乙酸钠溶于水中，用乙酸调pH至5.0，最后定容至500 mL。

2. 水饱和酚液：使用前将苯酚重蒸（酚的沸点为181.8℃），用SDS-缓冲盐溶液使其饱和。

3. 苯酚-间甲酚试剂：500 g苯酚，70 mL间甲酚，50 mL蒸馏水。

4. 乙醇-间甲酚试剂：间甲酚溶于95%乙醇中，间甲酚的浓度为10%。

5. 氯仿-异戊醇液：V(氯仿)∶V(异戊醇)=24∶1

6. 含2%乙酸钾的95%乙醇溶液

7. 75%乙醇、95%乙醇、无水乙醇

8. 乙醚

二、器材

1. 解剖器一套　　2. 乳钵　　3. 磨口具塞锥形瓶（500 mL）

4. 动物肝脏　　5. 台秤　　6. 普通台式离心机

【操作步骤】

方法一

1. 取10 g动物肝脏组织，剪成小块，在乳钵中研碎，加100 mL SDS-缓冲盐溶液，使成匀浆，倒入磨口具塞锥形瓶内，再加同样体积的水饱和酚液，室温下剧烈振荡10分钟。

2. 置冰浴中分层，在0～4℃下，用转速为4000 r/min的离心机离心15分钟。

3. 吸出上层清液，加等体积的氯仿-异戊醇液，室温下剧烈振荡10分钟，用转速为4000 r/min的离心机离心5分钟，或在室温下放置10分钟使其分层。

4. 吸出上清液（若有必要，该操作可反复多次），加2倍体积的含2% 乙酸钾的95% 乙醇溶液，在冰浴中放置1小时使RNA沉淀，此沉淀液可在冰箱内较长期存放。若要得到干燥制品，可将沉淀液用转速为4000 r/min的离心机离心10分钟，倾去上清液。沉淀依次用少许75%乙醇、95%乙醇、无水乙醇及乙醚各洗1次，同上法离心，倾去乙醚后，减压真空干燥。

方法二

1. 将兔子猛击头部杀死，迅速取出肝脏，立刻放入液氮或干冰冷冻后称取20 g，切碎后，按体积比为1∶1∶1的量加入苯酚-间甲酚试剂、水、1.0% NaCl溶液，每g肝加15 mL。

2. 用高速组织匀浆器匀浆15秒，2～3次，每次间隔30秒。室温下用玻璃棒搅拌提取10分钟，将匀浆提取液用冷冻高速离心机以3000 r/min离心20分钟。

3. 取出上层水相溶液，加入适量固体NaCl，使水相中NaCl的最终质量浓度为30 g/L。再补加入1/2体积的水饱和酚液，搅拌均匀在室温下提取5～10分钟，用转速为4000 r/min的离心机离心15分钟。

4. 小心吸取上层水相后，继续补加2倍体积冷的乙醇-间甲酚试剂，搅拌均匀置冰浴中使其凝聚20～30分钟（至絮状沉淀析出为止），用转速为4000 r/min的离心机离心20分钟，收集粗RNA沉淀。

5. RNA粗品中加0.5 mL 3.0 mol/L NaAc溶液，用干净玻璃棒小心搅拌沉淀，使之混匀，再加入10 mL冷的3.0 mol/L NaAc溶液。用吸管反复吸放溶液，使RNA的团块混匀。

6. 转入到离心管中，用转速为4000 r/min的离心机离心15分钟，弃上清液。重复用3.0 mol/L NaAc溶液洗涤沉淀，再用转速为4000 r/min的离心机离心20分钟。

7. 沉淀物加入70%的乙醇洗涤1次，用转速为4000 r/min的离心机离心15分钟，倾出上清液，沉淀部分用少量无水乙醇脱水，同上，离心弃上清液。将离心杯放在真空干燥器内干燥过夜。取出RNA样品称重。

【讨论】

一、除去蛋白质的方法主要有：①用氯仿-辛醇混合液剧烈振荡，使蛋白质变性；②在冷的2 mol/L盐酸胍溶液中沉淀RNA，大部分蛋白质仍处于溶解状态；③以去污剂如十二烷基硫酸钠（SDS）处理，使核蛋白解离，蛋白质变性；④以水饱和酚液除蛋白质。去污剂和酚均能抑制RNA酶活力，有利于制备大分子核酸。

二、RNA的来源和种类较多，除肝脏外，还可从酵母、白地霉和青霉菌丝体中提取RNA，可相应地采用稀碱法和浓盐法提取。

（林国庆）

实验十　小牛胸腺DNA 的制备(浓盐法)

【基本原理】

DNA 在生物体内是以与蛋白质形成复合物的形式存在的,因此提取出脱氧核糖核蛋白复合物(DNP)后,必须将其中蛋白质除去。小牛胸腺、鱼类精子和植物种子的胚等含有丰富的DNA,为提取DNA 的良好材料。动物和植物组织的脱氧核糖核蛋白可溶于水或浓盐溶液(如1 mol/L 氯化钠溶液),但在0.14 mol/L 盐溶液中溶解度很低,而核糖核蛋白(RNP)则溶于0.14 mol/L 盐溶液中,利用这一性质可将脱氧核糖核蛋白与核糖核蛋白以及其他杂质分开。

分离得到核蛋白后,再进一步将蛋白质等杂质除去。实验中采用苯酚法使DNA 溶于上层水相,变性蛋白质留于酚层,再用乙醇将水相中的DNA 沉淀出来。

为除去DNA 制品中混杂的RNA,可用核糖核酸酶处理。大部分多糖在用乙醇或异丙醇分级沉淀时即被除去,如需要还可进一步通过柱层析或电泳加以纯化。

据文献报道,小牛胸腺DNA 钠盐中磷的质量分数约为9.2%,在紫外257 nm 和261 nm 之间的最大光吸收值ε(P)约为6600(pH=7),产品呈白色纤维状,具有高度粘性。

【试剂和器材】

一、试剂

1. 0.1 mol/L 氯化钠-0.05 mol/L,pH=7.0 柠檬酸钠缓冲溶液:先配制0.05 mol/L,pH=7.0 柠檬酸钠缓冲溶液,然后将氯化钠溶于此缓冲溶液中,使其最终浓度达到0.1 mol/L。

2. 10% 氯化钠溶液

3. 氯仿-异戊醇混合液(体积比为9∶1)

4. 95%乙醇

5. 无水乙醇

二、器材

1. 解剖器具　　2. 离心机　　3. 组织捣碎机

4. 玻璃匀浆器　　5. 小牛胸腺

【操作步骤】

1. 取新鲜(或冰冻)小牛胸腺,除去血水和结缔组织,在冰浴上切成小块,称取60 g,加入2倍体积 (120 mL)的0.1 mol/L 氯化钠-0.05 mol/L,pH=7.0 柠檬酸钠缓冲溶液,于组织捣碎机上打碎1 分钟。

2. 组织糜用转速为3000 r/min 的离心机离心15 分钟,将沉淀用100 mL 上述缓冲溶液洗涤2 次,洗涤时用匀浆器研磨洗涤,每次如前离心。

3. 向最后得到的细胞核沉淀中加入6 倍组织重的10% 氯化钠溶液(360 mL),充分搅匀,置冰箱中过夜(最好放置24～48 小时),以充分提取DNP,溶液为粘稠状,如结成凝胶块状物,可慢速匀浆5 秒。

4. 将所得的半透明粘稠状液体,用滴管慢慢注入11 倍体积的冷蒸馏水内,边加边轻轻搅动(NaCl 的终浓度为0.14 mol/L),这时有白色丝状物——核蛋白析出,用玻璃棒搅起,待水滴漏干后,将沉淀物再溶于8 倍组织重的10% 氯化钠溶液中,迅速搅拌以加速溶解。

5. 再加入1/2 体积的氯仿-异戊醇混合液,剧烈振荡5 分钟左右,用转速为3000 r/min 的离心机离心15 分钟,得三层:上层为含有DNA 和DNA 核蛋白的水层,下层为氯仿-异戊醇的有机溶剂层，变性蛋白质介于两层之间。

6. 吸出上面的水层，再用氯仿-异戊醇如前进行脱蛋白，直至界面处不再出现变性蛋白质为止。

7. 最后吸出上清液并将它注入两倍体积的95% 乙醇中。用玻璃棒搅起白色纤维状DNA沉淀，沥干，用80% 乙醇洗涤。产品置于真空干燥器内干燥，得率为鲜组织的1% 左右。产品中DNA 的质量分数可达85%～90%。

【讨论】

一、经常采用的去蛋白方法有三种：①用含辛醇或异戊醇的氯仿振荡核蛋白溶液，使其乳化，然后离心除去变性蛋白质，此时蛋白质停留在水相及氯仿相中间，而DNA 溶于上层水相。用两倍体积的95% 乙醇可将DNA 钠盐沉淀出来。如果用酸性乙醇或冰醋酸来沉淀，得到的是游离的DNA。②用十二烷基硫酸钠(SDS)等去污剂使蛋白质变性，可以直接从生物材料中提取DNA。③苯酚法：用苯酚处理，然后离心分层，DNA 或溶于上层水相中，或存在于中间残留物中，蛋白质变性后停留在酚层内。由于苯酚能使蛋白质迅速变性，因而抑制了核酸酶活性，并且操作过程比较缓和，可以得到较好的DNA 制品，所以近来一般都用苯酚法提取核酸。

二、由于DNA 主要存在于细胞核中，为了便于提取DNA，应严格控制胸腺破碎的条件，既要将细胞膜破碎，又要尽可能多保留完整的细胞核。

三、在用氯仿-异戊醇除去组织蛋白时，要剧烈振荡使蛋白变性，在振荡过程中，要经常松动瓶塞放气以防止萃取过程中容器内气压过大而使容器炸裂。

（林国庆）

实验十一　核酸的含量测定

Ⅰ．紫外吸收法测定核酸含量

【基本原理】

DNA 和RNA 都有吸收紫外光的性质，它们的最大吸收峰在260 nm 波长处。紫外吸收是嘌呤环和嘧啶环的共轭双键系统所具有的性质，所以一切含有嘌呤和嘧啶的物质，不论是核苷、核苷酸或核酸都有吸收紫外光的特性。核酸和核苷酸的摩尔消光系数(或称吸收系数)用ε(P)表示。ε(P)为每升溶液中含有1摩尔核酸磷时的消光值(即光密度，或称光吸收)。RNA 的$\varepsilon(P)_{260nm}$(pH＝7)为7700～7800。RNA 中磷的质量分数约为9.5%，因此每毫升溶液中含1 μg RNA 的光吸收值为0.022～0.024。小牛胸腺DNA 钠盐的$\varepsilon(P)_{260nm}$(pH＝7)为6600，含磷的质量分数为9.2%，因此每毫升溶液中含1 μg DNA 钠盐的光吸收值为0.020。不同形式的DNA分子其紫外光吸收值是不同的。这是因为DNA 具有双螺旋结构，当过量的酸、碱或加热使DNA 变性时，可出现$\varepsilon(P)_{260nm}$值升高的现象，此现象称为增色效应。而在核苷酸的量相同的情况下，$\varepsilon(P)_{260nm}$有以下关系：单核苷酸＞单链DNA＞双链DNA。DNA 变性后，双螺旋结构被破坏，碱基充分暴露，导致紫外的光吸收值增加。还可以根据DNA 溶液在260 nm 处吸光度变化监测DNA 的变性情况。当变性DNA 复性后，$\varepsilon(P)_{260nm}$值降低，称为减色效应。

蛋白质由于含有芳香氨基酸，因此也能吸收紫外光。通常蛋白质的吸收峰在280 nm 波长处，在260 nm 处的光吸收值仅为核酸的1/10或更低，故核酸样品中蛋白质含量较低时对核酸的紫外测定影响不大。RNA 在260 nm 与280 nm 处的光吸收值的比值在2.0以上；DNA 在260 nm 与280 nm 处的光吸收值的比值为1.9左右。当样品中蛋白质含量较高时比值即下降。

紫外吸收法简便、快速、灵敏度高，一般可达3 ng/L 的检测水平。

【试剂和器材】

一、试剂

1. 钼酸铵-过氯酸沉淀剂(0.25% 钼酸铵-2.5% 过氯酸溶液)：以3.6 mL 70% 过氯酸和0.25 g 钼酸铵溶于96.4 mL 蒸馏水中。

2. 样品RNA 或DNA 干粉

二、器材

1. 容量瓶(50 mL)　　2. 离心管　　3. 离心机

4. 紫外分光光度计

【操作步骤】

一、将样品配制成每mL 含5～50 μg 核酸的溶液，于紫外分光光度计上测定260 nm 和280 nm 处的光吸收值，按下式计算核酸浓度和两者吸收比值：

$$\text{RNA 的质量浓度}/\text{mg}\cdot\text{L}^{-1}=\frac{A_{260nm}}{0.024\times L}\times\text{稀释倍数；}$$

$$\text{DNA 的质量浓度}/\text{mg}\cdot\text{L}^{-1}=\frac{A_{260nm}}{0.020\times L}\times\text{稀释倍数，}$$

式中，A_{260nm}为260 nm 波长处的光密度读数；L 为比色杯的厚度，一般为1 cm 或0.5 cm；0.024为每mL 溶液内含1 μg RNA 的光密度；0.020为每mL 溶液内含1 μg DNA 钠盐时的光密度。

二、如果待测的核酸样品中含有酸溶性核苷酸或可透析的低聚多核苷酸，则在测定时需加钼酸铵-过氯酸沉淀剂，沉淀除去大分子核酸，测定上清液在260 nm处的光吸收值作为对照。

具体操作如下：

取两支小离心管，A管加入0.5 mL样品和0.5 mL蒸馏水，B管加入0.5 mL样品和0.5 mL钼酸铵-过氯酸沉淀剂，摇匀，在冰浴中放置30分钟，用转速为3000 r/min的离心机离心10分钟，从A、B两管中分别吸取0.4 mL上清液到两个50 mL容量瓶内，定容到刻度。于紫外分光光度计上测定260 nm处的光吸收值。

$$\text{RNA(或DNA)的质量浓度}/\text{mg}\cdot\text{L}^{-1}=\frac{\Delta A_{260\text{nm}}}{0.024(0.020)\times L}\times\text{稀释倍数},$$

式中，$\Delta A_{260\text{nm}}$为A管稀释液在260 nm波长处的光吸收值减去B管稀释液在260 nm波长处的光吸收值。

$$\text{核酸的质量分数}/\%=\frac{\text{待测液中测得的核酸质量}(\mu g)}{\text{待测液中制品的质量}(\mu g)}\times100\text{。}$$

Ⅱ. 定磷法测定核酸含量

【基本原理】

在酸性环境中，定磷试剂中的钼酸铵以钼酸形式与样品中的磷酸反应生成磷钼酸，当有还原剂(如抗坏血酸、1,2,4-氨基萘酚磺酸)存在时磷钼酸立即转变成蓝色的还原产物——钼蓝。

$$H_3PO_4+12H_2MoO_4\longrightarrow H_3P(Mo_3O_{10})_4+12H_2O$$

$$\downarrow\text{还原剂}$$

$$\text{钼蓝}$$

钼蓝最大的光吸收在650～660 nm波长处。当使用抗坏血酸为还原剂时，测定的最适范围为1～10 μg无机磷。

测定样品核酸的总磷量，需先将它用硫酸或过氯酸消化成无机磷再行测定。总磷量减去未消化样品中测得的无机磷量，即得核酸含磷量，由此可计算出核酸含量。

【试剂和器材】

一、试剂

以下试剂均用分析纯，溶液要用重蒸水配制。

1. 标准磷溶液：将分析纯磷酸二氢钾(KH_2PO_4)预先置于105℃烘箱中烘至恒重，然后放在干燥器内使温度降到室温，精确称取0.2195 g(含磷50 mg)，用水溶解，定容至50 mL(其中磷的质量浓度ρ_P为1 g/L)，作为贮存液置冰箱中待用。测定时，取此溶液稀释100倍，使磷的质量浓度ρ_P为10 mg/L。

2. 定磷试剂[3 mol/L硫酸∶水∶2.5%钼酸铵∶10%抗坏血酸=1∶2∶1∶1(体积比)]：配制时按上述顺序加试剂。溶液配制后当天使用。正常颜色呈浅黄绿色，如呈棕黄色或深绿色不能使用。抗坏血酸溶液在冰箱中放置可达1个月。

3. 沉淀剂：称取1 g钼酸铵溶于14 mL 70%过氯酸中，加386 mL水。

4. 5 mol/L硫酸溶液

5. 30%过氧化氢溶液

二、器材

1. 分析天平　　2. 容量瓶(50及100 mL)　　3. 台式离心机

4. 离心管　　5. 凯氏烧瓶(25 mL)　　6. 恒温水浴

7. 200℃烘箱　　　　　　　8. 硬质玻璃试管　　　　　　　9. 吸量管

10. 721型分光光度计

【操作步骤】

一、标准曲线的测定

1. 取12支洗净烘干的硬质玻璃试管，按下表加入标准磷溶液、水及定磷试剂，平分成两份。

编号	标准磷溶液/mL	水/mL	相当于无机磷量/μg	定磷试剂/mL
1	0	3.0	0	3
2	0.2	2.8	2	3
3	0.4	2.6	4	3
4	0.6	2.4	6	3
5	0.8	2.2	8	3
6	1.0	2.0	10	3

2. 将试管内溶液立即摇匀，于45℃恒温水浴内保温25分钟。取出冷却至室温，于660 nm处测定光密度。

3. 取两管平均值，以标准磷含量(μg)为横坐标，光密度为纵坐标，绘出标准曲线。

二、测总磷量

1. 取4个微量凯氏烧瓶，1、2号瓶内各加0.5 mL蒸馏水作为空白对照，3、4号各加0.5 mL制备的RNA溶液(约含RNA 3 mg)，然后各加1.0～1.5 mL 5 mol/L硫酸溶液。

2. 将凯氏烧瓶置烤箱内。于140～160℃消化2～4小时。待溶液呈黄褐色后，取出稍冷，加入1～2滴30%过氧化氢溶液(勿滴于瓶壁)，继续消化，直至溶液透明为止。

3. 取出，冷却后加0.5 mL蒸馏水，于沸水浴中加热10分钟，以分解消化过程中形成的焦磷酸。然后将凯氏烧瓶中的内容物用蒸馏水定量地转移到50 mL容量瓶内，定容至刻度。

4. 取4支硬质玻璃试管，分成两组，分别加入1 mL上述消化后定容的样品和空白溶液，如前法进行定磷比色测定。测得的样品光密度减去空白光密度，并从标准曲线中查出磷的质量(μg)，再乘以稀释倍数即得每mL样品中的总磷量。

三、测无机磷量

1. 取4支离心管，于2支中各加入0.5 mL蒸馏水作为空白对照，另2支中各加0.5 mL制备的RNA溶液。

2. 4支离心管中各加0.5 mL沉淀剂，摇匀，用转速为3500 r/min的离心机离心15分钟。

3. 取0.1 mL上清液，加2.9 mL水和3 mL定磷试剂，同上法比色，由标准曲线查出无机磷的质量(μg)，再乘以稀释倍数即得每mL样品中的无机磷量。

四、核酸含量的计算

RNA中磷的质量分数为9.5%，因此可以根据磷的质量分数计算出核酸的质量，即1 μg RNA中的磷相当于10.5 μg RNA。将测得的总磷量减去无机磷量即为RNA的含磷量。如样品中含有DNA时，RNA的含磷量尚需减去DNA的含磷量，才得到RNA的含磷量。DNA中磷的质量分数平均为9.9%(DNA钠盐中磷的质量分数平均为9.2%)。

RNA的质量/μg ＝(总磷量－无机磷量－DNA的质量×9.9%)×10.5，

$$核酸的质量分数/\% = \frac{待测液中测得的RNA的质量(\mu g)}{待测液中制品的质量(\mu g)} \times 100$$。

Ⅲ. 地衣酚法测定RNA含量

【基本原理】

核酸是由戊糖(核糖或脱氧核糖)、磷酸、碱基(嘌呤碱或嘧啶碱)所组成的多核苷酸。无论是DNA还是RNA,其分子中戊糖、磷酸、碱基的组成比均为1∶1∶1。因此在一定条件下,可通过测定核酸中的戊糖或磷酸或碱基含量而对核酸进行定量。

核糖核酸与浓盐酸共热时,即发生降解,形成的核糖继而脱水环化转变为糠醛,后者与3,5-二羟基甲苯(地衣酚)反应呈鲜绿色,该反应需用三氯化铁或氯化铜作催化剂,反应产物在670 nm处有最大吸收。RNA在20～250 μg范围内,光密度与RNA的含量成正比。地衣酚反应特异性较差,凡戊糖均有此反应,DNA和其他杂质也能给出类似的颜色。因此测定RNA时可先测定DNA含量,再计算出RNA含量。反应过程可表示为:

CHO
H—C—OH
H—C—OH 浓盐酸 $-3H_2O$ → (糠醛) CHO
H—C—OH
CH_2OH

(地衣酚: CH_3, HO, OH) Fe^{3+} → (产物: CH_3, O, C, H_3C, OH)

【试剂和器材】

一、试剂

1. RNA标准溶液(须经定磷确定其纯度):取酵母RNA配成100 mg/L的溶液。

2. 样品待测液:准确稀释,使每mL溶液含RNA干燥制品50～100 μg。

3. 地衣酚试剂:先配制含0.1%三氯化铁的浓盐酸(分析纯)溶液,实验前用此溶液作为溶剂配成0.1%地衣酚溶液。

二、器材

1. 分析天平　　2. 沸水浴　　3. 试管

4. 吸量管　　5. 721型分光光度计

【操作步骤】

一、RNA标准曲线的制定

取10支试管,分成5组,依次加入0.5、1.0、1.5、2.0和2.5 mL RNA标准溶液。分别加入蒸馏水使最终体积为2.5 mL。另取2支试管,各加入2.5 mL水作为对照。然后各加入2.5 mL地衣酚试剂。混匀后,于沸水浴内加热20分钟。取出冷却(自来水中)。于680 nm波长处测定光吸收值。取两管平均值,以RNA的含量为横坐标,光密度为纵坐标作图,绘制标准曲线。

二、样品的测定

取2支试管,各加入2.5 mL待测液(样品量应在标准曲线的可测范围之内),再加2.5 mL地衣酚试剂。如前所述进行测定。

三、RNA含量的计算

根据测得的光吸收值,从标准曲线上查出相当该光吸收值的RNA含量。按下式计算出样品中RNA的质量分数：

$$\text{RNA 的质量分数}/\% = \frac{\text{待测液中测得的 RNA 的质量}(\mu g)}{\text{待测液中制品的质量}(\mu g)} \times 100$$ 。

【讨论】

地衣酚法只能测定RNA中与嘌呤连接的核糖，不同来源的RNA所含嘌呤与嘧啶的比例各不相同，因此，用所测得的核糖量来换算各种RNA的含量存在误差。最好用与被测样品相同来源的纯化RNA作RNA-核糖标准曲线，然后从曲线求得被测样品的RNA含量。

Ⅳ. 二苯胺显色法测定DNA含量

【基本原理】

DNA在酸性条件下加热，酸解释出脱氧核糖。脱氧核糖在酸性环境中脱水生成ω-羟基-γ-酮基戊醛，后者与二苯胺试剂一起加热产生蓝色反应，在595 nm处有最大吸收。DNA在40～400 μg范围内，光吸收值与DNA的含量成正比。在反应液中加入少量乙醛，可以提高反应灵敏度。除脱氧核糖外，脱氧木糖、阿拉伯糖也有同样反应。其他多数糖类，包括核糖在内，一般无此反应。反应过程可表示为：

$$\mathrm{CHO{-}CH_2{-}CH(OH){-}CH(OH){-}CH_2OH} \xrightarrow[-H_2O]{H^+} \mathrm{CHO{-}CH_2{-}CH_2{-}C(=O){-}CH_2OH} \xrightarrow{\text{C}_6\text{H}_5\text{-HN-C}_6\text{H}_5} \text{蓝色物质}$$

【试剂和器材】

一、试剂

1. DNA标准溶液(须经定磷确定其纯度)：取小牛胸腺DNA钠盐，以0.01 mol/L氢氧化钠溶液配成200 mg/L的溶液。

2. 样品待测液：准确称取DNA干燥制品，以0.01 mol/L氢氧化钠溶液配成约100 mg/L的溶液。在测定RNA制品中的DNA含量时，要求RNA制品的每mL待测液中至少含有20 μg DNA，才能进行测定。

3. 二苯胺试剂：使用前称取1 g重结晶二苯胺，溶于100 mL分析纯的冰醋酸中，再加入10 mL过氯酸溶液(60%以上)，混匀待用。临用前加入1 mL 1.6%乙醛溶液。所配得试剂应为无色。

二、器材

1. 分析天平　　2. 恒温水浴　　3. 试管

4. 吸量管(2 mL和5 mL)　　5. 721型分光光度计

【操作步骤】

一、DNA标准曲线的制定

取10支试管，分成5组，依次加入0.4、0.8、1.2、1.6和2.0 mL DNA标准溶液。添加蒸馏水，使每管体积为2 mL。另取2支试管，各加2 mL蒸馏水作为对照。然后各加入4 mL二苯胺试剂，混匀。于60℃恒温水浴中保温1小时，冷却后于595 nm处进行比色测定。取两管平均值，以DNA含量为横坐标，光吸收值为纵坐标，绘制标准曲线。

二、制品的测定

取2支试管，各加2 mL 待测液(内含DNA应在标准曲线的可测范围之内)和4 mL 二苯胺试剂，摇匀。其余操作同标准曲线的制作。

三、DNA 含量的计算

根据测得的光吸收值，从标准曲线上查出相当该光吸收值的DNA 的含量，按下式计算出制品中DNA 的质量分数：

$$\text{DNA 的质量分数}/\% = \frac{\text{待测液中测得的DNA 的质量}(\mu g)}{\text{待测液中制品的质量}(\mu g)} \times 100 \text{。}$$

【讨论】

一、二苯胺法测定DNA 含量灵敏度不高，待测样品中DNA 含量低于50 mg/L 即难以测定。乙醛可增加二苯胺法测定DNA 的发色量，又可减少脱氧木糖和阿拉伯糖的干扰，能显著提高测定的灵敏度。

二、样品中含有少量RNA 并不影响测定，但因蛋白质、多种糖类及其衍生物、芳香醛、羟基醛等能与二苯胺反应形成有色化合物，故能干扰DNA 定量。

(林国庆)

实验十二　电泳法分离RNA和DNA

DNA和RNA分子中核苷酸残基之间的磷酸基团的解离具有较低的pK值(pK=1.5)，所以当溶液的pH高于4时，核苷酸残基之间的磷酸基团全部解离，呈多价阴离子状态。核酸的等电点较低，如酵母RNA的等电点为2.0～2.8。在保存核酸稳定的储存液中，其溶液的pH值都要大于核酸的等电点，所以通常情况下核酸分子带负电荷。凝胶电泳分离核酸是当今生物化学和分子生物学研究领域中一种非常有用的技术和方法。不同大小核酸分子的质量与电荷之比通常比较接近，故很难用一般的电泳方法将它们分开。凝胶电泳具有多种分离效应，可以获得较好的分级分离效果。根据制备凝胶的材料的不同，常用的凝胶电泳有聚丙烯酰胺凝胶电泳和琼脂糖凝胶电泳。通过电泳可以分离、纯化和分析鉴别核酸分子。

所谓"凝胶"是指在一定形状的制胶容器中所形成的包含电解质的多孔支持介质。当核酸分子位于凝胶的某个部位，在电场中核酸分子将向正极移动。DNA分子由于两条链相互配对形成双螺旋结构，随着DNA链长度的增加，来自电场的驱动力和来自凝胶的阻力之间的比率就会降低，这样，不同长度的DNA片段表现出不同的迁移率，因而可依据DNA分子的大小将它们分开。通过染色和与标准相对分子质量的DNA的对照来进行检测。RNA分子由于是单链，并可形成局部的双螺旋结构，所以RNA分子的电泳迁移率不仅取决于分子的大小，更主要的是与RNA分子的空间构象有关。因此，电泳后不同的RNA分子并不是按照其相对分子质量的大小进行排列的。如在变性条件(8 mol/L尿素或甲酰胺)下进行电泳，此时RNA的二级结构已被破坏，其迁移率与相对分子质量的对数呈严格的反比关系。琼脂糖凝胶电泳的分辨率较聚丙烯酰胺凝胶电泳差一些，但在分离范围上优于聚丙烯酰胺凝胶电泳，并有便于制备和操作的优点。一般琼脂糖凝胶适用于分离大小在0.2～50 kb范围内的DNA片段。而聚丙烯酰胺凝胶电泳一般适用于分离小片段的DNA(5～500 bp)，在这个范围内相差仅一个碱基的DNA分子都能获得较满意的分离效果，如在DNA序列测定时常用含变性剂的聚丙烯酰胺凝胶进行电泳分离。

Ⅰ.琼脂糖凝胶电泳分离DNA

【基本原理】

用琼脂糖凝胶分离DNA在分子生物学研究中是经常使用的方法，这主要是因为琼脂糖凝胶具有操作方便、制备容易快速、凝胶机械性能好、分离DNA片段范围广等特点。DNA样本的分离、纯化、鉴定以及相对分子质量测定常用琼脂糖凝胶电泳。

DNA分子在pH高于其等电点的溶液中带负电荷，在电场中向正极移动。DNA分子或片段泳动速率的大小除与DNA分子的带电量有关外(电荷效应)，还与DNA分子的大小和空间构象有关(分子筛效应)。DNA的相对分子质量越大，其电泳的迁移率就越小；超螺旋的DNA与同一相对分子质量的开环或线状DNA的电泳迁移率也明显不同。

琼脂糖凝胶电泳所需DNA样品量仅0.5～1 μg，超薄平板型琼脂糖凝胶所需样品DNA量可以更低。凝胶浓度与被分离DNA样品的相对分子质量成反比关系(表3-2)，一般常用的凝胶浓度为1%～2%。在电泳的形式上常用平板型电泳，因为平板型电泳可将多个样品和标准相对分子质量DNA放在同一块胶上进行电泳，使各样品在相同的条件下进行电泳，便于相互间的比较。聚丙烯酰胺凝胶浓度与线状DNA的分辨范围见表3-3所示。

表 3-2 琼脂糖凝胶的浓度与线性 DNA 的分辨范围

琼脂糖凝胶的浓度/%	线性DNA 的分辨范围(bp)
0.5	1000～30000
0.7	800～12000
1.0	500～10000
1.2	400～7000
1.5	200～3000
2.0	50～2000

表 3-3 聚丙烯酰胺凝胶的浓度与 DNA 的分辨范围

丙烯酰胺凝胶的浓度/%*	DNA 的分辨范围(bp)
3.5	100～2000
5.0	80～500
8.0	60～400
12.0	40～200
15.0	25～150
20.0	6～100

*其中含有N,N′-亚甲双丙烯酰胺,浓度为丙烯酰胺的1/30。

电泳时,用溴酚蓝示踪DNA 样品在凝胶中所处的大致位置,但每种DNA 样品所处的确切位置需要用溴乙啶(ethidium bromide,EB)对 DNA 分子进行染色才能确定。溴乙啶可插入DNA 双螺旋结构的两个碱基之间,与DNA 分子形成一种荧光络合物,在紫外光的激发下发出橙黄色的荧光。溴乙啶可加入凝胶中,也可以在电泳后,将凝胶放在含EB 的溶液中浸泡,但小分子DNA 浸泡时间过长容易引起扩散,故可根据被分离DNA 分子的大小选择不同的染色方法。溴乙啶检测DNA 的灵敏度很高,可检出10 ng 甚至更少的DNA。

【试剂与器材】

一、试剂

1. TBE×10 缓冲溶液 (0.89 mol/L Tris-0.89 mol/L 硼酸-0.025 mol/L EDTA 缓冲溶液):取108.0 g Tris,55.0 g 硼酸和9.3 g EDTA($EDTANa_2 \cdot 2H_2O$)溶于水,定容至1000 mL,pH=8.3。作为电泳缓冲溶液时应稀释10倍。

2. 溴酚蓝-甘油指示剂:0.05 g 溴酚蓝溶于 100 mL 50% 甘油中。

3. 50% 甘油

4. 0.5 mg/L 溴乙啶染色液:取5 mg 溴乙啶,用少量去离子水溶解,定溶至10 mL。取1 mL 稀释至1000 mL。

5. 琼脂糖

6. 样品DNA:2.5 mg DNA 溶于100 mL TBE 缓冲溶液中。

7. 标准相对分子质量DNA

二、器材

1. 电泳槽及胶床　2. 电泳仪　3. 玻璃管和玻璃珠　4. 乳胶管
5. 刀片　6. 尼龙纱网套　7. 微量注射器　8. 培养皿

【操作步骤】

一、制胶

1. 取琼脂糖1 g,加pH=8.3 的TBE 缓冲溶液100 mL,于沸水浴中至熔化,制成1%的琼脂糖胶液。此胶液可立即使用,或置于冰箱中保存,临用前在沸水浴中熔化即可。

2. 采用垂直柱型电泳时,取制胶用的玻璃管(10 cm×0.6 cm)若干,将玻璃管的一端用一小段乳胶管套住,并塞以玻璃珠封住管底,向管底滴加2滴50%的甘油。

3. 将已熔化的琼脂糖胶液加入玻璃管中,待琼脂糖凝固后,取下乳胶套管,将凝胶管侧放,让凝胶从玻管中滑出,放平,用刀片将凝胶一端切平,留下约9 cm长的凝胶柱,并用去离子水和电极缓冲溶液冲洗以去除甘油。将玻璃管的一端用尼龙纱网套住,以防管中凝胶滑出(注意平端向上)。将凝胶管接到电泳槽上,上、下槽加入TBE 电泳缓冲溶液。

二、加样

取样品DNA 40 μL,加10 μL 溴酚蓝-甘油指示剂,混匀,用微量注射器上样。

三、电泳

电泳时控制电流强度在2~5 mA/管范围内,当溴酚蓝指示剂距管底1 cm 左右时断电,结束电泳。

四、染色

1. 电泳完毕后,将凝胶管从电泳槽中取出,一手按住上管口,另一手摘去尼龙纱网套,然后慢慢松开上管口,将凝胶放入试管中。

2. 向试管中加入0.5 mg/L 溴乙啶染色液,浸泡染色20~30分钟,染色液可以重复使用。将染色后的凝胶放在紫外灯下观察,有DNA 的位置会呈现出橙黄色的荧光,可在紫外灯下进行拍照记录。也可以将溴乙啶放入胶中(终质量浓度为0.5 mg/L),电泳后可在紫外灯下直接观察结果。

3. 注意:溴乙啶是一种强致突变剂,在操作和配制试剂时应戴手套。含溴乙啶的溶液不能直接倒入下水道,应进行处理(见讨论)。

【讨论】

一、天然双链DNA 电泳所采用的缓冲溶液有:Tris-醋酸-EDTA(TAE)、Tris-硼酸-EDTA(TBE)或Tris-磷酸-EDTA(TPE)等。TAE 缓冲容量较TBE 和TPE 低,长时间电泳易导致其缓冲能力丧失。在电泳分辨率上三者差不多,只是超螺旋DNA 在TAE 缓冲体系中分辨率更好一些。

二、电泳中,溴酚蓝和500bp 大小的DNA 一起移动,这可给泳动最快的DNA 片段提供一个指征。但在不同浓度的凝胶中,溴酚蓝相对应的DNA 片段的大小是不同的。

三、如电泳后DNA 条带不是尖锐清晰而是形状模糊,可能是由于以下几种原因:①DNA 加样量太大;②电压太高;③加样孔破裂;④凝胶中有气泡。

四、溴乙啶是一种强致突变剂,在操作和配制试剂时应戴手套。含溴乙啶的溶液不能直接倒入下水道,应进行如下处理:

方法Ⅰ:

(1)每100 mL 溶液中加非离子型多聚吸附剂Amberlite XAD-16 29 g;

(2)室温下放置12小时,不时摇动;

(3)用新华1号滤纸过滤,弃滤液;

(4)用塑料袋封装滤纸和Amberlite 树脂,作为有害废物丢弃。

方法Ⅱ:

(1)每100 mL 溶液中加入100 mg 粉状活性炭;

(2)室温条件下放置1小时,不时摇动;

(3)用新华1号滤纸过滤,弃滤液;

(4)用塑料袋封装滤纸和活性炭,作为有害废物丢弃。

注:1. 溴乙啶在260℃分解,在标准条件下进行焚化后不会有危险性;

2. Amberlite XAD-16 或活性炭可用于净化被EB污染的物体表面。

Ⅱ. 聚丙烯酰胺凝胶电泳(PAGE)分离RNA

【基本原理】

与琼脂糖凝胶相比,聚丙烯酰胺凝胶具有难以制备和处理、凝胶的机械性能差、分辨范围窄等缺点。但是,其也具有一些突出的优点:

(1)电泳分辨率高　尤其是对小片段核酸分子的分析和分离(5～500bp),在这一范围内,相差仅1个bp的DNA分子或变性的RNA分子都能令人满意地分开。

(2)负载容量大　在较大加样量的情况下也不会影响电泳分辨率。

(3)分离纯度高　从聚丙烯酰胺凝胶中得到的RNA纯度很高,以致于回收的RNA不需任何处理即可进行下步操作。

通常分离RNA样品多采用2.4%～5.0%聚丙烯酰胺凝胶进行电泳。如用2.5%的凝胶进行电泳,可依次将4S tRNA、5S rRNA、mRNA及16S、18S、23S、28S rRNA分开。如需分析相对分子质量较小的RNA,可用8%甚至更高浓度的聚丙烯酰胺。聚丙烯酰胺凝胶的含量与RNA的分辨范围见表3-4。

表3-4　聚丙烯酰胺凝胶的含量与RNA的分辨范围

凝胶浓度/%	RNA的相对分子质量范围
15～20	<10000
5～10	10000～100000
2～5	100000～2000000

一般来说,当凝胶浓度大于5%时,交联度可为2.5%;凝胶浓度小于5%时,交联度需增至5%。当由于凝胶浓度太低致使凝胶太软时,可加入少量琼脂糖以增加凝胶的机械强度。

RNA分子在电泳过程中的迁移率除与RNA分子的大小有关外,更主要的是与RNA分子的空间构象有关。这是因为单链RNA分子可形成局部的双螺旋结构进而形成一定的空间结构,这时分子筛效应成为影响RNA分子迁移率的主要因素,所以不能像DNA那样通过标准相对分子质量DNA来确定样品DNA的相对分子质量。但在变性条件(如8 mol/L尿素或甲酰胺)下进行凝胶电泳,由于此时RNA的二级结构已被破坏,所以RNA分子的迁移率与相对分子质量的对数呈严格的反比关系。

RNA分子通过聚丙烯酰胺凝胶电泳后,可用亚甲基蓝、溴乙啶或吡罗红等进行染色。亚甲基蓝染色的条带在脱色时较易褪色,吡罗红(Pyronine)Y或G与核酸结合牢固,染色的条带可保持较长时间,灵敏度为0.01 μg,这点与亚甲基蓝差不多。经溴乙啶染色的RNA在紫外灯下也可发出荧光(这点与DNA电泳后的染色一样),可拍照记录结果,还可将荧光条带切下来回收RNA样品。

【试剂与器材】

一、试剂

1. 20%丙烯酰胺储存液(交联度为5%):分别取经重结晶后的丙烯酰胺和甲撑双丙烯酰

胺(重结晶方法参见实验三)19.0 g 和1.0 g,溶于水,定容至100 mL,置棕色瓶中于4℃冰箱保存,保存期可达1～2个月。

2. TBE×10缓冲溶液(0.89 mol/L Tris-0.89 mol/L 硼酸-0.025 mol/L EDTA 缓冲溶液):取108.0 g Tris,55.0 g 硼酸和9.3 g EDTA(EDTANa_2·$2H_2O$)溶于水,定容至1000 mL,pH=8.3。作为电泳缓冲溶液时应稀释10倍。

3. 四甲基乙二胺(TEMED)

4. 10% 过硫酸铵(W/V)溶液:需新鲜配制,冰箱中可保存数日。

5. 0.2% 溴酚蓝(W/V)溶液

6. 2% 亚甲蓝-1 mol/L 醋酸溶液

7. 40% 蔗糖溶液

8. 样品RNA

二、器材

1. 玻璃管(10 cm×0.6 cm)或平板制胶装置　2. 橡皮塞

3. 垂直柱型或垂直板型电泳槽　4. 直流稳压电源　5. 细滴管

6. 长针头　7. 微量注射器或加样器　8. 注射器

【操作步骤】

一、凝胶的制备

1. 取20% 丙烯酰胺储存液2.5 mL,TBE×10缓冲溶液1 mL,10 μL TEMED 和6.4 mL 蒸馏水,充分混匀,抽真空,加0.1 mL 10% 过硫酸铵溶液,迅速混匀。用细滴管加到底部塞有橡皮塞的玻璃管内,胶面距玻璃管顶部1 cm 时,沿管壁在胶面上加少量蒸馏水,覆盖在胶面上,使胶面平整(注意:尽量避免水冲击胶面)。

2. 在不同温度条件下,凝胶的聚合速率不同。温度高时凝胶聚合得快,可用改变TEMED或过硫酸铵的用量来调节凝胶的聚合速率。一般要求在半小时内完成聚合。

二、加样

1. 待凝胶聚合完毕后,去水层,用滤纸将水吸干。

2. 将20～30 μg RNA 样品溶于20 μL 40%蔗糖溶液中,并加少量0.2% 溴酚蓝作电泳前沿指示剂

三、电泳

1. 加样前可预电泳1小时,以去除凝胶中过硫酸铵等杂质对样品电泳的影响。预电泳电流为3 mA/管或20 mA/平板。

2. 加样后,开始电泳时电流应小一些(1～2 mA/管),待样品进入凝胶后电流可增至5 mA/管或30 mA/平板。待溴酚蓝指示剂区带移至管的下端时即可停止电泳。

四、染色

1. 将凝胶从玻璃管中取出(剥胶方法参见实验三)。

2. 用2% 亚甲基蓝-1 mol/L 醋酸溶液染色1～4小时,然后用水或1 mol/L 醋酸溶液脱色至背景清晰。也可以用含1 mg/L 溴乙啶的0.04 mol/L Tris-HCl 缓冲溶液(pH=7.6)染色,在紫外灯下观察结果。

【讨论】

一、电泳后形成的RNA 区带并不是按照RNA 分子的大小排列的。

二、溴酚蓝指示剂在不同浓度的聚丙烯酰胺凝胶中所处的位置是不同的,凝胶浓度越大,

其在凝胶中所处的位置越靠前。溴酚蓝在不同浓度聚丙烯酰胺凝胶中所处的位置相当于DNA片段的大小见表3-5所示。

表3-5 溴酚蓝在非变性聚丙烯酰胺凝胶中的迁移速率所对应的DNA片断的大小

凝胶浓度/%	DNA片断的大小(bp)
3.5	100
5.0	65
8.0	45
12.0	20
15.0	15
20.0	12

（赵鲁杭）

实验十三　DNA 碱基成分分析及含量测定

【基本原理】

DNA 和RNA 分子的碱基组成中都含有腺嘌呤、鸟嘌呤、胞嘧啶，所不同的是DNA 含有胸腺嘧啶，RNA 含有尿嘧啶。要分析核酸的碱基组成首先要对核酸进行水解，水解的方法很多，一般常用酸水解。核酸经酸水解后可以得到不同的产物，其中包括核苷酸、核苷和游离的碱基等。不论是DNA 还是RNA，嘌呤碱与戊糖间的糖苷键比嘧啶碱与戊糖间的糖苷键更不稳定。如用浓酸(70%高氯酸)水解核酸，100℃水浴10 分钟可得到嘌呤碱，而水解1 小时才能得到嘧啶碱。本实验采用弱酸水解法水解DNA。弱酸可使DNA 分子中嘌呤碱与脱氧核糖间的糖苷键断裂，产生游离的嘌呤碱基。利用纸层析法可以把碱基清楚地分离开。由于嘌呤碱和嘧啶碱对紫外灯有强烈的吸收作用，因此可在紫外灯下与标准嘌呤碱进行对照以鉴定结果，并可将紫外吸收斑点剪下，经洗脱后在紫外分光光度计上作定量测定，以确定每一种嘌呤碱的含量。根据DNA 分子中嘌呤碱与嘧啶碱的等量关系，可以得出DNA 分子中所有嘌呤碱和嘧啶碱的含量。

【试剂与器材】

一、试剂

1. 小牛胸腺DNA(2 g/L)

2. 1 mol/L HCl 溶液：取8.3 mL 浓盐酸，稀释至100 mL。

3. 3.6 mol/L KOH 溶液

4. 0.02 mol/L KOH 溶液

5. 新华层析滤纸(1 号)

6. 标准碱基溶液：取50 mg A、G、C、T 四种碱基，分别加入5 mL 0.02 mol/L KOH 溶液，逐滴加入3.6 mol/L KOH 溶液使其完全溶解，定溶至10 mL，每种碱基的质量浓度为5.0 g/L。

7. 0.01 mol/L HCl 溶液

8. 层析溶剂系统：130 mL 正丁醇和50 mL 水混合成为水饱和正丁醇，临用前转入层析缸。

二、器材

1. 纸层析装置：层析缸、层析罩(盖)　　2. 水浴锅　　3. 试管

4. 离心机和离心管　　5. 紫外灯　　6. 毛细管

7. 751 紫外分光光度计

【操作步骤】

一、DNA 的水解

取DNA 溶液3 mL(2 g/L)，置于试管中，用1 mol/L HCl 溶液调pH 至2～3。试管上放一个小漏斗，沸水浴40 分钟，冷却后，用3.6 mol/L KOH 溶液调pH 至11～12，此为DNA 水解后的样品液。

二、纸层析分离

1. 在新华1 号层析滤纸距一端1.5 cm 处用铅笔划一条基线(与纸边平行)，在基线上每隔1～1.5 cm 用铅笔点一个点，共5 个点。

2. 用毛细管将标准碱基溶液和DNA 水解液按一定的顺序点样，每个样品点样3～4 次，每

次点样后需晾干或用吹风机吹干，才能进行下一次点样。

3. 待样品斑点完全干燥后，将滤纸悬于层析缸中，滤纸下端浸入层析液中，但不要超过基线。层析3～3.5小时后，烘干。

三、紫外灯下分析鉴定

已干燥的滤纸在紫外光下观测结果，用铅笔圈出吸收斑点，计算它们的比移值R_f。将标准碱基的R_f值与DNA水解液中各斑点的R_f值进行比较，确定DNA水解液中各斑点为何种碱基。

四、碱基的含量测定

1. 剪下DNA水解液经层析分离后的各碱基斑点，同时剪下附近同样大小的滤纸作对照，分别将剪下的滤纸放入已编号的试管中，每管加3 mL 0.1 mol/L HCl溶液，浸泡3～4小时(不时摇动)。

2. 用3000 r/min的离心机离心5分钟，去除滤纸纤维。

3. 用摩尔消光系数法测出各上清液中碱基的含量，每一种碱基洗脱液分别以相应的空白滤纸洗脱液作对照，在此碱基的最大吸收波长下(pH=2时)测吸光度A_λ值，按以下公式求得碱基含量：

$$碱基含量/\mathrm{mg}=\frac{A_\lambda M_r D V}{\varepsilon_\lambda},$$

式中，ε_λ为在某一pH值条件下，被测溶液在某一特定波长处的摩尔消光系数；

A_λ为在某一pH值条件下，被测碱基溶液在某一特定波长处测得的吸光度值；

M_r为被测碱基的相对分子质量；

V为被测碱基样品的总体积(mL)；

D为样品溶液测定时的稀释倍数。

注：腺嘌呤：$M_r=135.1$，最大吸收波长$\lambda_{max}=262.5$ nm，$\varepsilon_{262.5}=13.15\times10^3$；

鸟嘌呤：$M_r=151.1$，最大吸收波长$\lambda_{max}=275.5$ nm，$\varepsilon_{275.5}=7.35\times10^3$。

【讨论】

一、纸层析分离碱基是根据各碱基在亲水的纤维素含有水的固定相和以有机溶剂为主的移动相之间的分配系数的不同而得到分离。所用的溶剂系统有很多，主要包括：有机溶剂(多为脂肪醇)加水；有机溶剂加水再加酸碱，或再加无机盐三类。其中影响分离效果的因素主要是有机溶剂的水含量、pH和离子强度。如变化有机溶剂-水系统中水的含量，则溶质的移动会变化，一般水含量增加，溶质的移动与其极性成正比。调节溶剂系统的pH，由于溶质的解离常数不同，它的离子化程度也不同，从而影响它的分配系数及其R_f值。如在正丁醇-水系统中，尿嘧啶比胞嘧啶移动得快，若在溶剂系统中加入氨，则尿嘧啶的移动减速，甚至比胞嘧啶还慢。这是由于在碱性条件下尿嘧啶的烯醇式羟基($pK=9.5$)解离，而胞嘧啶中该基团的pK值为12.2，几乎不离子化的缘故。加入无机盐，则有机溶剂和水的相互溶解度减小，溶质的分配系数发生变化，溶质的移动减慢。

二、稀有碱基的分析可根据标准稀有碱基纸层析的R_f值来加以确定，如无标准稀有碱基，可采用文献报道的流动相进行纸层析，然后根据R_f来确定是何种稀有碱基。对于某一流动相而言，各碱基的R_f是固定不变的。

(赵鲁杭)

本章参考文献

1. Kirby K S. Isolation of nucleic acids with phenolic solvents. Methods in enzymology, Vol. Ⅻ (Nucleic acids part B), New York ,London: Academic Press, 1968. 87～99
2. 张龙翔,张庭芳,李令媛主编. 生化实验方法和技术. 第二版. 北京:高等教育出版社,1997. 230
3. 王重庆,等主编. 高级生物化学实验教程. 北京:北京大学出版社,1994
4. Schjeide O A. Anal. Biochem., 1969,27 (3): 473
5. Chargaff E,Davidson J N 主编. 核酸:第一卷. 黄德民译. 北京: 科学出版社, 1963. 333～350
6. Lutz C T. A laboratory manual of molecules biology. Iowa:University of Iowa,1989
7. 李永明,赵玉琪,等主编. 实用分子生物学方法手册. 北京:科学出版社,1998

(赵鲁杭　林国庆)

第四章　酶作用及酶反应动力学分析

第一节　概　　述

酶是一类能加速化学反应的蛋白质催化剂，如同其他催化剂一样，它虽能影响化学反应的速率，但不改变反应的平衡常数。一个化学反应，在催化剂存在下，其反应过程即由底物转变成产物，总是以活化能较低的方式进行(图4-1)。

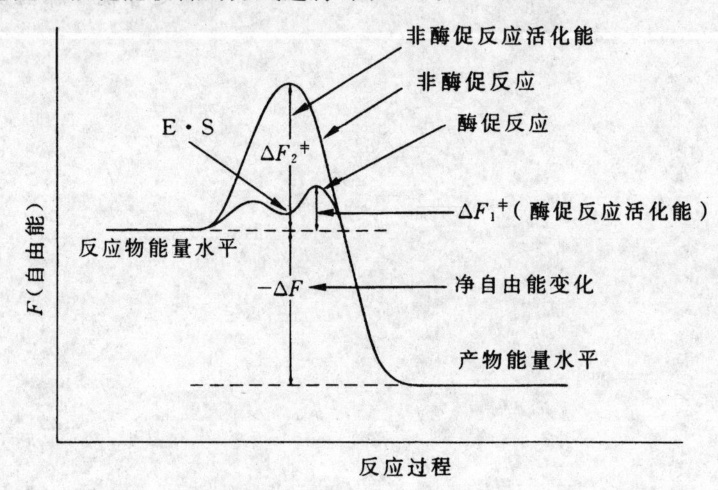

图4-1　酶促反应与非酶促反应过程中自由能变化

如图中所示，在该反应体系中，无论有否酶的存在，底物和产物的自由能水平都不变，因此，总反应的自由能变化(ΔF)两者均相同。平衡常数K_{eq}只与$\Delta F°$相关，公式如下：

$$-\Delta F° = RT\ln K_{eq},$$

式中，$\Delta F°$是反应物和产物在标准状态下的自由能变化；R是气体常数；T是绝对温度。使用催化剂不改变反应体系的平衡常数。

一个反应的反应速率决定于反应途径中转变态的自由能水平，该关系可通过绝对反应速率学说加以解释，公式如下：

$$K_{vel} = \frac{K_b T}{h} e^{-\Delta F^*/RT}$$

式中，K_{vel}为反应速率常数；K_b为Boltzmann's常数；h为Planck's常数；R为气体常数；T为绝对温度；ΔF^*表示中间态与转变态之间的自由能差。

一、酶反应动力学分析

对一个单底物酶促反应来说，其反应速率(初速率，V_0)随着底物浓度([S])的变化而发生变化，V_0与[S]之间呈现如下规律：在低底物浓度时，反应速率随底物浓度的增加成正比增加，表现为一级反应；当底物浓度较高时，增加底物浓度，反应速率虽随之增加，但V_0与[S]不呈正比；当底物浓度达到某一值后，再增加底物浓度，反应速率不再增加并趋于恒定，表现为零级反应，此时的速率为最大速率(V_{max})，底物浓度即出现饱和现象。对于此种变化，如以反应速率对底物浓度作图，则得如图4-2所示的矩形双曲线。

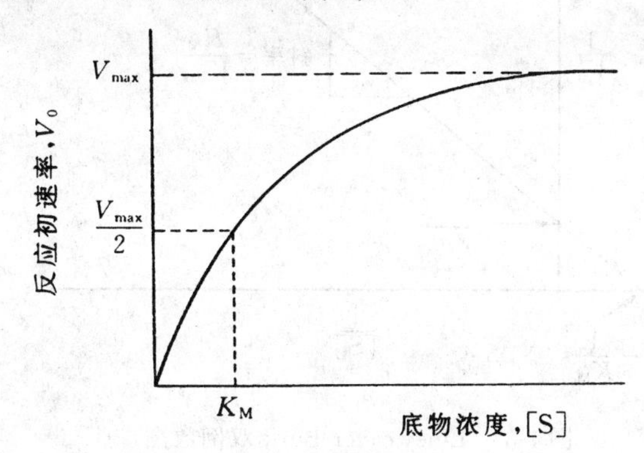

图4-2　酶促反应速率与底物浓度的关系

酶促反应的速率变化规律，可通过下列反应式加以解释：

$$E+S \underset{K_2}{\overset{K_1}{\rightleftharpoons}} ES \underset{K_4}{\overset{K_3}{\rightleftharpoons}} E+P$$

在酶(E)催化底物(S)转变的反应过程中，是通过形成一种酶-底物中间复合物(ES)而进行的，ES的进一步分解，则形成产物(P)。当全部的酶以ES状态存在时(即酶被底物饱和)，所观察到的反应速率达到最大值，此时的反应速率称为最大速率。

Michaelis、Menten以及后来的Briggs和Haldane，根据上述V-[S]的关系图，推导出一个数学式，可以说明反应初速率与底物浓度之间的关系，该式称为Michaelis-Menten方程式(米-曼氏方程式)：

$$V_0=\frac{V_{max}[S]}{K_M+[S]}。$$

在该方程中，K_M是一个常数，即米氏常数，它等于$(K_2+K_3)/K_1$，其值为$V=\frac{V_{max}}{2}$时的底物浓度。

如果将米-曼氏方程式加以重排，即可得如下方程：

$$K_M=[S]\left[\frac{V_{max}}{V_0}-1\right]。$$

显而易见，K_M的数值其实等于一定的底物浓度，以mol/L表示。

K_M值的大小反映酶-底物相互作用的稳定性，但它不等于酶-底物复合物真正的解离常数(K_s)。只有当$K_2 \gg K_3$时，

$$K_M=K_s=\frac{K_2}{K_1}=\frac{[E][S]}{[ES]}，$$

此时，K_M值大，表示酶-底物亲和力小，反之，则酶-底物的亲和力大。

K_M值虽可根据图4-2加以测定，但在该图中V-[S]间所呈现的是曲线，求K_M的真值实际上十分困难。如果将米-曼氏方程转换成直线形式，那么测定K_M值就方便多了。Lineweaver及Burk首先提出，将米-曼氏方程式在等号两边加以颠倒，即得如下方程式：

$$\frac{1}{V_0}=\frac{K_M}{V_{max}}\cdot\frac{1}{[S]}+\frac{1}{V_{max}}，$$

如以底物浓度的倒数($1/[S]$)与不同底物浓度时所测得反应速率的倒数($1/V_0$)作图，即可获得图4-3，将直线外延，得K_M值和V_{max}值。

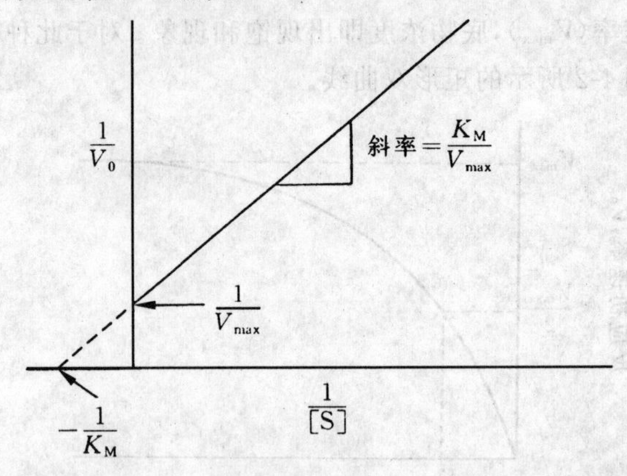

图4-3　Lineweaver-Burk 双倒数图

有许多酶所催化的反应是两个或更多的底物进行反应，如果用米-曼氏方程式来全面分析这一类的多底物反应的动力学，是不适用的。尽管如此，仍然可以运用推导米-曼氏方程相类似的方法，求得适用于多底物酶反应的方程式。例如，反应初速率如果是在产物浓度等于零或近于零的条件下测定，催化底物A和B反应的多数酶遵守以下两种方程式中的一种。一种方程式为：

$$V_0=\frac{V_{max}[A][B]}{K_{ia}K_B+K_B[A]+K_A[B]+[A][B]},$$

(注：K_{ia}是产物抑制常数)

该方程适用于"顺序机制"，其间有中间物EAB复合物的形成；另一种方程式是：

$$V_0=\frac{V_{max}[A][B]}{K_B[A]+K_A[B]+[A][B]},$$

此式适用于"乒乓机制"，其间在酶与底物B结合前，先释放出一个产物。K_A及K_B各为底物A和B的米-曼氏常数。如果将这两个方程转换成它们的双倒数形式，则与Lineweaver-Burk方程式相类似。

二、酶的抑制作用动力学

有一些物质与酶相互作用的结果，可导致酶活性的降低，这是酶被抑制所引起的。有关抑制剂作用机理的知识，通常都是通过抑制剂影响的动力学分析而获得的，并可通过动力学分析来鉴别酶抑制作用的类型。

酶的抑制作用分可逆抑制和不可逆抑制，其中可逆抑制又有以下几种类型：

(一)竞争性抑制作用

该种抑制作用的抑制剂分子(I)只与游离酶相结合，不能与被底物结合的酶形式即ES复合物结合。抑制剂分子的化学结构与底物相类似，但不能被酶作用而发生转变。如果借用米-曼氏方程推导方法，同时存在抑制剂与酶结合的平衡，就产生一个新的常数，称为抑制常数K_i：

$$K_i=\frac{[E][I]}{[EI]},$$

进而得出：

$$V_0=\frac{V_{max}[S]}{K_M\left(1+\frac{1}{K_i}\right)+[S]}。$$

将该方程转换成双倒数形式，即得

$$\frac{1}{V_0}=\frac{K_M}{V_{max}}\left(1+\frac{[I]}{K_i}\right)\frac{1}{[S]}+\frac{1}{V_{max}}。$$

如果在某一已知的抑制剂浓度下，将在不同底物浓度时测得的V_0值的倒数与底物浓度的倒数作图，得到图4-4。

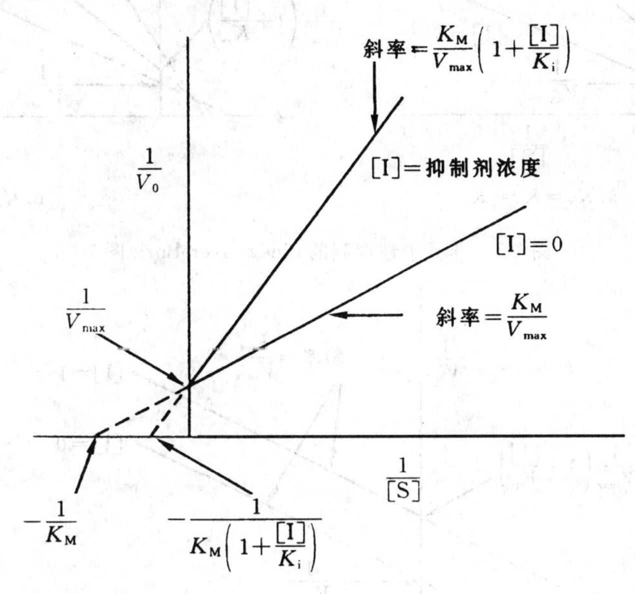

图4-4　竞争性抑制的Lineweaver-Burk图

(二)非竞争性抑制作用

这种抑制作用，抑制剂既可与游离酶即E结合，也可与ES结合，因此它需要有两个新的抑制常数来界定：

$$\frac{[E][I]}{[EI]}=K_{ie}\text{ 及 }\frac{[ES][I]}{[ESI]}=K_{is}。$$

用上述同法推导获得的方程，再转换成双倒数形式，得

$$\frac{1}{V_0}=\frac{1}{V_{max}}\left(1+\frac{[I]}{K_{ie}}\right)+\frac{K_M}{V_{max}}\left(1+\frac{[I]}{K_{is}}\right)\frac{1}{[S]}。$$

在有些情况下，$K_{ie}=K_{is}$，此时抑制剂与酶的E和ES形式结合的倾向是相等的。图4-5a即是在这种条件下所作的图。在另一些情况下，K_{ie}常常大于K_{is}，所得数据作图得图4-5b。

(三)反竞争性抑制作用

这种抑制作用实际上很少见，抑制剂不能与游离酶结合，只能与酶的ES形式结合。如果抑制常数为K_i，则：

$$\frac{[ES][I]}{[ESI]}=K_i。$$

其速率方程的双倒数形式为：

$$\frac{1}{V_0}=\frac{1}{V_{max}}\left(1+\frac{[I]}{K_i}\right)+\frac{K_M}{V_{max}}\cdot\frac{1}{[S]},$$

依该方程作图，如图4-6所示。

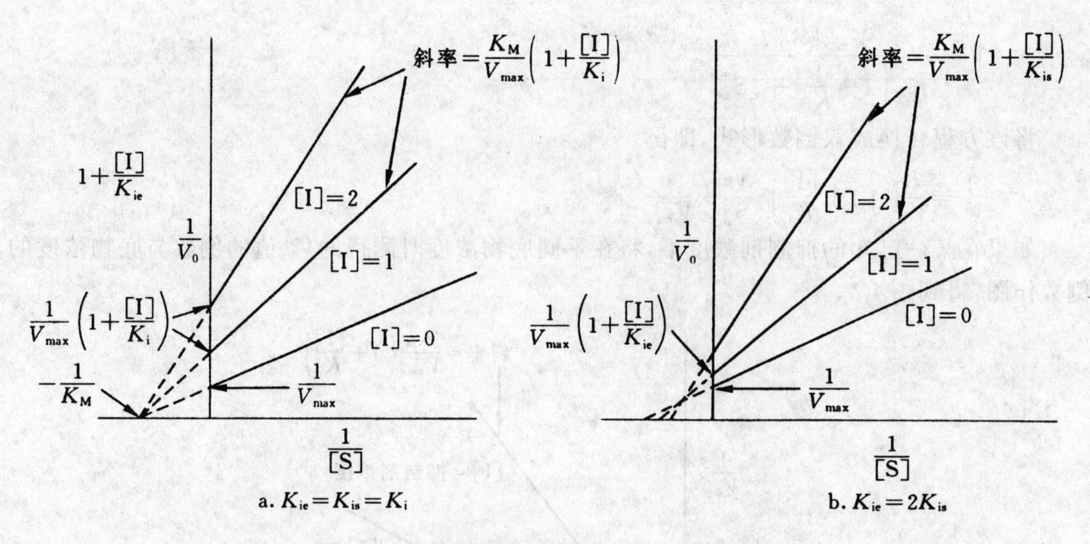

图 4-5　非竞争性抑制的 Lineweaver-Burk 图

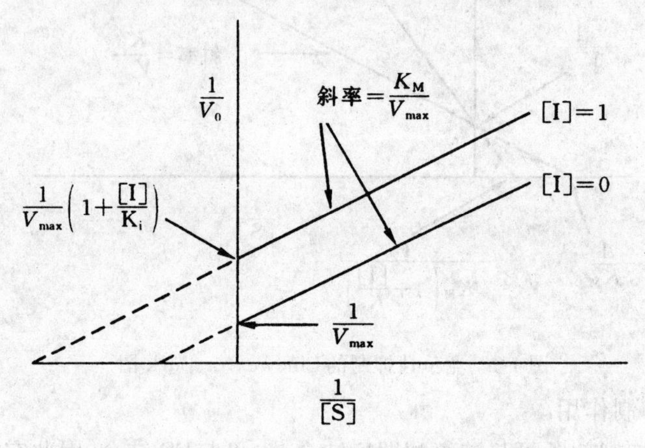

图 4-6　反竞争性抑制的 Lineweaver-Burk 图

综上所述，要区别三种抑制作用的动力学模式，最简单的方法是将获得的实验数据用双倒数作图。三种动力学图形的区别在于抑制剂对斜率及截距的影响各不相同。

三种抑制作用在动力学上的主要区别总结如表 4-1 所示。

表 4-1　酶的三种可逆抑制作用动力学区别

抑制类型	增加[I]的影响	
	斜率	$\frac{1}{V_0}$的轴上截距
竞争性抑制	增大	不变
非竞争性抑制	增大	增大
反竞争性抑制	不变	增大

三、影响酶反应速率的其他因素

在酶促反应中，除底物浓度、酶浓度及抑制剂外，还有多种因素可影响酶的活性，其中最重要的有以下几种：

(一)温度

一般而论，温度对酶活性的影响可如图 4-7 所示。

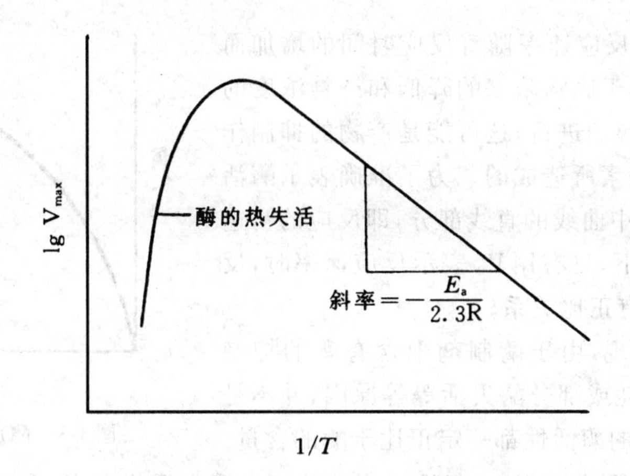

图 4-7 绝对温度与酶反应速率的关系

在温度较低时，绝对温度对 V_{max} 的影响遵守 Arrhenius 公式：

$$\lg V_{max}=-\frac{E_a}{2.3R}\left(\frac{1}{T}\right)+K \text{，}$$

以 $\lg V_{max}$ 对绝对温度 (T) 的倒数作图得到一条直线，其斜率等于 $-E_a/2.3R$。式中 E_a 是一个经验值，称为 Arrhenius 活化能，R 是气体常数 ($8.314\ \mathrm{J\cdot mol^{-1}\cdot K^{-1}}$)。由于酶的变性和失活，当温度升高时，$V_{max}$ 通常大大低于理论值。

(二)pH

大多数酶的活性对反应介质的pH呈现高度的依赖性，因此，在做酶试验时，根据不同酶的性质，选择合适的pH条件，使酶发挥最大的催化效率，是非常重要的。酶反应对pH的依赖性与酶分子、底物乃至辅基或辅酶的有关基团的离子化程度密切相关。在酶试验中，可通过测定与酶活性变化相关的 pK_a 值，并与已知的蛋白质基团的 pK_a 值进行比较分析，就能够推断出酶分子上与活性相关的功能基团。

(三)辅助因子

许多酶要发挥它的催化活性，必须与有机辅因子（辅酶）或金属离子结合，因此在酶活性测定时，需要在试验溶液中另外加入特异的辅助因子。在酶的提取纯化过程中，由于非常容易丧失与酶蛋白亲和力较低的辅酶，因此，这类酶的纯化制剂在使用时，若不加入相应的辅酶，会完全失去其催化效率。

(四)变构效应物

能调控酶活性的配基，称效应物。其分子结构常与酶反应中的底物或产物的结构不同，因此，这种效应物似乎不在酶的活性部位与酶结合。变构酶的动力学性质和恒态酶不同，酶反应速率与底物浓度间不是矩形双曲线关系，而是呈S形曲线。这种特征表明，在某一底物浓度时，酶反应速率对底物浓度的变化特别敏感。

四、酶试验

酶最重要的特征是具有催化一定化学反应的能力，在酶作用下的化学反应进行的速率，就代表酶的活性。因此，酶反应速率的测定是酶试验的核心。

(一)初速率

酶反应过程中，若用产物生成量和时间的关系作图（图4-8），反应速率即为图中曲线的斜率。

从图4-8可见，酶反应速率随着反应时间的增加而逐渐降低，这可能是由于底物浓度的降低和产物浓度的增加同时也加速逆反应的进行；这可能是产物的抑制作用、酶的部分失活等因素所造成的。为了准确表示酶活性，就必须采用图4-8中曲线的直线部分，即反应的初速率(V_0)。在一定条件下，只有用V_0表示反应速率时，反应速率和酶量才可能有正比关系。

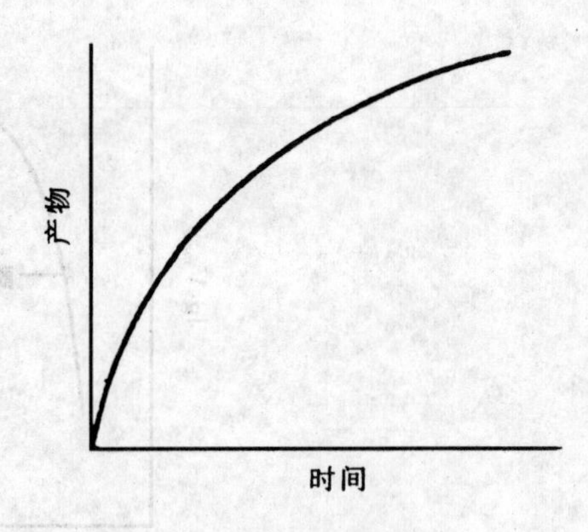

图4-8 酶反应时间曲线

在实际工作中发现，由于酶制剂中含有酶的抑制剂、激活剂、底物的消耗或部分酶失活等等原因，并不是所有情况下用V_0表示的酶活性都一定正比于酶的含量。因此，为了得到正确的测定结果，一般取三个酶浓度来测定反应速率，再以初速率对酶浓度作图，如果是线性关系，则说明选择的条件是合适的，如果不成线性关系，那么酶样必须进一步稀释或找出其他原因。合适的酶浓度意味着在该浓度范围内取三个酶浓度测得的反应速率和酶浓度成正比。

为了保证测得的初速率符合要求，往往底物浓度需足够大，把酶完全饱和。这样整个酶反应对底物来说是零级反应，而对酶则是一级反应，此时测得的初速率可以比较可靠地反映酶的含量。如果是一个符合米-曼氏方程的酶，用于酶活性测定的底物浓度至少应为K_M值的10倍，这样，酶反应速率为最大反应速率的90%以上。

(二)酶活性单位

酶反应的速率受温度、pH、离子强度及底物等多种因素的影响，酶活性都是指在特定的条件下所测得的反应速率。

表示酶反应速率的大小，通常使用三种单位，即国际单位(IU)、Kat及比活性。1 IU相当于在特定的pH、温度、离子强度及底物浓度时，每分钟催化1 μmol底物转变成产物的酶量；1 Kat代表在1秒钟内转变1 mol底物至产物的酶量。1 IU等于1/60 μKat，或1Kat等于6×10^7 IU。为表示小量的酶，可使用mKat、μKat或nKat。

酶的比活性是指每mg蛋白质所具有的酶活性单位数或Kat数。它是一种判断酶制剂纯度的量。假定一含20 mg蛋白质的溶液，具有的酶活性为2 IU(即33 nKat)，则比活性为2IU/20 mg＝0.1 IU/mg或33 nKat/20mg＝1.65 nKat/mg。随着酶纯度的提高，比活性即随之增大。

另有两个表示酶活性的量，一是总活性，即

总活性＝比活性×酶制剂蛋白质的总质量(mg)；

另一个是得率，即

$$得率/\% = \frac{被测定酶制剂的总活性}{原材料所具有的总活性} \times 100 。$$

对任何酶的制备，都可采用比活性、总活性及得率来判断酶样的纯度和评价酶制备工艺的优劣。一个好的酶制备方法，应当具有高的比活性及高的总活性和得率。

(三)酶试验设计

进行酶试验的设计前必须了解和获得某些酶反应的基本知识：

(1)能应用化学计量和换算；

(2)反应中需要哪些因子的参与，如底物、金属离子、辅酶等等；

(3)反应的最适条件，如pH、温度及离子强度等。

此外，还必须建立便于鉴定和监测酶反应中所发生的物理的、化学的或生物学变化的方法，其中最直接的方法是监测反应中底物或产物浓度的变化，诸如分光光度法、荧光分析法、酸碱滴定法及放射性计量等。对各种技术的选择决定于底物或产物分子的结构特点以及酶反应中化学变化的类型。

一个酶试验，如果需要连续地监测底物或产物的浓度改变，这实质上就是一种动力学试验；如果待反应经过一个特定时间后，一次测定底物或产物浓度的变化值，就称为固定时间试验。一般来说，动力学试验是比较合理的，因为可以直接观察到反应的过程，任何不符合线性的情况能立即被发现。

图 4-9 是一个典型的酶促反应动力学过程曲线。图 4-9 显示，产物生成的速率随着时间的增加而降低，这可能是由于反应中底物浓度的降低、酶变性失活或产物对反应的抑制所引起的。图中的实线代表连续时间测量（即动力学试验）的反应轨迹，反应的真正速率应通过切线延伸至实验终点的虚线斜率加以确定。按图所示，其反应速率为每分钟生成产物 5 μmol；用固定时间试验测得的速率要比前者为低。

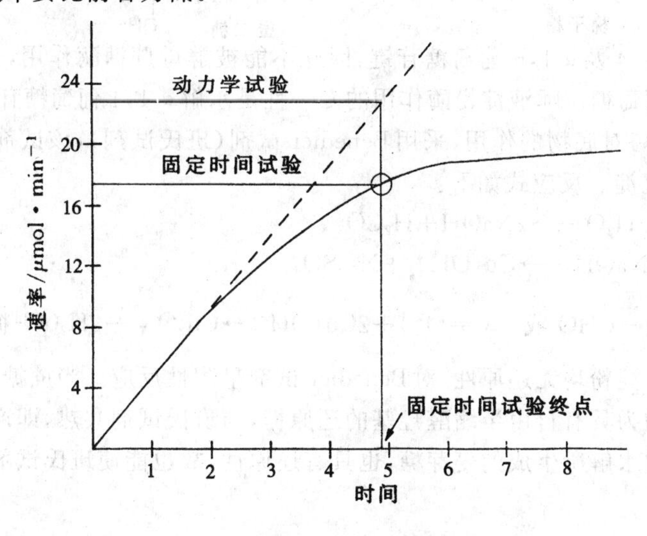

图 4-9　酶反应的动力学过程

第二节　实验项目

实验十四　蔗糖酶与淀粉酶作用的专一性

【基本原理】

酶作用的一个重要特点是具有高度的专一性，即一种酶只作用于一种或一类底物，催化一定的化学反应。酶作用的专一性与底物分子的结构密切相关。酵母蔗糖酶能专一地催化蔗糖的水解，生成葡萄糖和果糖，酶作用的专一部位是α-吡喃葡萄糖-1，2-β-呋喃果糖苷键。棉子糖是一种三糖，其分子组成为α-吡喃半乳糖-1，6-α-吡喃葡萄糖-1，2-β-呋喃果糖。由于棉子糖的分子中具有与蔗糖相同的α-吡喃葡萄糖-1，2-β-呋喃果糖苷键结构，故能被酵母蔗糖酶水解，结果生成蜜二糖和果糖，反应式如下：

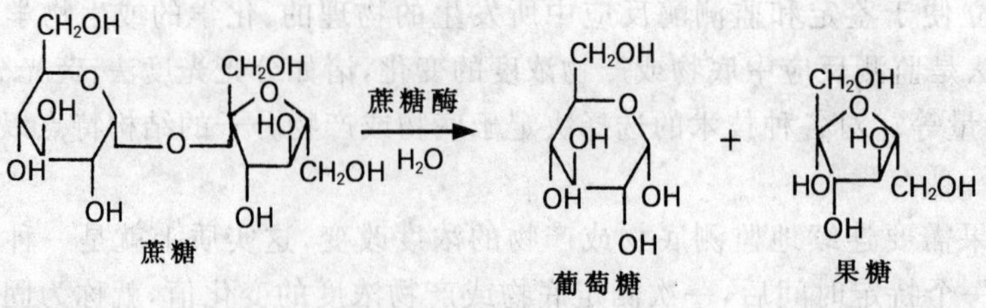

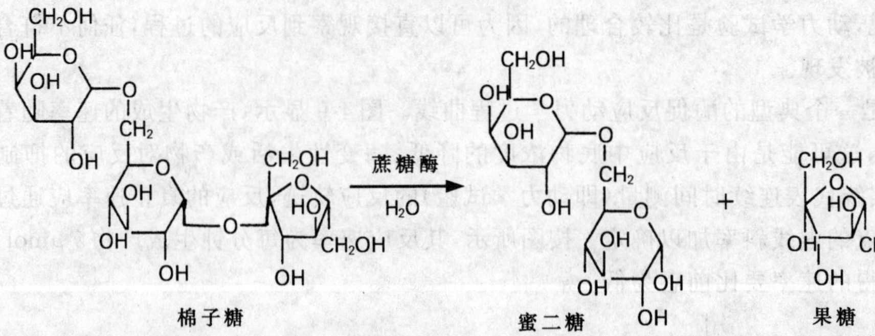

蔗糖 $\xrightarrow[H_2O]{蔗糖酶}$ 葡萄糖 + 果糖

棉子糖 $\xrightarrow[H_2O]{蔗糖酶}$ 蜜二糖 + 果糖

淀粉只具有α-1,4及α-1,6葡萄糖苷键,因此不能被酵母蔗糖酶作用,只能被唾液淀粉酶特异性水解,生成葡萄糖。唾液淀粉酶作用的专一性是水解α-1,4葡萄糖苷键。

检测酵母蔗糖酶对底物的作用,采用Benedict试剂(班氏试剂),该试剂可与还原糖反应,生成红棕色Cu_2O沉淀。反应式如下:

$$Na_2CO_3 + 2H_2O \longrightarrow 2NaOH + H_2CO_3$$

$$CuSO_4 + 2NaOH \longrightarrow Cu(OH)_2 + Na_2SO_4$$

$$还原糖(含—CHO或 \gt C{=}O) + 2Cu(OH)_2 \rightarrow Cu_2O\downarrow + 2H_2O + 糖的氧化产物$$

蔗糖、棉子糖及淀粉均无还原性,对Benedict试剂呈阴性反应。当蔗糖和棉子糖受蔗糖酶作用时,其水解产物为具有自由半缩醛羟基的还原糖,与班氏试剂共热,即产生红棕色Cu_2O沉淀。淀粉受淀粉酶的水解所生成的麦芽糖,也具有还原性,故也能使班氏试剂还原,出现阳性反应。

【试剂与器材】

一、试剂

1. 1%蔗糖溶液

2. 1%淀粉溶液(含0.3% NaCl)

3. 1%棉子糖溶液

4. Benedict试剂:取柠檬酸173 g和无水碳酸钠100 g,溶于700 mL蒸馏水中,加热使之完全溶解。冷却后,缓慢倾入17.3%硫酸铜溶液100 mL,边加边摇,再加蒸馏水至1000 mL,混匀。如混浊可作过滤,取其滤液。该试剂可长期保存待用。

5. 酵母蔗糖酶制剂:取100 g压榨酵母放入容积为400 mL的烧杯中,置烧杯于温水浴中,使酵母加温至30℃后,加入甲苯100 mL,用玻棒充分搅拌。约30~45分钟后酵母液化,然后加入蒸馏水200 mL,充分混匀并离心(3000 r/min,30分钟)。倾去上清液,沉淀加少量水,混匀,再加适量水使其总体积达200 mL,搅拌后再次离心,去上清液。沉淀物加100 mL用甲苯饱和的水及10 mL甲苯,于30℃保温过夜。用4倍体积的水稀释,边搅拌边小心用稀醋酸(小于1 mol/L)调整pH至3.5~4.0(用甲基红指示)。然后加入适量硅藻土,搅拌均匀后过滤。滤液用氨水中和至pH=5左右,保存于冰箱。

在使用前要预先按实验操作进行预试验,并适当稀释酶提取液至实验要求的浓度。

二、器材

1．恒温水浴箱　　2．漏斗　　3．脱脂棉花

4．试管　　5．小烧杯　　6．电炉

【操作步骤】

1．唾液收集及稀释(淀粉酶来源)：实验者先用蒸馏水漱口，然后含蒸馏水于口中轻漱1～2分钟，吐入小烧杯，用脱脂棉滤去唾液中的渣屑，并稀释至100 mL。

2．试剂中还原性物质的检查：取试管3支，分别加入蔗糖、棉子糖及淀粉溶液10滴，3管中各加入Benedict试剂2 mL，摇匀，共置于沸水浴中3分钟。溶液应保持蓝色透明，如有混浊或沉淀，则表明试液中有还原性物质存在，不能应用。

3．酶专一性试验：取试管6支，编号，按下表加入相应试剂。

试剂(滴)	管号					
	1	2	3	4	5	6
1%蔗糖溶液	10	—	—	10	—	—
1%棉子糖溶液	—	10	—	—	10	—
1%淀粉溶液	—	—	10	—	—	10
蔗糖酶提取液	5	5	5	—	—	—
适度稀释之唾液	—	—	—	5	5	5

各管混匀后置于38～40℃水浴中保温30分钟，然后向各管加入Benedict试剂2 mL，摇匀。置沸水浴中加热3分钟，取出并在管外冲水冷却。观察、记录实验结果，并作出合理的解释。

【讨论】

一、酶的专一性也称特异性，是指它的作用对底物的特殊要求，通常都与底物的分子结构相关。酵母蔗糖酶和淀粉酶对底物专一性表现在化学键的类型上，它们能催化具有一种类型化学键的多种底物。因此，这两种酶在专一性分类上属相对专一性或键专一性。

二、唾液淀粉酶在缺乏Cl^-条件下，活性很低，在加入Cl^-后，活性则显著增加。Cl^-是唾液淀粉酶的激活剂(activator)。酶的激活与酶原激活不同，酶激活是使本已具有活性的酶的活性增加，使活性由小变大；酶原激活是使本来不具活性的酶原变成有活性的酶。

实验十五　胰蛋白酶的亲和层析法纯化

【基本原理】

蛋白质具有与某些特定的物质借助化学键专一结合的能力，如酶与抑制剂的结合、抗原与抗体的结合等。这种结合彼此间不仅具有高度的专一性，而且对所形成的复合物可以在不丧失生物活性的基础上，用物理或化学的方法进行解离。如果把具有亲和力的两种分子的一种，连接于固相载体上作为固定相，另一对应分子随着流动相流经该固定相时，彼此就相互结合为一种复合物；然后只要改变某种物理条件或化学条件，就能使结合双方解离，从而得到与固定相有特异亲和力的特定分子。这种利用生物分子与对应分子之间亲和结合和解离性质而建立起来的层析方法，称为亲和层析(affinity chromatography)。由于亲和结合的双方彼此是互补的，通常把作为固定相的一方即与疏水的固相载体相连的一方称为配基(ligand)。实际上，亲和结合的任何一方都可以作为配基而固相化。例如，若要制备或分离纯化某一种酶，就可选择相应的抑制剂作配基；反之，若选择酶作为配基，则可制备或分离纯化相应的抑制剂(见图4-10)。

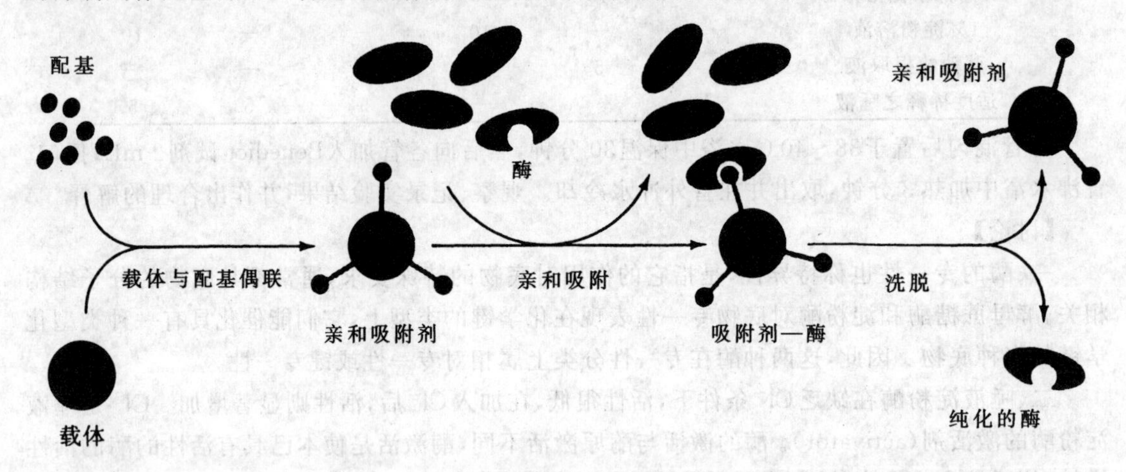

图4-10　亲和层析示意图

鸡卵粘蛋白是胰蛋白酶的天然抑制剂，且有较高的专一性，故可用来作为配基，通过共价结合偶联于固相载体上，制成亲和吸附剂。由于它与胰蛋白酶在pH＝7～8条件下能专一结合，而在pH＝2～3条件下又能重新解离，因此采用亲和层析分离制备胰蛋白酶时，只要改变洗脱缓冲溶液的pH即可进行纯化。

本实验所用的固相载体是琼脂糖凝胶(Sepharose 4B)，预先在碱性条件下用环氧氯丙烷活化，然后与配基——鸡卵粘蛋白偶联，通过配基与胰蛋白酶的专一结合和解离，对目的酶进行分离纯化。载体活化及蛋白质配基偶联的反应式如下：

$$\underset{\text{载体}}{\gt\!\!\begin{matrix}-OH\\-OH\end{matrix}} + \underset{\text{环氧氯丙烷}}{Cl-CH_2-\overset{}{CH}\underset{\diagdown\,O\,\diagup}{-}CH_2} \xrightarrow{NaOH} \underset{\text{活化载体}}{\gt\!\!\begin{matrix}-O-CH_2-CH\underset{\diagdown\,O\,\diagup}{-}CH_2\\-OH\end{matrix}}$$

$\xrightarrow[\text{NaOH}]{H_2N\text{-Protein（配基）}}$ —O—CH_2—CH(OH)—CH_2—NH—Protein，—OH

亲和吸附剂

【试剂与器材】

一、试剂

1. 5 mol/L HCl 溶液

2. 1 mol/L HCl 溶液

3. 0.5 mol/L HCl 溶液

4. 0.001 mol/L HCl 溶液

5. 5 mol/L NaOH 溶液

6. 2 mol/L NaOH 溶液

7. 10%，pH＝1.15 三氯醋酸溶液：三氯醋酸 10 g，加入蒸馏水 70 mL，用 5 mol/L NaOH 溶液调节 pH 至 1.15，然后加水至 100 mL，放置 4 小时后再检查 pH 值一次。

8. 2.5 mol/L H_2SO_4 溶液

9. 1% $AgNO_3$ 溶液

10. 固体氯化钙

11. 固体硫酸铵

12. 0.01% NaN_3 溶液

13. 丙酮

14. 0.5% NaCl 溶液

15. 0.02 mol/L，pH＝6.5 磷酸缓冲溶液

16. 含 0.3 mol/L NaCl 的 0.02 mol/L，pH＝6.5 磷酸缓冲溶液

17. 0.05 mol/L，pH＝8.0 Tris-HCl 缓冲溶液

18. 0.05 mol/L，pH＝7.8 Tris-HCl 缓冲溶液

19. 0.2 mol/L，pH＝9.5 Na_2CO_3 缓冲溶液

20. 0.8 mol/L，pH＝8.0 硼酸缓冲溶液

21. 0.5～1.0 mol/L NaCl 溶液

22. 环氧氯丙烷

23. 56%1,4-二氧六环(V/V)

24. 亲和柱平衡液：0.5 mol/L KCl-0.05 mol/L $CaCl_2$-0.1 mol/L，pH＝7.8Tris-HCl 缓冲溶液。

25. 亲和柱洗脱液：0.5 mol/L KCl-0.1 mol/L，pH＝2.5 甲酸溶液。

26. 标准胰蛋白酶溶液(0.1 g/L)：用 0.001 mol/L HCl 溶液配制。

27. BAEE 底物缓冲溶液：0.05 mol/L $CaCl_2$-0.05 mol/L，pH＝8.0 Tris-HCl 缓冲溶液。

28. 2 mmol/L BAEE 底物溶液：BAEE 68 mg，用 BAEE 底物缓冲溶液定容至 100 mL。

29. pH＝2.5～3.0 醋酸酸化水：蒸馏水 200 mL，用 36% 醋酸调节 pH 至 2.5～3.0。

二、器材

1. 恒温水浴　　2. 紫外分光光度计　　3. 核酸蛋白紫外检测仪

4. pH 酸度计　　5. 组织捣碎机　　6. 离心机

7. 层析柱(35 mm×300 mm，35 mm×200 mm，10 mm×150 mm)

8. 透析袋　　　　9. 尼龙网　　　　10. 抽滤瓶

11. 布氏漏斗及烧结玻璃漏斗(G-3)

三、材料

1. 鸡蛋清　　　　2. 新鲜猪胰脏　　　　3. Sepharose 4B

4. Sephadex G-25　　　　5. DEAE-纤维素(DE-32)

【操作步骤】

一、鸡卵粘蛋白的制备

鸡卵粘蛋白是一种糖蛋白，存在于鸡卵清中。该蛋白分子由4个亚基组成，糖基部分主要是D-甘露糖、D-半乳糖、葡萄糖及唾液酸。经聚丙烯酰胺凝胶电泳呈现4条区带，等电点在pH＝3.9～4.5之间，相对分子质量为2.8×10^4。1分子鸡卵粘蛋白能抑制1分子胰蛋白酶(1 mg鸡卵粘蛋白能抑制约0.86 mg胰蛋白酶)。鸡卵粘蛋白的百分吸光系数为4.13($E_{1cm}^{1\%}=4.13$)。

鸡卵粘蛋白在中性及偏酸性溶液中对有机溶剂、高浓度尿素、热有较高耐受性，而在碱性条件下则易变性，在50%丙酮或10%三氯醋酸溶液中保持较好的溶解度。因此，选择合适的pH、丙酮或三氯醋酸的浓度，可从鸡蛋清中除去大量非鸡卵粘蛋白，进一步处理可获得较高纯度的鸡卵粘蛋白。

1. 鸡卵粘蛋白粗制品制备

(1)取鸡蛋清50 mL，加入等体积10%，pH＝1.15三氯醋酸溶液，此时出现大量白色沉淀，搅拌均匀后以pH计测定pH值，并用5 mol/L NaOH溶液或5 mol/L HCl溶液调整pH值至3.5±0.2。

(2)在室温下静置4小时，待清蛋白完全沉淀后，用3000 r/min离心10分钟。弃去沉淀，上清液用滤纸过滤。收集滤液，检测pH值并重新调整pH至3.5。

(3)置冰浴中冷却片刻，缓慢加入3倍体积的预冷丙酮，搅匀，容器加盖薄膜，置冰浴中4小时。

(4)待鸡卵粘蛋白完全沉淀后，小心倾去部分上清液，剩余部分沉淀悬液完全转移至离心管，用3000 r/min离心15分钟。

(5)弃去上清液，沉淀物置于真空干燥器内抽气，除去残留丙酮。然后用20 mL蒸馏水溶解，若溶解液混浊，用滤纸过滤。收集滤液，经Sephadex G-25柱脱盐或对蒸馏水透析过夜(Sephadex G-25柱脱盐方法参见[讨论]二)。

(6)滤液经用Sephadex G-25柱脱盐，收集第1洗脱峰，即得鸡卵粘蛋白脱盐后的粗提取液。

2. 鸡卵粘蛋白的纯化

(1)取DEAE-纤维素(DE-32)10 g，经碱-酸程序预处理，蒸馏水洗至近中性，抽干后浸泡于150 mL 0.02 mol/L，pH＝6.5磷酸缓冲溶液中。抽气后装柱(35 mm×200 mm)，用同一缓冲溶液平衡。连接于紫外检测系统，检测波长为280 nm，继续用上述缓冲溶液平衡，至基线稳定(DEAE-纤维素预处理及再生参见[讨论]五)。

(2)将鸡卵粘蛋白粗提液上柱吸附，以0.02 mol/L，pH＝6.5磷酸缓冲溶液平衡，至流出液的A_{280nm}小于0.02后，改用含0.3 mol/L NaCl的0.02 mol/L，pH＝6.5磷酸缓冲溶液洗脱，收集第3洗脱峰。

3．鸡卵粘蛋白纯品制取

(1)将离子交换柱层析分离所得之第3峰洗脱液装入透析袋内，对蒸馏水透析，直至用1% $AgNO_3$ 溶液检查无氯离子存在为止。

(2)取透析液2 mL，测定鸡卵粘蛋白含量及抑制活性(参见表4-3)。

(3)余液用1 mol/L HCl溶液调节pH值至4.0，然后加入3倍体积的预冷丙酮沉淀，容器加盖，在冰浴中静置4小时。

(4)待鸡卵粘蛋白析出后，倾去部分上清液，剩余沉淀悬液转移至离心管，用转速为3000 r/min离心15分钟。弃去上清液，沉淀真空干燥，得透明胶状之鸡卵粘蛋白纯品。

二、载体活化及与配基偶联

1．Sepharose 4B活化

(1)取适量Sepharose 4B抽滤至干，称取8 g(湿重)，用0.5～1.0 mol/L NaCl溶液100 mL淋洗，后用蒸馏水100 mL淋洗、抽干，转移至三角烧瓶内。

(2)向瓶中加入2 mol/L NaOH溶液6.5 mL、环氧氯丙烷1.5 mL、56%1,4-二氧六环15 mL，在40℃恒温水浴摇床中振摇2小时进行活化。

(3)将活化的Sepharose 4B转移至烧结玻璃漏斗，用蒸馏水反复抽滤，洗去未反应的残余试剂，再用0.2 mol/L，pH=9.5 Na_2CO_3 缓冲溶液20 mL洗涤，抽干后立即与配基偶联。

2．鸡卵粘蛋白偶联

(1)用0.2 mol/L，pH=9.5 Na_2CO_3 缓冲溶液10 mL，将150 mg鸡卵粘蛋白溶解，用紫外分光光度计测定溶液中的蛋白含量。

(2)将活化Sepharose 4B转入三角烧瓶，再加入鸡卵粘蛋白溶液，混匀后，置40℃恒温水浴摇床振荡24小时，进行偶联。

(3)偶联终止后，将Sepharose 4B经烧结玻璃漏斗抽滤，并用0.5 mol/L NaCl溶液100 mL洗涤，去除未被偶联的蛋白(收集滤液，测定未被偶联的蛋白含量)。

(4)先后用蒸馏水及亲和柱洗脱液各100 mL淋洗，再用蒸馏水淋洗至滤出液的pH达6.0。然后转移至小烧杯，用亲和柱平衡液浸泡30分钟。抽气后装柱。

三、胰蛋白酶粗提液制备

1．胰蛋白酶原提取

(1)取猪胰脏50 g，加预冷之醋酸酸化水200 mL，在组织捣碎机内捣碎组织，制成匀浆。

(2)将组织匀浆置于5～10℃冰浴或冰箱提取4小时。

(3)用4层纱布过滤，滤液用2.5 mol/L H_2SO_4 溶液调pH至2.5～3.0，静置4小时。在此期间，要定时检查pH，使pH值始终保持在2.5～3.0。

(4)滤纸过滤，收集溶液，即为胰蛋白酶原粗提液。

2．胰蛋白酶原激活

(1)用5 mol/L NaOH溶液将粗提液pH调整至8.0，加入固体 $CaCl_2$ 使溶液中 Ca^{2+} 的终浓度达到0.1 mol/L。取粗提液2 mL，测定激活前的蛋白含量及酶活性。

(2)于粗提液中加入结晶胰蛋白酶2 mg，搅匀后在4℃冰箱中放置12～16小时，也可在室温放置4小时，进行酶原激活。

(3)在此期间不时检查酶活性，待酶比活性达到800～1000 BAEE单位/mg时终止激活。

(4)用2.5 mol/L H_2SO_4 溶液将酶液pH调至2.5～3.0，滤去 $CaSO_4$ 沉淀，留取滤液置冰箱待用。

四、胰蛋白酶亲和层析纯化

1. 准备层析柱一支(10 mm×150 mm),先向柱内加入亲和柱平衡液至1/4体积,再将亲和吸附剂搅匀后一次性加入柱内,待其自然沉降,调节流出液速率至15 mL/min。用亲和柱平衡液平衡,至基线稳定。

2. 用5 mol/L NaOH溶液将胰蛋白酶粗提液pH调节至8.0,过滤。按下列公式计算获得滤液上柱体积:

$$上样体积/mL=\frac{W\times 0.86\times 1.3\times 10^{4}}{C\times A}\times 1.5,$$

式中,W为鸡卵粘蛋白偶联的总质量(mg);0.86代表1 mg鸡卵粘蛋白能抑制0.86 mg的胰蛋白酶;1.3×10^{4}是纯化后胰蛋白酶比活性的近似值;C代表胰蛋白酶粗提液的蛋白质质量浓度(g/L);A代表胰蛋白酶粗提液的比活性(BAEE单位/mg);1.5代表上样量过量50%。

3. 上样后即用亲和柱平衡液平衡,待滤出液在紫外检测系统上基线稳定后,改用亲和柱洗脱液洗脱。收集第2洗脱峰,测定蛋白质含量及酶活性。

4. 将亲和层析获得的胰蛋白酶溶液(即第2峰)在4 ℃对蒸馏水透析过夜,然后冷冻干燥成干粉。

五、胰蛋白酶活性测定及鸡卵粘蛋白的抑制活性测定

1. 胰蛋白酶活性测定

胰蛋白酶能专一地催化碱性氨基酸的—COOH参与形成的肽键水解,同时也能水解碱性氨基酸所参与构成的酯键。本法采用人工合成的N-苯甲酰-L-精氨酸乙酯(N-benzoyl-L-arginine-ethyl ester,BAEE)为底物。该化合物在253 nm波长处紫外吸收强度很低,但在胰蛋白酶作用下,水解生成N-苯甲酰-L-精氨酸(N-benzoyl-L-arginine,BA),该产物A_{253nm}很大。反应体系中,随着BA的增多,A_{253nm}随之增加。据此建立测定胰蛋白酶活性的专一方法。

胰蛋白酶活性单位定义为:在本实验条件下,引起每分钟A_{253nm}增加0.001的酶量,定为1 BAEE单位。

胰蛋白酶活性测定程序如下:

(1)准备比色杯2只,按表4-2加样顺序加入相关试液。

表4-2　胰蛋白酶活性测定加样程序

试剂/mL	空白	测定
0.05 mol/L,pH=7.8 Tris-HCl缓冲溶液	1.5	1.5
0.1 g/L自制胰蛋白酶	—	0.1
0.001 mol/L HCl溶液	0.2	0.1
2 mmol/L BAEE	1.5	1.5
总体积	3.2	3.2

(2)以空白杯校正A_{253nm}至0,测定杯加入底物液后,立即加盖混匀,读取A_{253nm}值,同时记录时间。

(3)每间隔1分钟读取A_{253nm}值1次,直至5分钟终止读数。

(4)计算每分钟平均A_{253nm}增加值即ΔA_{253nm}/min

2. 鸡卵粘蛋白对胰蛋白酶的抑制活性测定

(1)按表4-3加入相关试液。

(2)"测定Ⅰ"按胰蛋白酶活性测定法,反应时间10分钟,记录并计算得出ΔA_{253nm}/min。

(3)"测定Ⅱ",先在比色杯内加入1.5 mL 0.05 mol/L,pH=7.8 Tris-HCl缓冲溶液、0.1

mL 标准胰蛋白酶溶液及0.1 mL 鸡卵粘蛋白，在室温下放置2 分钟，然后加入1.5 mL BAEE。反应时间10 分钟，记录并计算得出ΔA_{253nm}/min。

表4-3 鸡卵粘蛋白抑制活性测定加样程序

试剂/mL	空白	测定Ⅰ	测定Ⅱ
0.05 mol/L，pH=7.8 Tris-HCl 缓冲溶液	1.5	1.5	1.5
0.1 g/L 标准胰蛋白酶	—	0.1	0.1
0.1 g/L 鸡卵粘蛋白	—	—	0.1
0.001 mol/L HCl 溶液	0.2	0.1	—
2 mmol/L BAEE	1.5	1.5	1.5
总体积	3.2	3.2	3.2

【结果和计算】

一、计算公式

$$鸡卵粘蛋白质量浓度/g\cdot L^{-1}=\frac{A_{280nm}\times 稀释倍数}{0.413};$$

$$胰蛋白酶质量浓度/g\cdot L^{-1}=\frac{A_{280nm}\times 稀释倍数}{1.35};$$

$$胰蛋白酶活性单位数/BAEE=\frac{\Delta A_{253nm}/min}{0.001};$$

$$胰蛋白酶比活性/BAEE\cdot mg^{-1}=\frac{胰蛋白酶活性单位\times 释释倍数}{胰酶质量浓度(g/L)\times 加入酶体积};$$

$$鸡卵粘蛋白抑制活性单位/胰酶BAEE=\frac{A_1-A_2}{0.001};$$

$$鸡卵粘蛋白抑制比活性单位/胰酶BAEE\cdot mg^{-1}=\frac{A_i\times N}{C_i\times V_i}。$$

式中，A_1 为未加抑制剂的胰蛋白酶ΔA_{253nm}/min；A_2 为加入抑制剂的胰蛋白酶ΔA_{253nm}/min；A_i 为抑制剂活性单位；C_i 为抑制剂浓度；N 为抑制剂稀释倍数；V_i 为加入抑制剂的体积。

二、结果

鸡卵粘蛋白产率(mg%)：100 mL 鸡卵清得到鸡卵粘蛋白的质量(mg)。

偶联率(mg%)：100 g Sepharose 4B 偶联鸡卵粘蛋白的质量(mg)。

亲和吸附率(mg%)：100g 亲和吸附剂结合胰蛋白酶的质量(mg)。

活性回收率：经亲和层析得到的胰蛋白酶总活性除以上样胰蛋白酶总活性。

纯化倍数：经亲和层析得到的胰蛋白酶比活性/上样前胰蛋白酶比活性。

【讨论】

一、亲和层析载体活化除本法外，目前应用较多、效果很好的方法还有溴化氰法。该法活化Sepharose 4B 的具体操作步骤如下：

取8 g Sepharose 4B，先用0.5～1.0 mol/L NaCl 溶液淋洗，后用蒸馏水淋洗，抽干后转移至100 mL 烧杯内。在通风橱内，于烧杯中加入等体积的水，置于冰浴里缓慢搅拌，使温度保持在5℃。另取烧杯一只，放入溴化氰2 g，再加入乙腈5 mL，使溴化氰完全溶解。用滴管向装有凝胶的烧杯内滴加溴化氰，同时滴加6 mol/L NaOH 溶液，使反应液的pH 值保持在10.5，直到溴化氰加完后继续反应5 分钟。停止反应后，将凝胶迅速抽滤至干，用200 mL 预冷的蒸馏水淋洗，再用20 mL 0.2 mol/L，pH=9.5 Na_2CO_3 缓冲溶液淋洗，抽干后立即偶联配基。

溴化氰活化载体，由于溴化氰容易分解，在贮存和使用过程中，能产生少量的具剧毒的氢氰酸及溴，因此，在操作时应注意必要的防护。

二、在蛋白质分离提取过程中，对阶段性组分或成品的脱盐，最常用的有透析、Sephadex G-25 柱层析等多种方法。如采用凝胶层析脱盐，一般操作的要点如下：

用Sephadex G-25 约30 g，用0.02 mol/L，pH=6.5 磷酸缓冲溶液热溶胀。层析柱35 mm×300 mm，柱床体积150 mL。凝胶装柱后，先用同一缓冲溶液平衡，直至紫外检测仪上基线平稳。鸡卵粘蛋白粗提液上样量20 mL（不超过床体积的1/6），用0.02 mol/L，pH=6.5 磷酸缓冲溶液洗脱，收集第1洗脱峰即为脱盐的鸡卵粘蛋白粗提液。

三、鸡卵粘蛋白是一种糖蛋白，在pH=3.5 的三氯醋酸溶液中溶解度甚好。因此，只要将提取液的pH 值调整并严格控制在3.5，即能将鸡粘蛋白和鸡卵清蛋白基本分离。

四、胰蛋白酶原在碱性环境中，有Ca^{2+}存在下，能自身激活，激活的最佳pH 值为8.0。胰蛋白酶是碱性蛋白质，在酸性溶液中具有一定的缓冲作用。因此，胰蛋白酶的醋酸提取液以及用硫酸酸化时，溶液的pH 值易升高，常需反复调整数次，才能使pH 值稳定。酸化时要等酸性蛋白完全析出后才能过滤，否则滤液将显混浊。

五、DEAE-纤维素是目前使用非常广泛的阴离子交换剂，其参与离子交换的功能基团是二乙基氨基乙基（$—O—CH_2CH_2—^+NH(C_2H_5)_2$），常用的型号是DE-32 及DE-52。

DEAE-纤维素的预处理：将DEAE-纤维素悬浮于大体积水中，让其自然沉降，用倾倒法除去细颗粒。然后采用碱-酸-碱的顺序反复洗涤，除去杂质及活化交换基团，即先用0.5 mol/L NaOH 溶液浸泡1 小时，然后用蒸馏水洗至中性，再用0.5 mol/L HCl 溶液浸泡，水洗至中性，最后用0.5 mol/L NaOH 溶液浸泡，用水洗至中性，充分抽滤干燥，浸泡于起始缓冲溶液中平衡。

DEAE-纤维素的再生：将用过的DEAE-纤维素倒入烧杯，用2 mol/L NaCl 溶液浸泡2 小时，抽干，再以2 mol/L NaCl 溶液淋洗至流出液的$A_{280nm}<0.01$。再次使用时，先用水洗去NaCl，以起始缓冲溶液浸泡，更换数次，若不即刻使用，应加NaN_3防腐，置冰箱保存。

实验十六　酸性磷酸酶K_M及V_{max}值测定

【基本原理】

磷酸酶是一类催化磷酸单酯水解，释放无机磷酸的酶，它们广泛分布于自然界中。

$$R-O-\overset{\overset{\displaystyle O}{\|}}{\underset{\underset{\displaystyle OH}{|}}{P}}-OH + H_2O \xrightarrow{\text{磷酸酶}} ROH + P_i$$

这类磷酸酶，有的只催化专一性的底物，例如果糖二磷酸酶催化1,6-二磷酸果糖水解，生成6-磷酸果糖和磷酸；有的则可催化多种磷酸单酯化合物水解，它们广泛地存在于各种组织细胞中。对后者，通常根据它们发挥催化效率的最适pH，分为酸性磷酸酶和碱性磷酸酶。

酸性磷酸酶存在于人体的肝脏、前列腺等组织中，也存在于某些细菌及植物种子中，其中以植物种子，尤其是种子处在发芽阶段含量最为丰富。本实验为了取材的方便，选用绿豆芽或小麦胚芽为材料制备酸性磷酸酶，并以磷酸苯二钠为底物，进行酶反应动力学的实验分析。磷酸苯二钠经酸性磷酸酶的作用，水解生成酚和无机磷酸盐，其反应式如下：

$$C_6H_5-O-\overset{\overset{\displaystyle O}{\|}}{\underset{\underset{\displaystyle ONa}{|}}{P}}-ONa + H_2O \rightleftharpoons C_6H_5-OH + Na_2HPO_4$$

有足够浓度的底物磷酸苯二钠存在时，反应产物酚和无机磷酸盐浓度随着酸性磷酸酶的活性而增加。分别用Folin-酚法测定酚或用定磷法测定无机磷浓度，并以此产物生成量来表示酶的活性。根据酶活性单位的定义，酸性磷酸酶一个活性单位等于在反应的最适条件下，每分钟生成1 μmol 产物所需的酶量。

本实验首先制作酶反应时间与产物生成量之间的关系曲线，从中确定酶活性测定所需的合适的反应时间，然后在酶反应的最适条件下（pH＝5.6，反应温度35℃），以不同的底物浓度与固定量的酶进行反应，测得反应初速率（V_0），最后通过1/[S]与$1/V_0$作图，即Lineweaver-Burk 双倒数作图法，求得酸性磷酸酶的K_M值和V_{max}值。

【试剂与器材】

一、试剂

1．0.2 mol/L，pH＝5.6 醋酸缓冲溶液

A 液（0.2 mol/L 醋酸钠溶液）：取$CH_3COONa \cdot 3H_2O$ 27.22 g，加水溶解定容至1000 mL。

B 液（0.2 mol/L 醋酸溶液）：冰醋酸11.7 mL，加水至1000 mL。

取A 液91.0 mL，加B 液9.0 mL，混匀，校准pH 后待用。

2．酸性磷酸酶溶液：取原酶液用0.2 mol/L，pH＝5.6 醋酸缓冲溶液稀释10～20 倍。

3．100 mmol/L 磷酸苯二钠溶液：精确称取磷酸苯二钠（$C_6H_5Na_2PO_4 \cdot 2H_2O$，相对分子质量为254.10）2.54 g，加蒸馏水溶解，定容至100 mL。

4．5 mmol/L 磷酸苯二钠溶液（pH＝5.6）：取“3”溶液5 mL，加0.2 mol/L，pH＝5.6 醋酸缓冲溶液至100 mL。

5．1 mol/L 碳酸钠溶液。

6．Folin-酚试剂：于1500 mL 圆底烧瓶内，加入钨酸钠（$Na_2WO_4 \cdot 2H_2O$）100 g，钼酸钠

($Na_2MoO_4 \cdot 2H_2O$)25 g，水700 mL，85%磷酸50 mL 及浓盐酸 100 mL，接上回流冷凝管，以小火回流10 小时。回流结束后，加入硫酸锂($Li_2SO_4 \cdot H_2O$)150 g，水 50 mL 及溴水数滴，敞开瓶口继续沸腾15 分钟，以除去过量的溴。冷却后溶液呈黄色，加水定容至1000 mL。过滤，滤液置于棕色瓶中保存于暗处。此为酚试剂贮存液，使用时以等量水稀释，即为应用液。本实验以3 倍稀释，称为酚试剂稀溶液，用于检测酚含量。

7. 酚标准液

贮存液：精确称取重蒸馏酚 0.94 g，溶于0.1 mol/L HCl 溶液中，并定容至1000 mL。贮存于冰箱中，可永久保存备用。此时的酚浓度约为 0.01 mol/L，其实际浓度待标定，标定方法见[讨论]二。

应用液：将已标定的贮存液用蒸馏水稀释至浓度为 0.4 mmol/L。

二、器材

1. 材料

酸性磷酸酶原酶液：取一定量绿豆，用 0.9% 盐水浸泡 2 小时，洗去盐后，在 25 ℃温箱内发芽4～5 日（保持湿润）。称取豆芽茎并磨碎，每10 g 加0.2 mol/L，pH＝5.6 醋酸缓冲溶液2 mL，置冰箱过夜。次日用纱布榨滤，滤液用3000 r/min 离心15 分钟。上清液对蒸馏水透析24 小时，用稀醋酸调节透析液的pH 至5.6。用相同缓冲溶液稀释，使终体积的mL 数等于豆芽茎的g 数，用 3000 r/min 离心 30 分钟，所得上清液即为原酶液，置冰箱保存待用。

2. 仪器

(1)恒温水浴槽　　(2)可见光分光光度计

【操作步骤】

一、制作酶反应时间与产物生成量的关系曲线

1. 取试管12 支，按1 至11 编号，另设0 号为空白。

2. 各管加入5 mmol/L 磷酸苯二钠溶液 0.5 mL，在 35 ℃水浴预热 2 分钟。

3. 在1～11 号管内各加入预热酶液（原酶液用 0.2 mol/L，pH＝5.6 醋酸缓冲溶液稀释 10～20 倍）0.5 mL，立即计时并摇匀，按时间间隔 3、5、7、10、12、15、20、25、30、40 及 50 分钟，在35 ℃进行酶反应。

4. 当反应进行到上述相应的时间，先后加入 1 mol/L 碳酸钠溶液 2 mL，混匀。

5. 0 号管在加入 1 mol/L 碳酸钠溶液 2 mL 后，再加酶液 0.5 mL，混匀。

6. 将酚试剂贮存液用水稀释 3 倍，即得 Folin-酚稀溶液。

7. 向 0～11 号管各加入 Folin-酚稀溶液 0.5 mL，继续保温 10 分钟。

8. 冷却后，以 0 号管作空白，用可见光分光光度计于 680 nm 波长处读取各管吸光度(A_{680nm})。

9. 以反应时间为横坐标，A_{680nm}为纵坐标，绘制反应进程曲线，并从该曲线上求出酸性磷酸酶反应初速率的时间范围。

二、测定酶反应 K_M 及 V_{max} 值

如前所述，K_M 是酶的一个特征性常数，K_M 值的大小反映酶与底物亲和力的强弱。K_M 值和V_{max}值的测定，一般都通过作图法求得。本实验酸性磷酸酶K_M 值及V_{max}值采用Lineweaver-Burk 作图法，以定量的酶与不同浓度的底物——磷酸苯二钠经一定时间反应后，测定反应体系中产物——酚的生成量。由于与酚试剂反应的产物在680 nm 波长处有特征性吸收峰，因此，实验时测得各管 A_{680nm}后，可从酚标准曲线上查得酚的浓度，然后计算各种底物浓度下的反应

初速率(μmol/min),最后以 $1/[S]$ 为横坐标,以 $1/V_0$ 为纵坐标作图,求出该酶的 K_M 值和 V_{max} 值。

1. 制作酚标准曲线

(1)取试管9支,按1~8编号,并设0号管为空白管。

(2)在1~8号管分别加0.1~0.8 mL酚标准应用液,并用蒸馏水将各管体积补充至1.0 mL,0号管单加蒸馏水1 mL。

(3)所有实验管各加1 mol/L Na_2CO_3 溶液2 mL及Folin-酚稀溶液0.5 mL,摇匀后于35℃保温10分钟。

(4)以0号管作空白,在可见光分光光度计680 nm波长处读取各管的吸光度(A_{680nm})。

(5)以酚含量(μmol)为横坐标,A_{680nm} 为纵坐标,绘制标准曲线。

整个操作程序如下表所示:

表4-4　酚标准曲线制作加液程序

管　号	1	2	3	4	5	6	7	8	0
酚含量/μmol	0.04	0.08	0.12	0.16	0.20	0.24	0.28	0.32	—
0.4 mmol/L 酚标准应用液/mL	0.1	0.2	0.3	0.4	0.5	0.6	0.7	0.8	—
蒸馏水/mL	0.9	0.8	0.7	0.6	0.5	0.4	0.3	0.2	1.0
1 mol/L Na_2CO_3 溶液/mL	2	2	2	2	2	2	2	2	2
Folin-酚稀溶液/mL	0.5	0.5	0.5	0.5	0.5	0.5	0.5	0.5	0.5

2. 测定酶的 K_M 值及 V_{max} 值

(1)取试管7支,按1~6编号,另设0号管为空白管。

(2)按表4-5加入不同体积5 mmol/L磷酸苯二钠溶液,并分别补充0.2 mol/L,pH=5.6醋酸缓冲溶液至各管体积达0.5 mL。

表4-5　[S]与 V_0 关系的实验加液程序表

管　号	1	2	3	4	5	6	0
5 mmol/L 磷酸苯二钠/mL	0.10	0.15	0.20	0.25	0.30	0.50	0.50
0.2 mol/L,pH=5.6 醋酸缓冲溶液/mL	0.40	0.35	0.30	0.25	0.20	—	—
酶　液/mL	0.5	0.5	0.5	0.5	0.5	0.5	—
1 mol/L Na_2CO_3 溶液/mL	2	2	2	2	2	2	2
Folin-酚稀溶液/mL	0.5	0.5	0.5	0.5	0.5	0.5	0.5
酶　液/mL	—	—	—	—	—	—	0.5
[S]/mmol·L^{-1}	0.50	0.75	1.0	1.25	1.50	2.50	—
A_{680nm}							
相当于酚含量/μmol							
V_0/μmol·min^{-1}							

(3)35℃预热2分钟后,按序逐管加入酸性磷酸酶液(稀释液)0.5 mL,立即摇匀,每管精确计时,继续保温15分钟。

(4)反应时间到达后,立即逐管加入1 mol/L Na_2CO_3 溶液2 mL,摇匀,再加入Folin-酚稀溶液0.5 mL。

(5)0号管最后加入酶液0.5 mL。

(6)各管冷却后,以0号管作空白,用可见光分光光度计在680 nm波长处读取各管的 A_{680nm} 值。

(7)从酚标准曲线上查出各管A_{680nm}所相当的酚含量，进而计算各种底物浓度下的反应初速率(V_0)。

(8)以$1/[S]$为横坐标，$1/V_0$为纵坐标作图，求得K_M值和V_{max}值。

【讨论】

一、要进行酶活性测定，首先要确定酶反应时间。酶的反应时间应在反应初速率范围内选择。要测得代表酶反应初速率的时间范围，就必须制作酶反应的进程曲线，即酶反应时间与产物生成量或底物减少量之间的关系曲线。该曲线表明酶反应随反应时间变化的情况。本实验的进程曲线是在酶反应的最适条件下，采用每间隔一定的时间测定产物生成量的方法。从进程曲线可以看出，曲线的起始部分在某一段时间范围内呈直线，随着反应时间的延长，两者之间即不呈直线。因此要真实反映酶活性的大小，就应该在产物生成量与酶反应时间成正比的这一段时间内作初速率的测定。

二、酚标准贮存液的标定可按如下方法进行：取酚标准贮存液(0.01 mol/L)25 mL，置于带塞三角烧瓶内，加入0.1 mol/L NaOH 溶液50 mL，加热至65℃。在此溶液中加入25 mL 0.1 N 碘溶液(实际浓度需事先标定)，盖紧瓶塞，置室温30分钟。再加浓盐酸5 mL，并以浓度为0.1 N 的硫代硫酸钠溶液(实际浓度需标定)进行滴定。滴定时，加入2～3 mL 1%淀粉液作指示剂，蓝色消失为滴定终点。

根据酚与游离碘的氧化还原反应：

$$C_6H_5OH + 3I_2 \longrightarrow C_6H_2I_3OH + 3HI$$

0.1 N 碘溶液1 mL 需要0.001567 g 酚相作用，25 mL 0.1 N 的碘液与25 mL 酚标准贮存液中的酚相作用外还有剩余，进一步可用硫代硫酸钠溶液滴定剩余的游离碘。每mL 0.1 N 硫代硫酸钠溶液相当于每mL 0.1 N 碘液，相当于0.001567 g 酚，依此换算出25 mL 酚标准贮存液中酚的实际含量，进而推算出贮存液中酚的实际浓度。

三、制备的酸性磷酸酶原液，不能直接用于实验。在测定K_M及V_{max}值时，如同酶进程曲线制作时一样，需用0.2 N，pH=5.6 醋酸缓冲溶液作适当稀释，稀释倍数要求双倒数作图中第6管的A_{680nm}达0.7～0.8，一般约稀释10倍。

【附】

一、0.1 N 碘溶液的配制及标定

取KI 20 g，加少量水溶解，再缓慢加入碘12.7 g，振摇至碘完全溶解后加水至1000 mL。

量取20 mL 上述碘液，以1%淀粉液作指示剂，用已标定的约0.1 N 硫代硫酸钠溶液滴定，蓝色消退为终点。根据当量定律，从所消耗的硫代硫酸钠溶液的体积(mL)即可算得碘溶液的实际浓度。

二、0.1 N 硫代硫酸钠溶液的配制及标定

取硫代硫酸钠($Na_2S_2O_3 \cdot 5H_2O$)25 g 及无水碳酸钠2 g，加煮沸后冷却的蒸馏水溶解，定容至1000 mL。溶液置暗处1周，再进行标定，标定方法如下：

取重铬酸钾($K_2Cr_2O_7$,事先于120℃烘干)4.9035 g,用水定容至1000 mL,此为0.1 N重铬酸钾溶液。取此液25 mL于三角烧瓶中,加水30 mL、20%KI溶液10 mL及2 N HCl溶液15 mL,混合后加盖,于暗处放置片刻后加水50 mL。标定时,在该混合液中加1%淀粉2.5 mL,用待标定的硫代硫酸钠(约0.1 N)进行滴定,蓝色消失为终点。按照反应:

$$Cr_2O_7^{2-} + 6I^- + 14H^+ \longrightarrow 3I_2 + 2Cr^{3+} + 7H_2O$$

$$2S_2O_3^{2-} + I_2 \longrightarrow S_4O_6^{2-} + 2I^-$$

根据已知的重铬酸钾溶液的浓度(0.1 N)、体积(25 mL)以及滴定用去硫代硫酸钠的体积数,即可求得硫代硫酸钠溶液的实际浓度。

实验十七　磷酸盐及氟化钠对酸性磷酸酶的抑制作用

【基本原理】

酶的抑制作用是指抑制剂与酶结合，改变酶活性中心的结构和性质，从而降低酶对专一性底物的催化效率。根据抑制剂与酶结合的性质，抑制作用可分为可逆抑制和不可逆抑制两类。可逆抑制又可分为竞争性抑制、非竞争性抑制、反竞争性抑制及混合型抑制。区别和判断酶抑制作用的类型，无论在酶学理论研究及应用实践上都有重要意义。

已知磷酸盐及氟化钠是酸性磷酸酶的可逆抑制剂。本实验通过该两种化合物对酸性磷酸酶的抑制试验，从动力学角度来分析和判别它们对酶产生抑制作用的类型。实验分别在无抑制剂及有抑制剂存在时，测定酸性磷酸酶对不同浓度的底物磷酸苯二钠催化作用的反应初速率，以 $1/V_0$ 对 $1/[S]$ 作图，由反应动力学曲线特征来判断上述两种抑制剂的类别。酶反应中以 A_{680nm} 代表反应速率，以 $1/A_{680nm}$ 代表 $1/V_0$。

【试剂与器材】

一、试剂

1. 酸性磷酸酶溶液：取原酶液用0.2 mol/L，pH＝5.6 醋酸缓冲溶液稀释 7～10 倍

2. 5 mmol/L 磷酸苯二钠溶液

3. 10 mmol/L KH_2PO_4 溶液

4. 3 mmol/L NaF 溶液

5. Folin-酚试剂稀溶液：用Folin-酚试剂贮存液稀释 3 倍

6. 1 mol/L Na_2CO_3 溶液

7. 0.2 mol/L，pH＝5.6 醋酸缓冲溶液

二、器材

1. 恒温水浴箱　　　　2. 可见光分光光度计。

【操作步骤】

1. 取试管 19 支，按 1～18 顺序编号，另设 0 号管作空白。

2. 各管按表 4-6 加入不同体积的 5 mmol/L 磷酸苯二钠溶液。

3. 7～12 管每管加入10 mmol/L KH_2PO_4 溶液0.1 mL；13～18 管每管加入3 mmol/L NaF 溶液 0.1 mL。

4. 各管加入 0.2 mol/L，pH＝5.6 醋酸缓冲溶液至溶液总体积达 0.6 mL。

5. 混匀后置35℃水浴预热 2 分钟。

6. 1～18 管每管加入酸性磷酸酶溶液 0.4 mL，立即混匀，于 35℃精确保温 15 分钟。

7. 每管（包括 0 号管）加入 1 mol/L Na_2CO_3 溶液 2 mL 及 Folin-酚试剂稀溶液 0.5 mL，混匀。0 号管再加酶溶液 0.4 mL，继续保温 10 分钟。

8. 取出各管，冷却后以 0 号管作空白，在 680 nm 波长处读取各试验管的 A_{680nm}。

9. 以 $1/[S]$ 为横坐标、$1/A_{680nm}$ 为纵坐标作图。求出有抑制剂和无抑制剂时酶反应动力学基本参数 K_M 值及 V_{max} 值，根据图形及参数判断两种抑制剂对酸性磷酸酶的抑制类型。

酸性磷酸酶抑制试验加液程序见表 4-6。

【讨论】

一、酶抑制作用动力学试验是判别抑制类型的重要依据。判断可逆抑制和不可逆抑制这两

表 4-6 酸性磷酸酶抑制试验加液程序

管号	无抑制剂						KH_2PO_4						NaF						0
	1	2	3	4	5	6	7	8	9	10	11	12	13	14	15	16	17	18	
5 mmol/L 磷酸苯二钠溶液/mL	0.10	0.15	0.20	0.25	0.30	0.50	0.10	0.15	0.20	0.25	0.30	0.50	0.10	0.15	0.20	0.25	0.30	0.50	0.50
10 mmol/L KH_2PO_4 溶液/mL	—	—	—	—	—	—	0.10	0.10	0.10	0.10	0.10	0.10	—	—	—	—	—	—	—
3 mmol/L NaF 溶液/mL	—	—	—	—	—	—	—	—	—	—	—	—	0.10	0.10	0.10	0.10	0.10	0.10	—
0.2 mol/L，pH=5.6 醋酸缓冲溶液/mL	0.50	0.45	0.40	0.35	0.30	0.10	0.40	0.35	0.30	0.25	0.20	—	0.40	0.35	0.30	0.25	0.20	—	0.10
酶液/mL	0.4	0.4	0.4	0.4	0.4	0.4	0.4	0.4	0.4	0.4	0.4	0.4	0.4	0.4	0.4	0.4	0.4	0.4	—
1 mol/L Na_2CO_3 溶液/mL	2.0	2.0	2.0	2.0	2.0	2.0	2.0	2.0	2.0	2.0	2.0	2.0	2.0	2.0	2.0	2.0	2.0	2.0	2.0
Folin-酚稀溶液/mL	0.5	0.5	0.5	0.5	0.5	0.5	0.5	0.5	0.5	0.5	0.5	0.5	0.5	0.5	0.5	0.5	0.5	0.5	0.5
酶液/mL	—	—	—	—	—	—	—	—	—	—	—	—	—	—	—	—	—	—	0.4
A_{680nm}																			
磷酸苯二钠终浓度/$mmol \cdot L^{-1}$	0.50	0.75	1.0	1.25	1.50	2.50	0.50	0.75	1.0	1.25	1.50	2.50	0.50	0.75	1.0	1.25	1.50	2.50	—

种类型，常用两种实验方法：一种是固定抑制剂浓度，用一系列不同浓度的酶与抑制剂结合，并测定反应速率。以反应速率对酶浓度作图，根据曲线特征判断之；另一种方法是一定量的抑制剂与一定量的酶溶液混合，保温一定时间，取混合液作不同程度稀释后，测定反应速率。用反应速率对测活系统中的酶浓度作图，根据抑制曲线特征作出判断。

二、根据实验证明，磷酸盐属于竞争性抑制剂，其动力学曲线特征是 K_M 值增加，V_{max} 值不变。氟化钠属反竞争性抑制剂，其动力学曲线特征是 K_M 值和 V_{max} 值均发生变化。

实验十八　乳酸脱氢酶同工酶分析

【基本原理】

乳酸脱氢酶(LDH)是一类酶分子结构组成不同,能催化同一种化学反应的一组酶,它们由不同基因或等位基因编码的多肽链组成。该酶是由H和M两种亚基组成的四聚体,这两种亚基以不同的比例组成5种同工酶,即$LDH_1 \sim LDH_5$。每个亚基相对分子质量约为35000,酶的相对分子质量大约为140000。由于分子结构的差异,虽然催化同一种反应,但理化性质、免疫学性质、对底物专一性和亲和力,乃至酶的动力学都可能存在差异,在代谢过程中的功能也有所不同。基于同工酶所具有的这一些特性,本实验根据在碱性缓冲溶液中,乳酸脱氢酶的几种同工酶带不同量的负电荷、不同的电泳迁移率,借用电泳方法将它们彼此分离。

本实验采用醋酸纤维薄膜电泳法分离LDH同工酶。试样电泳以后,采用组织化学相类似的染色方法,即将底物乳酸及NAD^+和中间递氢体——吩嗪甲酯硫酸盐(PMS)、最终受氢体——氯苯四唑衍生物(ZNT)共同保温,在酶带处产生还原型ZNT的红色沉淀。反应式如下:

$$CH_3CHOHCOOH + NAD^+ \xrightleftharpoons{LDH} CH_3COCOOH + NADH + H^+$$

$$NADH + PMS \longrightarrow NAD^+ + \text{还原型PMS}$$

$$\text{还原型PMS} + ZNT \longrightarrow \text{还原型ZNT(红色)} + PMS$$

【试剂与器材】

一、试剂

1. 0.06 mol/L,pH=8.6巴比妥钠-巴比妥缓冲溶液:取巴比妥钠12.76 g,巴比妥1.66 g,加蒸馏水至1000 mL。

2. NAD^+

3. 0.5 mol/L乳酸钠溶液:60%乳酸钠0.1 mL,加0.1 mol/L,pH=7.5磷酸盐缓冲溶液0.9 mL。

4. 0.1 mol/L,pH=7.5磷酸盐缓冲溶液:取$Na_2HPO_4 \cdot 7H_2O$ 22.55 g,KH_2PO_4 2.16 g,加蒸馏水至1000 mL。

5. ZNT(氯化2-(4-碘苯基)-3-(4-硝基苯基)-5-苯基四唑)

6. PMS(吩嗪甲酯硫酸盐)

二、器材

1. 电泳仪　　2. 醋酸纤维薄膜　　3. 人血清

【操作步骤】

1. 点样

取2 cm×7 cm醋酸纤维薄膜1片,浸泡于0.06 mol/L,pH=8.6巴比妥缓冲溶液中,充分浸透后取出,用干滤纸轻压薄膜两面,以吸去多余的缓冲溶液。在无光泽面距膜端1.5 cm处,用1.5 cm宽、1 mm厚的有机玻璃片,将血清印迹于膜上(约10 μL)。将点样面朝下,点样端靠近电泳槽负板,平置于电泳槽两滤纸桥上,平衡5分钟。

2. 电泳

打开电泳仪电源,调节电压为120～130 V,电流为1.2～1.5 mA/条,电泳时间为60～90分钟。

3. 染色

(1)在电泳完成前15分钟配制染色试剂。配制方法如下：

取NAD^+ 10 mg，溶于1 mL 蒸馏水中；

取ZNT 12 mg，溶于3 mL 0.1 mol/L，pH=7.5 磷酸盐缓冲溶液中；

取1 mL 0.5 mol/L 乳酸钠溶液。

三者混匀后加入一小粒PMS，充分溶解混匀。

(2)另取醋酸纤维薄膜1条，浸透染色液后平置于一培养皿内(无光泽面朝上)。

(3)切断电泳仪电源，取出电泳薄膜条，立即将该薄膜条无光泽面覆盖于染色液膜片上(精确重迭，避免夹层留存气泡)。培养皿加盖，置于37℃水浴槽，保温30分钟。掀去覆盖膜片，即可显示红色乳酸脱氢酶同工酶区带。

【讨论】

一、电泳法分离LDH同工酶常用的支持物，除醋酸纤维薄膜外，还可用聚丙烯酰胺凝胶、琼脂糖凝胶及淀粉凝胶等，效果均佳。

二、LDH同工酶在人体各组织器官中分布不均一，LDH_1 即纯H四聚体(H_4)，主要存在于心肌和脑组织；LDH_5 即纯M四聚体(M_4)，主要存在于骨骼肌、肝脏实质细胞。因此，通过电泳法分析血清LDH同工酶各区带的含量，可以比较精确判断血清LDH的组织来源，反映相关组织器官的病理性损伤，对心肌梗死、肝炎等疾病的早期诊断具有非常重要的意义。

三、5种LDH同工酶由于它们带电性质不同，因此在电泳时具有不同的迁移率，它们向正极的电泳速率依次由LDH_1 向LDH_5 递减。

本章参考文献

1. 王重庆，等主编.高级生物化学实验教程.北京：北京大学出版社，1994.10～11
2. 蔡武城等.生物化学实验技术教程.上海：复旦大学出版社，1983.184～187
3. Boyer R F. Modern experimental biochemistry. Massachusetts：Addison-Wesley publishing company，1986.315～325
4. Richards Nigel G J. Reaction mechanisms：Part Ⅲ. Bioorganic enzyme-catalyzed reactions. Annu Rep Prog Chem，Sect B：Org Chem，1998，94:289～319
5. Hashen A M，*et al*. Purification and kinetic studies of α-amylase from Bacillus subtilis 1. Al-Azhar J Microbiol，1997，38:28～37
6. Kossiakoff A A. Catalytic properties of trypsin. In：Biological Macromolecules and Assemblies，Wiley，1987，Vol.3.369～412

(厉朝龙)

第五章　物质代谢及其激素调节

第一节　概　　述

一、物质代谢定义

生物体不断地进行各种各样的化学反应(统称物质代谢),借此与周围环境进行物质交换,一方面摄取外界物质,将它们改造成为自身的组织成分(同化作用),另一方面分解体内物质,产生能量,并将分解的废物排出体外(异化作用)。生物体内的物质代谢过程是在酶的催化下进行的,并在神经、体液(激素等)的协调下有序地进行。由于物质代谢过程的不断进行,生命才得以延续。

二、研究目的、材料

研究物质代谢的目的在于阐明生命活动规律,指导生产,增进人类健康,延年益寿。近年来由于生物化学和分子生物学技术的突飞猛进,人们可以采用各种技术从不同角度研究各种生物的物质代谢。虽然物质的代谢同时在一个细胞内进行,但由于(真核)细胞内酶和底物被细胞内的膜性结构分隔在不同的区间,这就将各种物质代谢途径分别限定在细胞内的不同区域,如糖酵解途径存在于胞浆中,而糖的有氧氧化和氧化磷酸化过程则主要存在于线粒体;而且不同器官内酶的种类和数量亦相差甚远,例如,肝脏含有丰富的脂肪酸氧化酶系和酮体合成的酶,但缺少利用酮体的酶;除肝脏外,肌肉、肾脏、脑组织等含有高活力利用酮体的酶;肝脏可以将非糖物质转变成为葡萄糖或糖元,并借此调节血糖水平,而肌肉组织缺少相应的酶,没有将非糖物质转变成为葡萄糖或糖元的功能;等等。这就决定各器官具有独特的物质代谢模式。

为了研究物质代谢,选择合适的对象(材料)至关重要,例如研究生物氧化应选用肝脏或心肌线粒体;研究脂肪酸氧化、酮体生成最好选用肝脏,等等。实验用材料的处理可根据研究目的和细胞内物质代谢的区域化分隔分布特点,选用整体动物、完整器官、组织切片、培养细胞、组织匀浆、分离得到的各种亚细胞器或纯化的酶制剂。

三、研究方法

生物体内物质代谢错综复杂,同一种物质在体内可能经历不同的途径进行代谢,产生完全不同的产物。由于代谢途径之间相互关联,又相互制约,还受体内一系列调控机制控制,单独一种研究技术往往难以确定某一物质在组织中的代谢过程和中间产物,因此物质代谢的研究通常要在不同层次上、采用各种方法、从多个角度入手(如表5-1所示),对结果进行综合分析。如果用不同方法得到的结果不一致,必须再作深入研究,以求获得合理的解释。

表 5-1 研究物质代谢的工作层次

工作层次	说明
整体水平	方法包括:(1)切除一种脏器(如肝切除) (2)改变食料(如饥饿、饱食) (3)投给某种药物(如苯巴比妥) (4)投给某种毒物(如四氯化碳) (5)用患病动物(如糖尿病)或动物模型 (6)运用同位素示踪、核磁共振波谱、阳电子发射断层摄影技术 整体水平的研究得到的往往是表观的现象,由于循环系统和神经系统的中介,各器官间的活动常有重叠或遮盖的情况
离体灌注器官	常用于肝、心和肾脏。可以排除循环系统、神经系统及其他器官的影响;在离体条件下器官的功能至多只能维持数小时
组织切片	常用肝切片。可排除干扰,但常由于营养物质等供应不足在数小时内即败坏
完整细胞	常用血细胞(较容易纯化)、组织培养的细胞。广泛应用于许多领域的研究
匀浆	一种无细胞制备物。通过离心,可以获得各种亚细胞器;可以向匀浆加入或从匀浆中去除某一化合物(如通过透析),并研究其影响
亚细胞器	大量用于研究线粒体、内质网、核糖体的功能。亚细胞器再分份:主要用于研究线粒体的功能
分离、鉴定代谢物和酶	是分析化学反应或代谢途径的基本步骤
克隆编码酶和蛋白质的基因	分离克隆基因是研究基因(DNA)结构和表达调控的关键,还可能提示基因所编码的酶或蛋白质的氨基酸序列
转基因或基因敲除	分析、确定相应基因的功能,表达产物过剩或不足对整体动物的影响

四、实验安排

本章根据下列实验材料安排实验:①用整体动物观察激素对血糖浓度的调节作用;②用完整细胞(酵母)观察细胞呼吸的耗氧过程;③用组织匀浆观察转氨基作用、酮体生成和利用;此外,还安排几个常用的分离、鉴定脂类和血浆脂蛋白的实验。

本章涉及特殊的实验技术,如Warburg氏呼吸仪(测压技术),将列专题作详细介绍。许多生物化学过程常伴有O_2和/或CO_2的交换。Warburg氏呼吸仪为检测生物材料代谢过程中气体交换的速率和程度提供一个方便、灵敏的研究方法。组织代谢过程中O_2和CO_2的交换亦可分别用氧电极和二氧化碳电极监测;测定较小氧压力的变化(如测定P/O比值)时氧电极比测压法灵敏度高,因此氧电极特别适用于对线粒体、叶绿体的研究。

(沈奇桂)

第二节　实验项目

实验十九　胰岛素及肾上腺素对血糖浓度的影响

【基本原理】

胰岛素能降低血糖，肾上腺素有升高血糖的作用。本实验观察家兔在分别注射此两种激素后，血糖浓度的变化情况。

【试剂与器材】

一、试剂

1. 肾上腺素　　2. 胰岛素　　3. 测定血糖的全套试剂

二、器材

1. 注射器及针头　　2. 刀片　　3. 消毒酒精棉球　　4. 试管

5. 血糖抗凝管(含草酸钾 6 mg 及氟化钠 3 mg 之青霉素小瓶)

【操作步骤】

1. 动物准备

家兔 2 只，空腹 16 小时，称体重，并记录之。

2. 取血

以酒精涂擦兔耳部，然后灯泡照射或电灯小心烘烤使血管充血，用刀片顺耳缘静脉划破血管(约 1～2 mm 长)，使血滴入血糖抗凝管中，边滴边轻轻转动试管，使血与抗凝剂充分混匀。每兔各取血约2～3 mL，作好标记，以此血样作血糖测定。以干棉球压迫止血。在抽血过程中应保持动物安静。

3. 注射激素及取血

一兔皮下注射胰岛素，剂量为每公斤体重 2 单位，记录注射时间，1 小时后再取血，可以从原切口以棉球擦去血痂后按上法放血，作好标记。

另一兔皮下注射肾上腺素，剂量为每 kg 体重 0.1% 肾上腺素 0.2 mL，记录注射时间，半小时后再取血并标记。

4. 血糖浓度测定

按 Nelson-Somogyi 法。

【计算】

列出算式，计算各样本血糖浓度(mol/L)，并解释之。

【附】

Nelson-Somogyi 法测定血糖浓度

【基本原理】

本方法用$ZnSO_4$ 与$Ba(OH)_2$ 作用生成$Zn(OH)_2$-$BaSO_4$ 胶状沉淀法沉淀血样中的蛋白质，制得无蛋白血滤液。此无蛋白血滤液与碱性铜盐溶液共热，使Cu^{2+}被血液中的葡萄糖还原生成Cu_2O，后者再与砷钼酸试剂反应生成钼蓝。由于葡萄糖在碱性溶液中与Cu^{2+}的反应很复杂，氧化剂并非当量地与葡萄糖作用，因此必须严格固定反应条件(温度和时间)，才能得到可重复的结果。

本法所用蛋白质沉淀剂同时也除去了血液中葡萄糖以外的其他各种还原性物质，如谷胱甘肽、葡萄糖醛酸、尿酸等；所用碱性铜盐试剂中加入大量Na_2SO_4对溶入气体产生盐析效应以减少溶液中溶解的空气中的氧，从而减少了Cu_2O的再氧化；同时用砷钼酸替代某些旧方法所用的磷钼酸，可使钼蓝的生成稳定，因此血糖值较接近实际数值(正常值为$3.3\times10^{-3}\sim5.6\times10^{-3}$mol/L全血)。

【试剂及器材】

一、试剂

1. 10% 草酸钾溶液(抗凝用)

2. 4.5% $Ba(OH)_2$溶液(密闭保存以免吸收CO_2)

3. 5% $ZnSO_4$溶液

4. 碱性铜盐试剂：溶解无水磷酸氢二钠29 g及酒石酸钾钠($KNaC_4H_4O_6\cdot4H_2O$)40 g于蒸馏水700 mL中，加入1 mol/L NaOH 100 mL，混匀，然后一边搅拌，一边加入10%硫酸铜($CuSO_4\cdot5H_2O$)溶液80 mL，最后加无水硫酸钠180 g，溶解后用蒸馏水稀释至1 L。放置2天后过滤，以除去可能形成的铜盐沉淀。此试剂虽可久用不变，但如出现沉淀须过滤后使用。

5. 砷钼酸试剂：称取钼酸铵($(NH_4)_6Mo_7O_{24}\cdot4H_2O$)50 g，加蒸馏水900 mL，再缓缓加入浓硫酸42 mL，搅拌使钼酸铵完全溶解。另外溶解砷酸氢二钠($Na_2HAsO_4\cdot7H_2O$)6 g于水50 mL中。将以上两种溶液混和，在37℃放置48小时后置棕色瓶中保存于室温。此试剂应呈黄色，如呈蓝绿色时，不可使用。

6. 葡萄糖标准液(2.8×10^{-4}mol/L)

二、器材

1. 试管及试管架
2. 吸管(0.1 mL 1支，1 mL 5支，10 mL 1支)
3. 离心机
4. 碎滤纸
5. 沸水浴
6. 可见光分光光度计
7. 旋涡混匀器

【操作步骤】

1. 以0.1 mL微量吸管正确吸取被检血液0.1 mL，以碎滤纸拭净吸管外壁，然后小心缓慢地将血液放入一干燥清洁的小试管底部，此时微量吸管应无可见血液附壁，最后一滴要吹出。另以吸管加入4.5% $Ba(OH)_2$溶液0.95 mL及5% $ZnSO_4$溶液0.95 mL，充分振摇使均匀混和，置转速为3000 r/min的离心机中离心5分钟，上清即为1∶20无蛋白血滤液。

2. 取干燥10 mL试管3支，标号，按下表所示添加试剂：

试液体积/mL	管号		
	1(试样管)	2(标准管)	3(空白管)
无蛋白血滤液	0.50	—	—
葡萄糖标准液(质量浓度为0.05 g/L)	—	0.50	—
蒸馏水	—	—	0.50
碱性铜盐试剂	1.00	1.00	1.00

3. 将3支试管均用包有聚乙烯薄膜的软木塞或橡皮塞塞住管口，同置沸水浴中，待再次沸腾时开始计算时间，20分钟后立即置冷水浴中冷却至室温。

4. 分别向各管加砷钼酸试剂1.00 mL，旋涡混匀。

5. 加蒸馏水7.5 mL，用塑料薄膜按住管口，颠倒混匀。

6. 在680 nm处，以3号管调吸光度零点作比色测定。

【计算】

计算血糖浓度，以mmol/L表示。

【讨论】

一、人体血糖浓度维持在较为恒定的水平有重要的生理意义。血糖浓度维持相对恒定主要靠多种激素的调节。胰岛素是体内唯一降低血糖的激素。肾上腺素、胰高血糖素、糖皮质激素、生长素等是升高血糖的激素，其中以肾上腺素作用较为迅速而明显，故本实验通过注射上述两种具有代表性的激素来观察血糖浓度的变化。

二、胰岛素能促进肝脏和肌肉细胞内合成糖元，促进血糖浓度降低。肾上腺素则通过促进肝糖元的分解，促进糖异生和促进肌糖元的酵解等作用来升高血糖。

三、血糖的测定方法除了本实验所选用的Nelson-Somogyi法外，目前常用的还有葡萄糖氧化酶法、3,5-二硝基水杨酸法、邻甲苯胺法等。邻甲苯胺法利用血清中的葡萄糖与冰醋酸、邻甲苯胺共热，葡萄糖失水转化为5-羟甲基-2-呋喃甲醛，再与邻甲苯胺缩合为蓝色的醛亚胺(Schiff碱)，血清中的蛋白质则溶解在冰醋酸和硼酸中不发生浑浊。此法操作简单，灵敏度高，但专一性不够强，干扰因素较多，且产生的颜色不稳定，因此所有的测定值必须在同一时间内读数，而且须预先用葡萄糖标准液标定。葡萄糖氧化酶法即葡萄糖经葡萄糖氧化酶氧化生成葡萄糖酸并生成过氧化氢，后者与苯酚及4-氨基安替比林在过氧化物酶作用下产生红色化合物，测定该有色化合物的吸光度即能算出葡萄糖含量。此法方便而快速，且对葡萄糖高度专一，但该法产生的颜色不稳定。

（应李强）

实验二十　饱食、饥饿及激素对肝糖元含量的影响

【基本原理】

正常肝糖元的含量约占肝重的5%。许多因素可影响肝糖元的含量，如饱食后肝糖元增加，饥饿后肝糖元逐渐降低；某些激素如肾上腺素能促进肝糖元分解，降低其含量；皮质醇促进糖异生，增加其含量。

糖元在浓碱溶液中较稳定，故肝组织先置浓碱中加热，破坏蛋白质及其他成分而保留肝糖元，然后加酒精至60%使之沉淀析出并除去小分子有机物质，以免后者在浓硫酸中炭化影响生色。

糖元在浓硫酸中可先水解生成葡萄糖，然后进一步脱水生成糠醛衍生物。后者和蒽酮作用，形成蓝绿色化合物，与同法处理的葡萄糖标准液比色。反应式如下：

CHO
H—C—OH
HO—C—H
H—C—OH
H—C—OH
CH_2OH

$\xrightarrow[-3H_2O]{浓H_2SO_4}$ $HOCH_2$–(呋喃环)–CHO

5-羟甲基呋喃甲醛

$HOCH_2$–(呋喃环)–CHO ＋ 蒽酮 ⟶

蒽酮

O=(蒽酮环)–CH_2–(呋喃环)–CH=(蒽酮环)=O

蓝绿色化合物

【试剂与器材】

一、试剂

1. 30% KOH 溶液

2. 0.9% NaCl 溶液

3. 葡萄糖标准液(0.05 g/L)

4. 0.2% 蒽酮在浓硫酸(密度为1.84 g/mL)中的溶液，当天配用

5. 95% 酒精

6. 肾上腺素注射液(1 g/L)。临用时用0.9% NaCl 溶液稀释至20 mg/L

7. 醋酸皮质醇注射液(1 g/L)

二、器材

1. 试管及试管架　　2. 容量瓶　　3. 吸管

4. 可见光分光光度计　　5. 沸水浴　　6. 碎滤纸

7. 剪刀　　8. 扭力天平

三、实验动物

小白鼠(体重25 g以上)

【操作步骤】

1. 选体重25 g左右的小鼠4只,分为2组:一组给足量饲料;另一组于实验前禁食24小时,只给饮水。实验前5小时,给一只饥饿的小白鼠腹腔注射皮质醇,用量为每10 g体重注射皮质醇0.2 mg;实验前半小时给一只饱食小白鼠腹腔注射肾上腺素,用量为每10 g体重注射肾上腺素5 μg。

2. 糖元提取:4只小白鼠分别断头处死,取出肝脏,以0.9% NaCl溶液冲洗后,以滤纸吸干,准确称取肝组织0.5 g,分别放入已加有1.5 mL 30% KOH溶液的试管中,编号,置沸水浴煮20分钟使肝组织全部溶解,取出后冷却,按1∶2(体积比)加入95%酒精,置沸水浴至沸腾,用转速为3000 r/min的离心机离心10分钟,沉淀即为糖元。

3. 小心将各管内容物分别定量转移入4只50 mL容量瓶中,用水多次洗涤试管,一并收入容量瓶内,加水至刻度,仔细混匀。

4. 糖元的测定:取试管6支,按下表操作:

试剂用量/mL	管号					
	1 饱食鼠	2 肾上腺素鼠	3 饥饿鼠	4 皮质醇鼠	5 标准管	6 空白管
糖元提取液	0.5	0.5	0.5	0.5	—	—
葡萄糖标准液	—	—	—	—	1.0	—
去离子水	0.5	0.5	0.5	0.5	—	1.0
0.2%蒽酮	4.0	4.0	4.0	4.0	4.0	4.0

旋涡混匀,置沸水浴中10分钟,冷却后在620 nm处比色测定。

5. 按下式计算各管肝糖元含量(g/100g组织):

$$\text{肝糖元含量}=\frac{\text{测定管吸光度}}{\text{标准管吸光度}}\times\frac{50}{0.5}\times\frac{100}{0.5}\times 10^{-6}\times 1.11$$

注:式中,1.11是用此法测得葡萄糖含量换算为糖元含量的常数,即100 μg葡萄糖用蒽酮试剂显色相当于111 μg糖元用蒽酮试剂所显之色。

【讨论】

一、糖元的分解与合成是调节血糖的主要因素,它受激素调节。激素中最重要的是胰岛素和胰高血糖素。肾上腺素在应激时才发挥作用。肾上腺皮质激素也可影响血糖水平,但在生理性调节中仅居次要地位。

二、肾上腺分泌的皮质醇等对糖、氨基酸、脂类代谢的作用较强,对水和无机盐的影响很弱,所以也称为糖皮质激素。给动物注射糖皮质激素可引起血糖升高,肝糖元增加。其作用机制可能有两方面:一方面,糖皮质激素可以促进肌肉蛋白质分解,分解产生的氨基酸转移到肝进行糖异生;另一方面,糖皮质激素可抑制肝外组织摄取和利用葡萄糖,抑制点即为丙酮酸的氧化脱羧,从而使血糖水平升高。

(应李强)

实验二十一　三羧酸循环中间产物对酵母耗氧率的影响

（Warburg 氏呼吸仪示教）

【基本原理】

本实验利用Warburg 氏呼吸仪观察三羧酸循环的中间产物，如柠檬酸、琥珀酸对酵母三羧酸循环的促进作用。实验之所以选用酵母，是因为在组织材料制备方面比较方便，便于在有限的实验课时间内观察到结果。酵母的三羧酸循环过程与人体相应的代谢过程基本上相同。实验系统中气压的变化受双重因素的作用，在组织呼吸消耗O_2的同时有CO_2的产生。为了消除CO_2引起的气压变化只观察氧的耗用，在本实验中于反应瓶中央小杯中加有20% KOH 溶液以吸收CO_2。本实验要求了解Warburg 氏呼吸仪的工作原理、检压技术有关的基本理论和计算以及一些单位和名词的含义，如反应瓶常数、耗氧量、耗氧率、温压计等等。

【试剂与器材】

一、试剂

1. 酵母培养液（0.02 mol/L，pH＝5.8 磷酸缓冲溶液，用KH_2PO_4与Na_2HPO_4配制，每升添加$MgSO_4 \cdot 7H_2O$ 0.5 g，$CaCl_2 \cdot 2H_2O$ 0.5 g）。

2. 20% KOH 溶液

3. 0.1 mol/L 柠檬酸溶液，用NaOH 溶液调节pH 至5.8。

4. 0.1 mol/L 琥珀酸溶液，用NaOH 溶液调节pH 至5.8。

5. 酵母混悬液：经活化培养过的酵母混悬液每mL 含活酵母0.1 g（含水量85%），0.2 mL 酵母混悬液相当于酵母3 mg。

6. 5%葡萄糖溶液

7. 真空硅脂

二、器材

1. Warburg 氏呼吸仪　　2. 吸管　　3. 滤纸

【操作步骤】

1. 准备5套反应瓶常数已知的检压计。在1、2、3、4 四套的反应瓶的中央小杯的杯口用棉签涂上薄薄一圈硅脂，然后向瓶的外圈加入酵母培养液，1、2 两瓶各加入2.2 mL，3、4 两瓶各加2.3 mL。

2. 向1、3 两瓶的支管中各加入0.1 mol/L 柠檬酸0.3 mL，向2、4 两瓶的支管中各加入琥珀酸0.3 mL。

3. 向1、2 两瓶外圈各加入5%葡萄糖溶液0.1 mL。

4. 向反应瓶的中央小杯加入20% KOH 溶液0.2 mL 及滤纸一小卷，以增大KOH 吸收CO_2的面积。

5. 向第5 个检压计的反应瓶中加入去离子水2.5 mL，作为恒温水浴由于温度发生少量变化或外界大气压有变化时引起读数变化的对照，称为温压计。

6. 将气压计与反应瓶相接的磨口和支管的磨口处涂以硅脂。

7. 将Warburg 氏呼吸仪恒温水浴的水温调至30℃。

8. 向1～4 反应瓶中各加入混匀的酵母细胞混悬液0.2 mL，加在反应瓶的外圈。

9. 将反应瓶与检压计连接，稍加拧动，使反应瓶口的硅脂均匀涂布在瓶口使之密封，然后用弹簧钩挂在U形检压计上。

10. 插上支管塞并使其处于通气的位置，从U形检压计的上端活塞向反应瓶通入氧气5分钟（调节通氧速率，勿使检压计中的Brodie氏溶液溢出），使反应瓶中空气全部被氧置换。

11. 将检压计与温压计安放在恒温水浴的振荡架上，开动振荡器振摇5分钟，使反应瓶内温度达到平衡，在此过程中，开放通气活塞一二次，将因受热而增大的气压降低一部分；然后调节U形管下螺栓，使检压计的右管液面与150 mm处平，读取左管液面的读数，以后每次读数均需调节检压计下面的螺栓，使右管液面的高度保持在150 mm处，使瓶内气体体积保持恒定（因为Warburg氏呼吸仪是定容测压式的，因此右管的液面高度每次均应放在同样位置，从左管读出压力的变化）。

12. 每隔5分钟停止振荡一次，记录读数。读数3次后，将检压计从架上取下，倾侧检压计，使支管中的柠檬酸或琥珀酸倾入反应瓶中与酵母接触，继续振摇，以后仍每隔5分钟读数一次，于第4、5、6次读数后停止实验。将读数按下表记录，比较加入三羧酸循环中间产物前后的读数变化。

根据反应瓶常数，参照下例所给的记录方式记录结果并计算每一反应瓶中在单位时间内的耗氧量。加入中间产物后记录耗氧量的变化，以时间为横坐标，耗氧量为纵坐标作时间-耗氧量累计曲线，从而理解三羧酸循环中间产物对组织呼吸的促进作用以及理解检压技术用于糖的有氧代谢研究的操作概要。

【耗氧量（Q_{O_2}）的计算】

Q_{O_2}定义为在标准状况下，1 mg干组织在纯氧中1小时所消耗氧的体积（μL）。

以下列实验结果为例说明演算过程。

时　间	温压计 反应瓶		1号反应瓶 $K=2.55$				
	读数	h	读数	h	实际读数	耗氧量（μL）	累计耗氧量（μL）
10：05	150	—	250	—		—	—
10：25	151	+1	220	−30	30+1=31	31×2.55=79.05	79.05
10：45	152	+1	195	−25	25+1=26	26×2.55=66.30	79.05+66.3=145.35
11：05	149	−3	173	−22	22−3=19	19×2.55=48.45	145.35+48.45=193.8

1小时内共计耗氧193.8 μL。

0.2 mL酵母混悬液含活酵母20 mg，含水量85%，相当于干酵母3 mg。

$$Q_{O_2}=\frac{193.8}{3}=64.6\ \mu L\ 。$$

【附】

Warburg氏呼吸仪的构造和使用

【基本原理】

利用测压法可以测定组织在密闭空间内进行反应（如发酵或组织呼吸等）时产生或吸收气体的量。测压法中最常用的是瓦氏呼吸仪。测压法的原理：在固定容积并保持一定温度的密闭系统中，由于反应过程中气体的产生或被吸收而使该系统中的气体压力发生改变，这改变的压力可从连接的压力计液面升降测得之,即所谓定容测压法。根据气体定律,在恒温、恒容条件下,由气体压力的变化即可计算出反应系统内气体量的变化。

因为 $pV = nRT$,

则 $p = \frac{RT}{V}n$。

式中,V 为检压计内气体容积;n 为气体的量(以 mol 计);T 为恒温水浴温度。在恒温恒容条件下 $\frac{RT}{V}$ 为一常数,即 $p \propto n$,或 $\Delta p \propto \Delta n$。

气体压力的变化正比于气体的量的变化,气体分子愈少,压力愈低;反之亦然。

【仪器的构造】

一、压力计

压力计是用厚壁玻璃做成的U型毛细管,固定于金属板上,左、右两侧管皆有刻度(0～300 mm),左管末端微微扩大,向大气开口;右管上方有侧管,并装有三路活塞,侧管末端与反应瓶连接。压力计下端导管套有一橡皮管,橡皮管另一端用一玻璃珠塞住。压力计内装Brodie氏溶液,即密度为1.033 kg/L 的食盐溶液(压力计内每mm 液柱高的差相当于1/10000 个大气压),橡皮管上的螺旋夹用以调节密闭空间中的固定容积,视液面上升或下降的高度可测得气体压力和容积的变化。

二、反应瓶

实验反应在此瓶内进行,瓶的大小和形式依实验目的而异。一般组织呼吸用的反应瓶(如图),瓶底有小杯,用以装KOH 或NaOH 以吸收呼吸时放出的CO_2;附有支管,用以放置实验过程中需加入的试剂。支管上有玻塞,可经玻塞中的气孔通入气体。所有接口处均为磨砂,加油脂密闭保证不漏气。

三、恒温器

这是由一个大水浴、装有精确的自动温度调节器、电热器与搅拌器所组成的,所有反应瓶全部浸入水浴中使在反应过程中保持恒定的所需的温度。与装有压力计的金属支架相连的还有一振荡器,使水浴内反应瓶连续振荡(振荡幅度约5 cm,振荡频率为80～120 次/分钟)。

【组织呼吸时,O_2 被消耗和CO_2 被吸收】

较简便的直接测定法,是加强碱于反应瓶的小杯中,将呼吸放出的CO_2 吸收掉,此时反应瓶中CO_2 的分压几乎等于零,所以压力计上观察到的变化可完全代表呼吸时被消耗的O_2 量。

反应瓶小杯中的强碱,对CO_2 的吸收常因小杯表面太小而吸收不完全,通常用一小滤纸,放入小杯中,滤纸被碱浸润后,可增加吸收表面。

实验时组织所消耗的O_2,完全要从溶液中得来,振荡呼吸计的目的主要是使反应瓶液相为气体所饱和,此外还可避免气体扩散的误差。

【操作步骤】

1. 与压力计对号备齐所需洁净反应瓶。

2. 用吸管加实验所需培养液(如缓冲溶液等)于反应瓶中。

3. 将基质(或抑制剂等)加入反应瓶支管内。

4. 将组织材料加入培养液中。

5. 于反应瓶内小杯中细心加入KOH(注意不能沾到杯外),放入一条小滤纸。

6. 在小支管玻塞及压力计磨口接头处涂上油脂(划上羊毛脂三条),先将支管玻塞塞紧,再将反应瓶连接在压力计上,所用油脂应为透明无气泡,以示密闭不漏气,并用弹簧扣牢,此时压力计活塞应全部开通。

7. 将反应瓶浸入已备好的恒温水浴中，压力计在水槽外部，夹紧金属板，预先准备好的温压计(注1)同样装入水浴中。

8. 振荡5分钟后停止振荡，检查反应瓶与压力计连接处是否紧密。

9. 振荡10～15分钟，使反应瓶内外温度达到平衡。

10. 将压力计右管液面调节至150 mm处，记录左管液面高度。

11. 取出压力计，倾斜之，使支管液体流入瓶中，放回原处，操作须迅速。

12. 关闭活塞，再继续振荡。

13. 每隔一定时间(10或20分钟)，停歇振荡记录读数。读数时将右管液面调节至150 mm处，读左管高度，每次读数包括温压计，最后以每小时为单位计算各反应瓶气体变化量，即将一小时压力计升高数h(mm)乘以反应瓶常数(注2)。

14. 实验结束，将右管活塞打开，取出反应瓶，擦去油脂，并将反应瓶放入肥皂水煮过，再用洗液泡洗干净，烘干待用。

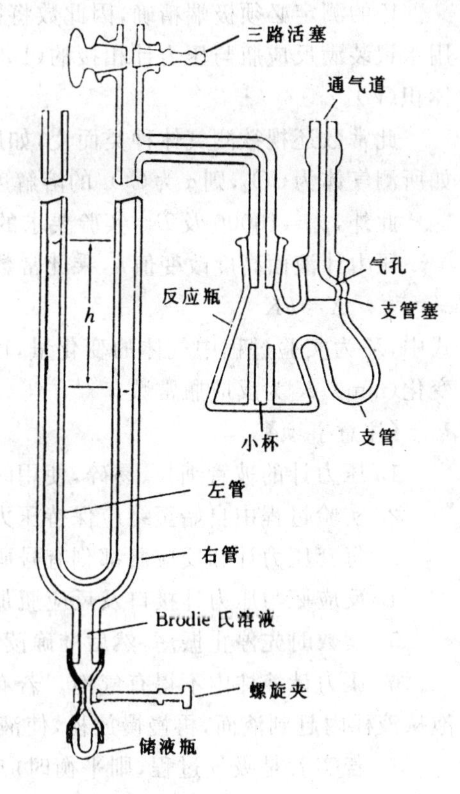

图示　压力计和反应瓶

【注1】温压计

实验进行时，室内气压、水浴温度经常发生变化，即使极小的变化也将影响压力计液面的变化，使测得的数值不准确。避免此现象的办法是装一温压计。温压计是用一反应瓶，瓶内加水代替作用物(体积与作用物总量相等)，随后的操作与上述“操作步骤”6～14相同。

实验进行中，温压计液面上升，即表示外界压力下降，或水浴温度上升，此时如起反应的呼吸计液面下降，则观察到的数值比实际下降的少，所少数值即温压计液面上升数值，相加即得。如呼吸计液面上升，就要减去温压计液面上升数；如温压计液面下降则反之。

【注2】反应瓶常数K

反应瓶常数计算公式为：

$$K=\frac{V_g\frac{273}{T}+V_f\alpha}{p_o},$$

式中，V_g为反应瓶中气相体积，包括连接管至压力计零点(150 mm)处的一段空间(μL)；V_f为反应瓶中液相体积(μL)；p_o为标准大气压(10000 mm Brodie液柱)；T为水浴槽温度(以绝对温度表示)；α为反应瓶内液体中气体的溶解度。

此常数值主要决定于进行反应的气体在空间所占的体积，即决定于反应瓶体积及与其连接的压力计中压力计液面(150 mm处)以上部分的体积(V)：

$$V_g=V-V_f$$

在实验前必须先测定V，然后从反应混合液V_f算得V_g。

V 的测定必须极端精确，因此数将影响每次计算时用的 K 值，而 V 的测定亦较繁，一般可用水银装满反应瓶与压力计相接的(150 mm)液面处，倒出称重，记录测定时温度，从密度算出体积(V)。

此常数还视欲测气体种类而变，如所测气体为O_2，则α 即O_2 的溶解度，所得K 即称K_{O_2}值。如所测气体为CO_2，则 α 为CO_2 的溶解度，所得为K_{CO_2}。

此外，$p_0=10000$ 及 $T=$实验要求的温度($t+273.15$)都为已知值。

压力计液面高度改变值h，乘此常数K，即得气体变化量：

$$X=hK$$

式中，X 为实验过程中气体的变化量，以标准状况下的微升数表示；h 为压力计中气体压力的变化(mm)；K 为反应瓶常数。

【注意事项】

1. 压力计的玻管细长、易碎，使用时必须谨慎，避免挤压。

2. 实验过程中自始至终应保持压力计处于直立位置。

3. 每套压力计和反应瓶都刻有号码，必须对号配套使用。

4. 反应瓶与压力计接口及反应瓶加玻塞处不得漏气(涂羊毛脂连接处必须透明无气泡)。

5. 读数时先停止振荡，然后准确读数并记录。

6. 压力计液柱内不得有气泡。若有气泡，可在下端橡皮管上加压力，用力按橡皮管，将气泡从液柱内赶到液面，再慢慢放松，使液体缓慢下流，可除去气泡。

7. 若实验是吸气过程，则平衡时应先将压力计液体往下放，关闭活塞时将右侧管液面调节到150 mm 处，此时左侧管液面较高，但必须在刻度以内，这样当吸气较多时读数，左侧管液面不致低于零点。

8. 实验过程中应注意保持水浴温度恒定。

9. 实验结束，自水浴中取出压力计前，先要打开三路活塞，使压力计内气压与实验室大气压平衡，以免Brodie 氏溶液因温度降低产生负压，吸入反应瓶中。

(沈奇桂)

实验二十二　脂类的薄层层析

【基本原理】

薄层层析法是将固定相支持物均匀地铺在玻璃板上成为薄层，然后将要分析的样品点加到薄层上，用合适的溶剂展开而达到分离的目的。常用的固相支持物有硅胶、氧化铝、硅藻土、氢氧化钙、磷酸钙、硫酸钙、聚酰胺、纤维素粉等；本实验以硅胶G作固定相。脂类硅胶薄层层析的基本原理主要是通过硅胶对不同的脂类物质具有不同的吸附能力（亦存在两相溶剂中的分溶分配作用）。在展开剂（移动相）展层过程中脂类物质在两相之间重复进行吸附-解吸-再吸附-再解吸……使各种脂类物质随展开剂移行，结果，与固定相（硅胶）吸附能力弱的和/或在移动相中溶解度大的脂类物质随展开剂移行到较远的距离，而与固定相吸附能力强的和/或在移动相中溶解度小的脂类物质，在展开过程中移行慢，落在后面，这样展层一段时间后就可以将各种脂类物质彼此分离开来。薄层层析的优点是设备简单易行、展开时间短、分离迅速、样品用量小、灵敏度高、分离时几乎不受温度的影响，甚至不受腐蚀性显色剂影响，可以在高温下显色，分离效率高。薄层层析是一项常用的分离、鉴定脂类的技术。

在脂类薄层层析中通常用硅胶G作为支持剂，可选用石油醚、四氯化碳、氯仿等作为展开剂。本实验用石油醚-丁醇-乙酸混合溶剂作为展开剂，观察脂类薄层层析分离结果。

【试剂与器材】

一、试剂

1. 硅胶G

2. 展开剂：按体积比95 ∶ 4 ∶ 1混合的石油醚（沸程60～90℃）-丁醇-乙酸。

3. 胆固醇标准液（1 g/L 氯仿溶液）

4. 三油酸甘油酯标准液（1 g/L 氯仿溶液）

5. 卵磷脂标准液（1 g/L 氯仿溶液）

6. 油酸标准液（1 g/L 氯仿溶液）

7. 显色剂：磷钼酸5 g溶于70 mL水与25 mL 95% 乙醇中，再加70%过氯酸溶液5 mL，混匀。室温下保存。

8. 试样：猪油、菜油、卵黄的乙醚/氯仿提取液。

9. 0.3%羧甲基纤维素

二、器材

1. 8 cm×12 cm 玻片　　2. 研钵及杵　　3. 烘箱

4. 层析用标本缸　　5. 喷雾器

【操作步骤】

1. 层析薄板的制作：称取硅胶G 1.5 g置研钵中加入0.3%羧甲基纤维素6 mL，研匀后迅速倒在8 cm×12 cm 玻片上，水平放置，使分布均匀，待其凝固后，置100℃烘箱中烘干备用。

2. 分别用毛细玻管吸取各种脂质的标准液及试样，在薄板的一端1.5 cm高度处取间距为1 cm点样，待溶剂蒸发后置于盛有展开剂的标本缸中，点样一端起点以下，浸入展开剂中。注意：点样处切勿浸入展开剂中。

3. 约半小时后，当展开剂上升至适当高度（接近薄板上端）将薄板取出烘干，喷以磷钼酸显色剂。比较各种脂质和试样所显斑点位置，作图记录之，计算 R_f 值，即斑点中心至原点的距离(cm)/展开剂扩展前沿至原点的距离(cm)。

【讨论】

一、薄层层析技术特别适用于分离样品中含量很低的物质,其原理主要是吸附层析(亦包含分配作用)。用硅胶G作吸附剂的特点之一是含有一种粘合剂(本实验用石膏作粘合剂),以便将硅胶更好地粘着在玻璃板上,可用于上行或下行展层。

二、制板后放入80～100℃烘箱烘烤约30 min,目的是除去水分,这一过程称为活化。在活化时要尽量避免温度突然升高或降低,时间不宜过长,否则薄层容易脱落。从烘箱取板前必须关掉电源,待稍冷后小心取出,不要碰破薄膜,还要防止灼伤。

三、以硅胶G为固定相的薄层层析可用于各种小分子化合物(如脂类、氨基酸、多肽、维生素、核苷酸、糖类、生物碱、酚类等)的分析、分离,而且几乎都以脂溶剂作移动相。这一技术对同分异构体的分离具有独到的用处。

(沈奇桂)

实验二十三　酮体的生成与利用

【基本原理】

在肝脏中，脂肪酸经β氧化生成乙酰辅酶A，再合成酮体。酮体包括乙酰乙酸、β-羟丁酸和丙酮三种化合物。肝脏不能利用酮体，必须经血液运至肝外组织特别是肌肉和肾脏，再转变为乙酰辅酶A而被氧化利用。

本实验以丁酸为底物，与肝匀浆一起保温，然后测定肝匀浆中酮体生成量。另外，在肝匀浆和肌肉匀浆共存的情况下，再测定酮体的含量。在这两种不同条件下，由酮体含量的差别即可帮助我们理解上述理论。

酮体的检测方法很多，常用于定性试验的有亚硝酰铁氰化钠法，此法对乙酰乙酸比丙酮灵敏(5倍以上)；专一用于丙酮定量的有碘仿试验法、水杨醛试验法，还有与二硝基苯肼缩合成二硝基苯腙后比色测定的方法。本实验采用碘仿试验法测定丙酮含量。

测定的原理是，在碱性溶液中碘可将丙酮氧化成为碘仿，再以硫代硫酸钠滴定剩余的碘，计算所消耗的碘，由此可计算出由丁酸氧化生成丙酮(作为酮体的代表)的量。反应式如下：

碘将丙酮氧化成碘仿

$$2NaOH + I_2 \longrightarrow NaOI + NaI + H_2O$$

$$CH_3COCH_3 + 3NaOI \longrightarrow CHI_3 + CH_3COONa + 2NaOH$$

用硫代硫酸钠滴定剩余的碘

$$NaOI + NaI + 2HCl \longrightarrow I_2 + 2NaCl + H_2O$$

$$I_2 + 2Na_2S_2O_3 \longrightarrow Na_2S_4O_6 + 2NaI$$

酮体是脂肪酸代谢的中间产物，在正常情况下，其产量甚微；糖尿病时由于糖代谢障碍，体内大量动员脂肪供能，若肝内酮体生成速率超过肝外氧化利用酮体的速率，即可导致血中酮体浓度增高，尿中也可能出现酮体，这种状况称为酮症。

【试剂与器材】

一、试剂

1. 0.1% 淀粉溶液

2. 0.9% NaCl 溶液

3. 15% 三氯醋酸溶液

4. 10% NaOH 溶液

5. 10% HCl 溶液

6. 0.4 N 正丁酸溶液：取5 mL 正丁酸溶于100 mL 0.5 N NaOH 溶液中。

7. 0.1 N 碘溶液：称取I_2 12.5 g 和KI 25 g，放入烧杯中，加水溶解，然后用1000 mL 容量瓶稀释至刻度。混匀，用标准0.1 N $Na_2S_2O_3$ 溶液标定之。

8. 0.02 N $Na_2S_2O_3$ 溶液：称取$Na_2S_2O_3 \cdot 5H_2O$ 24.82 g 和无水碳酸钠400 mg 溶于1000 mL 刚煮沸并冷却的蒸馏水中，配成0.1 N 溶液，用0.1 N KIO_3 溶液标定。临用时将已标定之$Na_2S_2O_3$ 溶液稀释成0.02 N。

9. 0.1 N KIO_3 溶液：准确称取KIO_3(相对分子质量为214.02)3.5670 g 溶于水后，倒入1000 mL 容量瓶内，加蒸馏水至刻度。

吸取0.1 N KIO_3 溶液20 mL 于锥形瓶中，加入KI 1 g 及6 N 硫酸5 mL，然后用上述0.1 N

$Na_2S_2O_3$ 溶液滴定至浅黄色，再加1%淀粉3滴作指示剂，此时溶液呈蓝色，继续滴定至蓝色刚消失为止。

计算 $Na_2S_2O_3$ 溶液的准确当量浓度。

二、器材

1. 5 mL 微量滴定管　2. 恒温水浴　3. 吸管　4. 剪刀、镊子

5. 50 mL 锥形瓶　6. 漏斗　7. 试管和试管架

【操作步骤】

1. 标本的制备

重击大鼠头部致死，取出肝脏，用0.9% NaCl 溶液洗去血污，放滤纸上，吸去表面的水分。称取肝组织5 g 置研钵中，加0.9% NaCl 溶液至总体积为10 mL。另外再取后腿肌肉（也可用肾脏）10 g，按上述方法和比例，制成匀浆备用。

2. 保温和沉淀蛋白质

取锥形瓶3只，编号，按下表操作：

步骤	编号		
	A	B	C
肝匀浆/mL	—	2.0	2.0
预先煮沸的肝匀浆/mL	2.0	—	—
pH=7.6 磷酸盐缓冲溶液/mL	4.0	4.0	4.0
0.4 N 正丁酸溶液/mL	2.0	2.0	2.0
43℃水浴保温40分钟			
肌匀浆/mL	—	—	4.0
预先煮沸的肌肉匀浆/mL	4.0	4.0	—
43℃水浴保温40分钟			
20%三氯醋酸溶液/mL	3.0	3.0	3.0

用滤纸过滤，将滤液分别收集在3支试管中。

3. 酮体的测定

取锥形瓶3只，按上述编号顺序操作：

编号	1(A)	2(B)	3(C)
无蛋白滤液/mL	5.0	5.0	5.0
0.1 N 碘溶液/mL	3.0	3.0	3.0
10% NaOH 溶液/mL	3.0	3.0	3.0

摇匀，静置10分钟，各管加10% HCl 溶液3 mL，然后于每管加0.1%淀粉液2～3滴呈蓝色，分别用0.02 N $Na_2S_2O_3$ 溶液滴定至蓝色褪去为滴定终点。计算3瓶酮体含量，并解释结果。

【计算】

$$\text{肝脏生成丙酮量}(\text{mmol}\cdot\text{g}^{-1})=(B-A)\times Na_2S_2O_3\text{ 的当量数}\times\frac{1}{6}\times 3;$$

$$\text{肌肉利用丙酮量}(\text{mmol}\cdot\text{g}^{-1})=(B-A-C)\times Na_2S_2O_3\text{ 的当量数}\times\frac{1}{6}\times 3.$$

式中，A 为滴定1号瓶所消耗0.02 N $Na_2S_2O_3$ 溶液的体积(mL)；

B 为滴定2号瓶所消耗0.02 N $Na_2S_2O_3$ 溶液的体积(mL)；

C 为滴定3号瓶所消耗0.02 N $Na_2S_2O_3$ 溶液的体积(mL)。

【讨论】

一、酮体中三种成分乙酰乙酸、β-羟丁酸、丙酮所占的质量分数分别为20%,78%,<2%。

二、酮体是肝内脂肪酸分解的中间产物,正常人血浆中酮体含量(以丙酮计)<196 μmol/L(<20 mg/L),24 小时尿中的含量在4.9 mmol 以下,酮体定性试验呈阴性。长期禁食或过度脂肪餐者血浆酮体含量升高,重症糖尿病,尤其伴有酸中毒者血浆中酮体可高达30 mN 以上。

(沈奇桂)

实验二十四　血清低密度脂蛋白与极低密度脂蛋白的比浊测定

【基本原理】

在一定pH和离子强度下，低密度脂蛋白(LDL)和极低密度脂蛋白(VLDL)能与多价阴离子化合物(如肝素、右旋糖酐、硫酸支链淀粉、硫酸化果胶)形成复合物，当加入重金属离子(Mn^{2+}、Cu^{2+})时形成不溶性复合物而出现混浊或沉淀，其浊度与LDL、VLDL的量成正比。利用浊度对光的吸收可借光电比色计作浊度测定，然后根据标准曲线即可求得血清LDL、VLDL含量，也可离心收集沉淀测定其中的胆固醇(通常称为低密度脂蛋白胆固醇)含量。这些测定都是了解血清脂类分布及人体脂代谢的实验指标。

【试剂与器材】

一、试剂

1. $MnCl_2$试剂(每100 mL中含$MnCl_2$ 0.5 g，NaCl 0.65 g)

2. 肝素-$MnCl_2$溶液(每100 mL $MnCl_2$试剂添加肝素10 mg)

3. 血清样本(新鲜！)

二、器材

1. 试管及试管架　　2. 0.2 mL微量吸管　　3. 10 mL刻度吸管

4. 分光光度计

【操作步骤】

1. 取试管2支，标上“空白”、“测定”，用0.2 mL微量吸管各加入血清试样0.2 mL。

2. 向空白管加入$MnCl_2$试剂5.8 mL，向测定管加入肝素-$MnCl_2$溶液5.8 mL，轻轻颠倒混匀，室温放置10分钟，待浊度稳定后，选用波长500 nm作比浊测定；用蒸馏水调节吸光度零点，分别测定空白管及测定管的吸光度。将测定管的吸光度读数减去空白管的吸光度读数，在标准曲线上检得LDL与VLDL(脂质)总量。

【讨论】

一、本实验重复性好，浊度稳定，为避免Mn^{2+}沉淀血清中的其他蛋白质，切忌提高$MnCl_2$浓度或改变溶液的pH及离子强度。

二、血清与试剂混合时轻轻颠倒数次即可混匀，切勿用力振摇，以免产生气泡，影响比浊测定。

三、比浊测定后还可离心收集沉淀，测定其中胆固醇含量，即为“低密度脂蛋白胆固醇”，正常血清中其含量约占血清总胆固醇量的70%。

四、正常人群空腹血清低密度脂蛋白和极低密度脂蛋白总量约为2～4.5 g/L，有明显的年龄、性别差异。血清中其含量增高可见于高脂蛋白血症Ⅱb、Ⅱa及Ⅳ型患者。

【附】

标准曲线的制作

取血脂浓度不同的新鲜血清10份，各取2 mL，置50 mL带塞离心管中，加入肝素-$MnCl_2$溶液40 mL，混匀，静置10分钟后用转速为3000 r/min的离心机离心20分钟，倾去上清液后，再用肝素-$MnCl_2$溶液20 mL 洗沉淀一次。用2∶1氯仿-甲醇混合液24 mL 抽提沉淀中的脂质，继以4 mL 0.01 N H_2SO_4洗涤，分层后收集下层氯仿层，蒸干称重。

同时按本实验操作测定各血清样本的浊度，以浊度为纵坐标，抽提得到试样沉淀中总脂的质量(mg)为横坐标作曲线图。

（沈奇桂）

实验二十五 血清脂蛋白的醋酸纤维薄膜电泳

【基本原理】

醋酸纤维薄膜用于血清脂蛋白的电泳分析具有用样量少、快速、分离效果好、染色清楚和操作简便等优点，一般能将血清脂蛋白分离为α、前β、β和乳糜微粒四个区带。但由于醋酸纤维本身能被脂溶性染料着色，用脂溶性染料染脂蛋白区带背景颜色很深，因此常用臭氧氧化，使脂质中的不饱和双键断裂氧化生成醛，然后用能与醛基显色的Schiff 氏试剂浸泡，有脂蛋白的部分染成紫红色。此法的背景着色很浅，区带清晰。化学反应方程式如下：

①臭氧氧化

$$R—CH═CH—R' + O_3 \longrightarrow R—CH—CH—R' \text{（两个 C 各连一个 O，两个 O 再共连一个 O）}$$

$$\xrightarrow{H_2O} R—CHO + OHC—R' + H_2O_2$$

②Schiff 氏试剂与醛的反应：

$(H_2N-C_6H_4)(HO_2SHN-C_6H_4)C(SO_3H)(C_6H_4-NHSO_2H)$

无色

$\xrightarrow{RCHO}$ $(H_2N-C_6H_4)(RCH(OH)-O_2SHN-C_6H_4)C(SO_3H)(C_6H_4-NHSO_2CHR(OH))$

$\longrightarrow$ $(HN{=}C_6H_4{=})C(SO_3H)(RCH(OH)-O_2SHN-C_6H_4)(C_6H_4-NHSO_2CHR(OH))$

紫红色

【试剂与器材】

一、试剂

1. 血清样本(新鲜!)

2. 醋酸纤维薄膜条(15 mm×100 mm)

3. pH=8.6 巴比妥缓冲溶液(μ=0.075)：用二乙基巴比妥酸 2.76 g、二乙基巴比妥酸钠 15.45 g，加水至1 L。

4. 过氧化钡

5. 浓 H_2SO_4 溶液

6. 0.5% HNO_3 溶液

7．0.1 mol/L HCl 溶液

8. Schiff 氏试剂：称取碱性品红0.5 g，溶于煮沸的蒸馏水100 mL 中，冷至60℃左右时加入1 mol/L 盐酸20 mL，待冷至室温，加入偏重亚硫酸钠($Na_2S_2O_5$)(或偏重亚硫酸钾)2 g，放冰箱内过夜可使红色褪净。次日加入活性炭1 g，混匀过滤，滤液应为无色。保存在冰箱内，用时倒出适量，用过后不再重用。

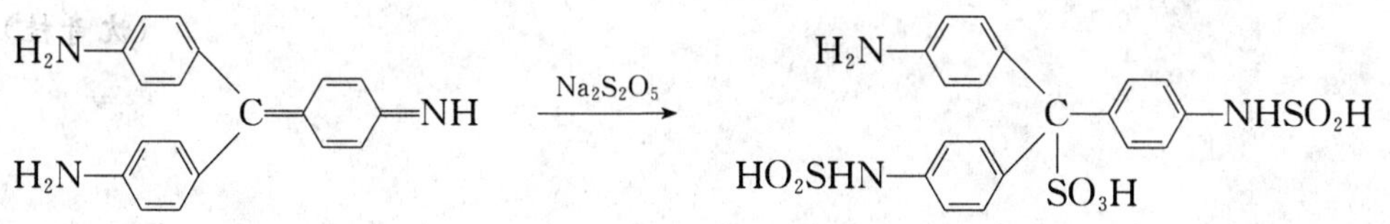

H_2N　　NH　$\xrightarrow{Na_2S_2O_5}$　H_2N　$NHSO_2H$　HO_2SHN　SO_3H

碱性品红　　　　Schiff氏试剂(无色)

9．透明液(冰醋酸 30 mL，乙醇 70 mL)

10．0.001 mol/L HCl 溶液

二、器材

1．作醋酸纤维薄膜电泳的全套器材

2．臭氧发生器(可用有盖的标本缸及小烧杯组成)或用无菌罩内的紫外光灯产生臭氧。

【操作步骤】

1．按照实验三的操作作血清试样的醋酸纤维薄膜电泳，点样量应稍大一些，约 40～50 μL。

2．电泳完毕，取出薄膜条置空气中凉干，用臭氧氧化，可选用下述臭氧氧化法之一：

(1)将薄膜悬挂于有盖标本缸的玻璃支架上，于小烧杯中加入$BaO_2$5 g，将烧杯放在标本缸底部，向小烧杯加入浓 H_2SO_4 溶液 10 mL，立即加盖密闭，此时产生的O_3 使不饱和脂肪酸氧化裂解。30 分钟后取出薄膜条。

$$3BaO_2 + 3H_2SO_4 \longrightarrow 3BaSO_4 \downarrow + 3H_2O + O_3 \uparrow$$

(2)将薄膜条置无菌罩中紫外线灯光下约5～10 cm 处，用紫外线照射30 分钟，在此过程中空气中的O_2 被紫外线激活生成O_3，使薄膜上的不饱和脂肪酸氧化裂解。

3．臭氧氧化过的薄膜条用0.001 mol/L HCl 溶液漂洗 5 分钟，移入Schiff 氏试剂中 15 分钟，此时可见到有脂质的部分染上了紫红色。取出薄膜，用0.5% HNO_3 溶液漂洗2 次，每次10 分钟，再浸入0.1 mol/L HCl 溶液漂洗10 分钟，再将薄膜条置流水中漂洗半小时。取出凉干。

4．薄膜的透明处理：待薄膜完全干燥后，浸入透明液中约15 分钟，取出薄膜贴在干玻片上待乙醇和冰醋酸蒸发后可得到透明的电泳图谱，试识别各脂蛋白区带。

【讨论】

一、臭氧氧化时过氧化钡和浓硫酸的用量依容器大小而定。氧化后染色，若色泽较浅，可能由于氧化不完全或染色液配制时间长而失效。

二、脂蛋白染色的深度决定于所含不饱和脂肪酸的量，不能反映实际存在脂质的量，因此本实验定量结果常与其他染色(如油红)方法不符。

三、透明处理后的薄膜置于530 nm 波长处进行光密度计扫描，即可计算出各区带的百分比。也可以将未处理的薄膜上的各区带分别剪下，投入脱色液（0.4 mol/L NaOH 溶液，2 mL）中，置56℃保温，待薄膜完全溶解后，于530 nm 波长处进行比色测定（以同样大小的空白带脱色液作空白）。

四、正常人空腹血清脂蛋白各个成分的百分比值如下：α-脂蛋白20%～30%；前β-脂蛋白0%～28%；β-脂蛋白60%～70%；乳糜微粒0%～1%。

（沈奇桂）

实验二十六　转氨基作用

【基本原理】

体内α-氨基酸的α-氨基在氨基转移酶的作用下，移换至α-酮酸的过程，称氨基移换作用。此类酶各有一定的特异性，普遍存在于动物各组织中。

本实验是将谷氨酸与丙酮酸在肝匀浆中的谷氨酸-丙酮酸氨基转移酶（简称谷-丙转氨酶）的作用下进行氨基移换反应，然后用纸层析法检查反应体系中丙氨酸的生成。其反应过程如下：

$$\underset{\text{L-谷氨酸}}{\begin{array}{c}COOH\\ |\\ CHNH_2\\ |\\ CH_2\\ |\\ CH_2\\ |\\ COOH\end{array}} + \underset{\text{丙酮酸}}{\begin{array}{c}COOH\\ |\\ C{=}O\\ |\\ CH_3\end{array}} \xrightleftharpoons{\text{谷丙转氨酶}} \underset{\text{α-酮戊二酸}}{\begin{array}{c}COOH\\ |\\ C{=}O\\ |\\ CH_2\\ |\\ CH_2\\ |\\ COOH\end{array}} + \underset{\text{L-丙氨酸}}{\begin{array}{c}COOH\\ |\\ CHNH_2\\ |\\ CH_3\end{array}}$$

由于谷氨酸、丙酮酸在肝匀浆中可循其他代谢途径分解和转化，影响氨基移换过程的观察，因此在反应体系中添加一碘醋酸（或一溴醋酸）以抑制谷氨酸和丙酮酸的其他代谢过程。

【试剂与器材】

一、试剂

1. 1%谷氨酸钾溶液：取谷氨酸1 g，加水20 mL，用5% KOH溶液调到中性，然后用0.01 mol/L，pH=7.4磷酸缓冲溶液稀释至100 mL。

2. 1%丙酮酸钠溶液：取丙酮酸钠1 g，加0.01 mol/L，pH=7.4磷酸缓冲溶液溶解成100 mL。

3. 0.25%一碘醋酸钾溶液：取一碘醋酸0.25 g，加水1 mL，用5% KOH溶液调到中性，然后加0.01 mol/L，pH=7.4磷酸缓冲溶液成100 mL（一碘醋酸可用一溴醋酸代替）。

4. 5%Hac溶液

5. 0.01 mol/L，pH=7.4磷酸缓冲溶液

6. 展开剂：用V(正丁醇)：V(12%氨水)=13∶3的混合溶液或以水饱和的酚。

7. 0.1%丙氨酸溶液：取丙氨酸用缓冲溶液配制。

8. 0.1%谷氨酸钾溶液：取试剂1用缓冲溶液10倍稀释。

9. 0.1%茚三酮乙醇溶液

二、器材

1. 15 mm×100 mm试管或试管架　2. 剪刀、镊子　3. 小天平

4. 研钵（或玻璃匀浆器）　5. 滴管　6. 烧杯　7. 恒温水浴

8. 10 cm×20 cm层析滤纸　9. 层析　10. 喷雾　11. 烘箱

三、实验动物

小白鼠

【操作步骤】

一、肝匀浆的制备

取小白鼠1只，猛击头部处死后，立即剪颈放血，剖腹取出肝脏，经0.9% NaCl 溶液洗去血污后，称取肝脏约1 g，置研钵中加入玻璃砂少许(或用玻璃匀浆器研磨)，然后加0.01 mol/L，pH=7.4 磷酸缓冲溶液5 mL 磨成匀浆。

二、转氨酶反应

1. 取离心管2只编号(1、2)，各加肝匀浆10滴，先将2号管置沸水浴中5分钟。

2. 两管各加1%谷氨酸钾溶液10滴，1%丙酮酸钠溶液10滴，0.25%一碘醋酸钾溶液5滴，同置40℃水浴中保温30分钟。

3. 取出，向两管各加5% Hac 溶液2滴，再同置沸水浴中5分钟，冷却后离心(2000 r/min，5 min)，将上清液移入另外同样编号的15 mm×100 mm 试管中备用。

三、层析验证

1. 在10 cm×20 cm 滤纸上，距短边2.5 cm 处用铅笔轻轻画一线(原线)，在原线上，每隔2 cm 处用铅笔作记号，并在线下底边注明1、2、谷氨酸、丙氨酸记号。

2. 用毛细管分别吸取1号液、2号液在层析滤纸上点样，注意斑点不可太大，一般直径约0.3 cm 为宜，约5 min 等干后，在1、2号原点上，再重复点一次(注意，不可调错)，然后分别点上谷氨酸、丙氨酸，作为对照，干后置层析缸中展开1.5～2小时。

3. 取出滤纸凉干，喷以0.1%茚三酮乙醇溶液，置80℃烘箱中3～5分钟，观察层析出现的斑点并解释之。

【讨论】

一、纸层析法是以纸为载体的分配层析法。一般以滤纸纤维上吸附的水分为固定相(静止相)，由水饱和的相对于固定相流动的有机溶剂为流动相。因此，纸层析也可以看作是溶质在固定相和流动相之间连续萃取的过程。如果混合物中的各种成分在溶剂之间的分配系数差别足够大，它们就得到分离。样品经层析后，常用比移值R_f来表示各组分在层析谱中的位置。R_f值与待分离物质的性质存在一定的关系，在一定条件下是常数。

二、纸的选择与溶剂的选择：Whatman 1 号滤纸最常用于分析性的工作；较厚的 Whatman 3 MM 滤纸，最好用于大量物质的分离，但其分离效果较1号纸差；Whatman 4 号和5号滤纸用于快速分离，但斑点边缘不清。选择溶剂与选择滤纸一样主要凭借经验，取决于要研究的对象，所选的溶剂最好能使样品中混合物的R_f值介于0 ～ 1之间。另外，在一些特殊的分离过程中，pH 值也是重要的，许多溶剂因含有醋酸或氨水而具有强酸性或强碱性环境。

三、茚三酮(茚满三酮水化物)是一种强氧化剂，pH 值在4 ～ 8之间与所有α-氨基酸反应呈紫色。

该反应很灵敏，所以常用来检测层析谱上的氨基酸。此外，茚三酮与许多非氨基酸的含氮成分亦可以发生反应，这些化合物包括一级和二级脂肪族胺类，以及某些非芳香族的含氮杂环化合物。亚氨基酸、脯氨酸和羟脯氨酸与茚三酮反应呈黄色。

四、计算公式

$$\text{分配系数}=\frac{\text{溶剂1中的溶质浓度}}{\text{溶剂2中的溶剂浓度}}$$

$$R_f=\frac{\text{原点至斑点中心的距离}}{\text{原点至溶剂前沿的距离}}$$

(应李强)

实验二十七　血清谷丙转氨酶活性的测定(赖氏法)

【基本原理】

丙氨酸和α-酮戊二酸在血清谷丙转氨酶作用下生成丙酮酸和谷氨酸,在酶反应达规定时间时,加入2,4-二硝基苯肼盐酸溶液以终止反应。生成的丙酮酸与2,4-二硝基苯肼作用,产生丙酮酸-2,4-二硝基苯腙,苯腙在碱性条件下呈红棕色,显色的深浅在一定范围内可反映所生成的酮酸量多少。反应式如下:

$$H{-}C(COOH)(CH_3){-}NH_2 + HOOC{-}C(=O){-}CH_2{-}CH_2{-}COOH \xrightleftharpoons{GPT} H{-}C(COOH)(CH_3){=}O + HOOC{-}CH(NH_2){-}CH_2{-}CH_2{-}COOH$$

$$H{-}C(COOH)(CH_3){=}O + NH_2{-}NH{-}C_6H_3(NO_2)_2 \xrightarrow{-H_2O} H{-}C(COOH)(CH_3){=}N{-}NH{-}C_6H_3(NO_2)_2$$

丙酮酸　　2,4-二硝基苯肼　　丙酮酸-2,4-二硝基苯腙

$$\downarrow$$

$$H{-}C(COOH)(CH_3){=}N{-}N{=}C_6H_3(NO_2)_2$$

苯腙硝醌化合物(棕红色)

本实验所表示的sGPT活性单位即是指:在规定实验条件下(pH=7.4, 37℃保温30分钟)由sGPT催化产生2.5 μg丙酮酸为一个活性单位。

【试剂及器材】

一、试剂

1. 0.1 mol/L,pH=7.4磷酸盐缓冲溶液

2. 谷丙转氨酶底物溶液:精确称取DL-丙氨酸1.79 g和α-酮戊二酸29.2 mg,先溶于0.1 mol/L磷酸盐缓冲溶液约50 mL中,然后以1 mol/L氢氧化钠溶液校正pH到7.4,再用0.1 mol/L,pH=7.4磷酸盐缓冲溶液稀释到100 mL,充分混和,分装在小瓶中,冰冻保存。

3. 2,4-二硝基苯肼溶液:精确称取2,4-二硝基苯肼19.8 mg,溶于10 mol/L盐酸10 mL中,溶解后再加蒸馏水至100 mL。

4. 0.4 mol/L氢氧化钠溶液

5. 丙酮酸标准溶液(2 mmol/L):精确称取丙酮酸钠($CH_3COCOONa$) 22.0 mg于100 mL

容量瓶中，加0.1 mL 0.1 mol/L，pH=7.4磷酸盐缓冲溶液至刻度。此液应新鲜配制，不能存放。

二、器材

1. 可见光分光光度计　　2. 水浴箱

【操作步骤】

一、sGPT活性测定，按下表操作：

加入物	测定管(mL)	对照管(mL)
血　清	0.1	0.1
GPT底物溶液	0.5	/
置37℃水浴保温30分钟		
2,4-二硝基苯肼溶液	0.5	0.5
GPT底物溶液	/	0.5
置37℃水浴保温20分钟		
0.4 mol/L氢氧化钠溶液	5.0	5.0

混匀，10分钟后，在500 nm波长处进行比色，以蒸馏水调零，读取两管吸光度读数，用测定管吸光度值减去对照管吸光度值，再从已绘制好的标准曲线上查出sGPT的活性单位。

二、标准曲线的绘制，操作见下表：

管　　号	加入物体积/mL					
	0	1	2	3	4	5
丙酮酸标准溶液(2 mmol/L)	0	0.05	0.10	0.15	0.20	0.25
GPT底物溶液	0.50	0.45	0.40	0.35	0.30	0.25
0.1 mol/L，pH=7.4磷酸盐缓冲溶液	0.1	0.1	0.1	0.1	0.1	0.1
置37℃水浴保温30分钟						
2,4-二硝基苯肼溶液	0.5	0.5	0.5	0.5	0.5	0.5
置37℃水浴保温20分钟						
0.4 mol/L氢氧化钠溶液	5.0	5.0	5.0	5.0	5.0	5.0
相当于GPT活性单位数	0	28	57	97	150	200

混匀，10分钟后，在500 nm波长处进行比色，以蒸馏水调零，读取各管吸光度读数，将各管吸光度值减去0号管吸光度值后，以吸光度值为纵坐标，各管相应的转氨酶活性单位数为横坐标，绘制成标准曲线。

【讨论】

一、正常时，谷丙转氨酶主要存在于各组织细胞中(以肝细胞中含量最多，心肌细胞中含量也较多)，只有极少量释放入血液中，所以血清中此酶活力很低，当这些组织病变，细胞坏死或通透性增加时，细胞内的酶即可大量释放入血液中，使血清中GPT活力显著增高。所以在各种肝炎的急性期，药物中毒性肝细胞坏死等疾病时，血清GPT活力明显增高；肝癌、肝硬化、慢性肝炎、心肌梗塞等疾病时，血清中此酶活力中等度增高；阻塞性黄疸、胆管炎等疾病时，此酶活力轻度增高。

二、所有的α-酮酸与2,4-二硝基苯肼都能进行反应形成苯腙，然后在碱性条件下转变为红棕色的苯腙硝醌化合物，所以反应体系中的α-酮戊二酸的羰基也能与2,4-二硝基苯肼反应，但因其羰基一侧基团较大，在空间结构上有一定的位阻等原因，从而一定程度上影响了α-酮戊二酸与2,4-二硝基苯肼的反应。另外选择490～530 nm波长进行比色，在此波长范围内丙酮酸的苯腙硝醌化合物的吸光度值远大于α-酮戊二酸的苯腙硝醌化合物。在绘制标准曲线时，还按比例加入α-酮戊二酸，和丙酮酸一起生色，以减少α-酮戊二酸的苯腙硝醌化合物的影响。

三、实验中加血清对照管，可以减少由血清中α-酮戊二酸等所引起的误差。在配制底物液时，如改用L-丙氨酸，则应按上法减半量使用(因转氨酶只作用于L-丙氨酸)。测定结果超过200单位时，应将血清稀释后再进行测定，结果乘以稀释倍数。另外，丙酮酸钠的纯度、质量对测定结果的影响也很大，应选择外观洁白、干燥的丙酮酸钠使用，如发现丙酮酸钠颜色变黄或潮解，不可再用。

(应李强)

实验二十八　生物氧化与电子传递

【基本原理】

生物氧化过程中代谢物脱下的氢常由NAD^+接受生成还原型NADH，再经一系列电子传递体传递，最后与氧结合生成水。这些存在于线粒体内膜上的氧化还原酶及其辅酶依次排列，顺序地起传递电子或电子和质子的作用，称为电子传递链或呼吸链。琥珀酸在线粒体琥珀酸脱氢酶（辅酶FAD）的作用下脱氢氧化生成延胡索酸，脱下的氢经琥珀酸氧化电子传递链传递，即FAD·2H→Q→细胞色素（b→c_1→c→aa_3），最后与氧结合生成水。

在体外实验中，组织细胞生物氧化经电子传递链消耗的氧的量可以借Warburg氏呼吸仪或氧电极检测，也可采用在氧化还原时伴有颜色变化的化合物作受氢体研究之。本实验以2,6-二氯酚靛酚（2,6-dichlorophenol indophenol，DPI）为受氢体，蓝色的DPI从还原型黄素蛋白（辅酶FAD）接受电子，生成无色的还原型DPI·2H，蓝色消失，根据褪色的时间可测定电子传递的速率。其反应过程如下：

琥珀酸＋FAD ⟶ 延胡索酸＋FAD·2H

二氯酚靛酚＋FAD·2H ⟶ 无色二氯酚靛酚＋FAD

DPI
（蓝色）

DPI·2H
（无色）

【试剂与器材】

一、试剂

1．磷酸钾缓冲溶液（PBS，50 mmol/L，pH＝7.4）：0.2 mol/L 磷酸二氢钾溶液 500 mL 和 0.2 mol/L NaOH 溶液 395 mL 混合后加水至 2000 mL。

2．2,6-二氯酚靛酚（1.5 mmol/L PBS）

3．葡萄糖溶液（90 mmol/L PBS）

4．琥珀酸溶液（90 mmol/L PBS）

5．乳酸溶液（90 mmol/L PBS）

6．NAD^+（5 mmol/L 磷酸盐缓冲溶液）

二、器材

1．绞肉机　　2．纱布　　3．细砂　　4．研钵和杵

5．冰浴　　6．恒温水浴

三、动物材料

猪心

【操作步骤】

1．心肌提取液的制备

称取绞碎的心肌糜 3 g，置 250 mL 烧杯中，加冰冷的去离子水 200 mL，搅拌 1 分钟，静置 1 分钟，小心倾去水层，同法洗涤 3 次后，以细纱布过滤并轻轻挤压除去过多液体。将肉糜转移至

冰冷的研钵中，加等量细砂和PBS 5 mL，在冰浴中研磨至糊状，再加PBS 15 mL，抽提(至少5分钟)。双层纱布过滤，滤液收集于试管，置冰浴中备用。

2. 底物的氧化

取试管6支，编号，按下表依次添加各试剂：

	加试剂体积/mL					
管　　号	1	2	3	4	5	6
DPI(1.5 mmol/L)	0.5	0.5	0.5	0.5	0.5	0.5
葡萄糖溶液(90 mmol/L)	0.5	0.5	—	—	—	—
琥珀酸溶液(90 mmol/L)	—	—	0.5	0.5	—	—
乳酸溶液(90 mmol/L)	—	—	—	—	0.5	0.5
NAD^+(5 mmol/L)	0.5	—	0.5	—	0.5	—
PBS(50 mmol/L，pH=7.4)	0.5	1.0	0.5	1.0	0.5	1.0

混匀，置37℃保温5分钟，加已经37℃水浴预保温5分钟的心肌提取液各1 mL，混匀并继续保温。

3. 观察各管颜色变化，记录各管褪色的时间，以其倒数表示活性，30分钟不褪色者活性记录为0。分析实验结果所说明的问题。

【讨论】

一、无色二氯酚靛酚与氧接触可重新氧化成蓝色的(氧化型)二氯酚靛酚，所以观察本实验结果时切勿振摇试管。

二、体外实验中亦可用甲烯蓝作为受氢体，在类似的实验条件下蓝色的甲烯蓝(氧化型)受氢还原成无色甲烯蓝(还原型)。

(沈奇桂)

本章参考文献

1. Hawk P B(霍克)等. 实用生物化学. 中山医学院生化教研组译. 北京：人民出版社，1961
2. 张龙翔，等. 生物实验方法和技术. 北京：人民教育出版社，1981
3. 刘子贻，等. 生物化学实验. 杭州：浙江医科大学，1995
4. Boyer R F. Modern experimental biochemistry. Massachusetts：Addison-Wesley publishing company. 1986

第六章　分子生物学基本实验技术

第一节　概　　述

一、核酸是遗传物质

核酸是遗传物质。核酸被分为核糖核酸(RNA)和脱氧核糖核酸(DNA)。DNA 是一种由四种单核苷酸组成的高分子单链化合物,并由两条单链严格按A 与T 配对和C 与G 配对的规律组成双螺旋结构,该结构赋予其拥有将遗传信息从上一代传给下一代的能力,其分子中单核苷酸的排列顺序就决定了生物的遗传特性。RNA 作为遗传物质的作用主要是将储存于DNA 分子中的遗传信息表达为相应的蛋白质,RNA 主要分为mRNA、tRNA 和rRNA。mRNA 是信使RNA 作为合成蛋白质时的模板,其核苷酸序列中三个连续的单核苷酸为一个密码,指导蛋白质合成时氨基酸的掺入,从而mRNA 中的核苷酸序列就直接决定了蛋白质中的氨基酸序列。tRNA 是转运RNA,其作用是结合与其分子中反密码相对应的氨基酸,并将该氨基酸运送到正在合成中的蛋白质链上,根据模板mRNA 上的密码将正确的氨基酸掺入到正在合成中的蛋白质上。rRNA 称核糖体RNA,它与蛋白质共同组成核糖体,是蛋白质合成的场所。

遗传物质至少应该具有两种功能,一种是将上一代的遗传信息传给下一代,另一种是将遗传信息以蛋白质的形式表达出来。DNA 担当了前一种功能,RNA 参与了后一种功能,之所以这样是因为DNA 与RNA 的结构赋予了其相应的功能。

二、基因与基因组

基因一般是指表达一种蛋白质或功能RNA 的遗传物质的基本单位。但完整地说,一个基因应该是合成有功能的蛋白质多肽链或RNA 所必需的全部核酸序列,不仅包括编码蛋白质肽链或RNA 的核酸序列,也包括为保证转录所必需的调控序列、5' 端非翻译序列、内含子和3' 端非翻译序列等所有的核酸序列。

基因组对于原核生物来说,就是它的整个染色体,对于一般的二倍体高等生物来说,是能维持配子或配子体正常功能的最低数目的一套染色体构成一个基因组。

原核生物基因组的特点是:基因数目少,基因组体积小,只有单一的复制起始位点;单个染色体,一般呈环状,染色体DNA 或RNA 并不和蛋白质形成固定结合物;只含有少量重复序列;功能上密切相关的基因高度集中,常转录成多基因mRNA。

真核生物基因组体积大,基因数目多,有多个复制起始位点;多个染色体,结构亦较复杂;含有大量重复序列,低度重复序列一般有1～10 个拷贝,中度重复序列一般有10～1000 个拷贝,高度重复序列可达几百万个拷贝;真核生物基因组含有大量插入序列,基因在转录成mRNA 时会将这些插入序列切除。

三、DNA 复制、损伤与修复

在细胞分裂过程中，亲代细胞所含的遗传信息完整地传递到两个子代细胞，其中的DNA在传代时完整地复制成两份，这个过程称为DNA 复制。复制是严格按照A 与T 配对和C 与G 配对的规律进行的，通常有高度的完整性与准确性。但生物存在的内外环境有许多使DNA 分子损伤的因素，致使复制造成一些错误，因此，生物体本身有一套机制来修复这种损伤。未能修复的错误被保留下来，成为突变。突变的结果有三种可能：第一是改善了基因，增强了生物适应环境的能力；第二是隐性突变，对生物性状不产生影响；第三是产生了不利的影响，严重的可致死，自然淘汰。所以，突变实际上是生物进化的手段。

(一)半保留复制

为了研究复制的机理，1957 年，Meselson 和Stahl 设计了一个实验。他们先把大肠杆菌在含$^{15}NH_4Cl$ 的培养液中培育15 代，使所有的DNA 都被^{15}N 标记，^{15}N-DNA(重DNA)比通常的^{14}N-DNA(轻DNA)重约1%；然后把大肠杆菌转移到含$^{14}NH_4Cl$ 的培养液中继续培育，随着复制的进行，^{14}N-DNA 不断生成。在培育过程的不同时间取出样品，将大肠杆菌细胞用裂解液裂解，放入CsCl 溶液中超速离心(140000 r/min)20 小时，此时从管底到管口CsCl 密度形成一个梯度分布，DNA 分子在与它密度相等的层次中停留，在紫外线下可检测到一条吸收带。他们发现在含$^{15}NH_4Cl$ 培养液中所得到的亲代全为重DNA(两条链都是含^{15}N 的重链)，在转移入含$^{14}NH_4Cl$的培养液中所得到的第一子代(F1)的DNA 则既不是重DNA，也不是轻DNA(两条链都是含^{14}N 的轻链)，而是密度介于两者之间的混合链DNA；第二子代(F2)的DNA 显示两条吸收带，一条是密度介于轻、重DNA 之间的DNA，另一条是轻DNA；第三子代(F3)的DNA 也显示两条吸收带，但轻DNA 的比例加大；第四子代(F4)的轻DNA 的比例则更大。子代DNA 中从不出现重DNA，说明了大肠杆菌中DNA 复制是半保留复制。

他们的实验结果支持了Watson 和Crick 提出的DNA 复制模式。由于DNA 分子由两条多核苷酸链组成，两条链上的碱基有严格的配对规律，所以两条链是互补的。也就是说，DNA 分子中任一条链上的核苷酸排列顺序就已经决定了与其互补的另一条链的核苷酸排列顺序。所以他们提出了DNA 的半保留复制机制：DNA 在复制过程中碱基间的氢键首先断裂，双螺旋解旋分开，两条链分别作为模板合成新链，产生互补的两条新链。这样新形成的两个DNA 分子与原来的DNA 分子的核苷酸顺序完全一样，只是子代DNA 分子中的一条链来自亲代DNA，另一条链则是新合成的。

DNA 的半保留复制机理很好地说明了DNA 作为遗传物质的结构与功能的完美统一。

(二)复制的起始与方向

DNA 复制是从链上某个特定的起始点开始的，同时向两侧相反方向进行，称为双向复制。简单生物像大肠杆菌只有一个起始点，真核细胞DNA 分子巨大，有多个复制起始点，哺乳动物细胞的Alu 重复序列可能与复制起始点有关。绝大部分原核细胞和真核细胞以及病毒都是双向复制，并且两个方向的复制速率对称相等。

复制开始时起始点处的DNA 双螺旋先解开，电镜下可看到眼泡状，称为复制泡或复制眼；松解开的两股DNA 单链和未松解开的双螺旋形状像一把叉子，称为复制叉；复制起始点和两侧的复制叉共同构成一个单位，称为复制子。大肠杆菌只形成一个复制子，而真核细胞由于有多个复制起始点，所以有多个复制子。

由于DNA 双螺旋的两条链为反向平行，所以当复制时两条母链松解开分别作为模板合成子链，如果一条子链的方向是5'→3'，则另一条子链的方向为3'→5'。DNA 聚合酶的催化合成的方向只能是5'→3'，故一条子链能够以5'→3'的方向连续合成，称为前导链；另一条子链只能以5'→3'的方向不连续合成许多小片段，这条链被称为随从链，这些小片段被称为岗崎片段，小片段的随从链最后由DNA 连接酶连接成完整的一条子链。

(三)参加复制的引物、酶类和蛋白质因子

1. RNA 引物

DNA 聚合酶只能在3'端延长已经存在的DNA 或RNA 链，而不能从头合成一条DNA 链，因此，复制起始必须有一条RNA 引物。通常RNA 引物的长度是4～12 个核苷酸，由引发酶催化合成。

2. DNA 聚合酶

大肠杆菌中分离到3 种DNA 聚合酶，分别称为DNA 聚合酶Ⅰ、Ⅱ、Ⅲ。其中DNA 聚合酶Ⅲ是催化复制的主要酶。

3. 引发酶和引发体

RNA 引物的合成是由引发酶催化的，事实上引发酶先与其他多种蛋白质共同构成一个多蛋白复合体，才能使复制起始，这个复合体称为引发体。参与其中的蛋白质有 dnaA，dnaB，dnaC 和单链DNA 结合蛋白等。

4. DNA 连接酶

该酶可连接双链DNA 上的一些缺口，而不能将两条单链连接起来。其主要作用是连接岗崎片段。

5. 拓扑异构酶Ⅰ和Ⅱ

其主要作用是在DNA 双螺旋解链时，解决缠绕的问题。该酶能够切断DNA 双链中的一条，解除旋转张力后又把切口封闭，因此又称旋转酶。

6. 端粒酶或端粒末端转移酶

真核细胞染色体DNA 是线性的，它的3'端有特殊的序列，被称为端粒，该序列是线性DNA 末端复制所必需的。端粒酶是一个蛋白质与RNA 组成的核糖核蛋白，有逆转录酶的性质，能够利用自己的RNA 成分作为模板，与端粒配合合成线性DNA 的末端，以保证真核细胞染色体线性DNA 的复制得以完成。

(四)DNA 损伤与修复

DNA 损伤可分为自发性损伤和环境因素引起的损伤。自发性损伤主要指DNA 聚合酶催化时的错误配对，虽然这种自发性错误的概率极低，但那些未能被修复的错误便被保留了下来。环境因素有物理的、化学的和生物的三大类。物理因素主要有紫外线和电离辐射等；化学因素主要有烷化剂、碱基或核苷类似物、亚硝酸盐和亚硝胺等；生物因素主要是一些肿瘤病毒。

DNA 修复主要有光修复、切除修复、重组修复和SOS 修复。光修复主要用于修复由紫外线引起的胸腺嘧啶二聚体；细菌中有一种需光能激活的修复酶系，称为光修复酶。激活的光修复酶能使两个嘧啶之间的共价键断裂，恢复原来的两个核苷酸。切除修复是利用一种特殊的核酸内切酶将损伤部位的一段DNA 切除，留下一段空隙，由DNA 聚合酶Ⅰ填补，最后由DNA 连接酶封口。重组修复是在DNA 分子损伤面较大时启动，利用重组蛋白RecA 的核酸酶活性将另一条健康的母链与缺口部分进行交换，以填补缺口，此时健康母链因重组而出现的缺口可由DNA 聚合酶Ⅰ和DNA 连接酶共同修复。SOS 修复属应急修复，发生于DNA 损伤至难以继续复制的地步，DNA 单链缺口很多，由此诱发一系列极复杂的反应增强其修补能力。这些反应的特异性低，对DNA的碱基识别能力差。因此，SOS修复可带入很多错误，引起广泛的突变。

四、基因表达和遗传密码

DNA能够自主复制、永久存在的性质决定了其作为遗传信息载体的使命，其分子上以核苷酸序列为存在形式的遗传信息还要通过基因表达才能体现。基因表达是指遗传信息通过转录和翻译生成具有特定生物学功能的蛋白质的过程。转录是在DNA序列指导下合成对应的RNA的过程；翻译指在RNA的指导下进一步合成对应的蛋白质的过程。转录过程是由碱基互补规律决定新合成RNA的序列的；翻译过程的准确性却是由遗传密码决定的。mRNA上连续的三个核苷酸能够决定蛋白质多肽链上的一个氨基酸，这三个核苷酸被称为三联密码子，也就是遗传密码。

（一）转录

转录的产物是RNA，其中mRNA是合成蛋白质时的直接模板，tRNA和rRNA虽然不是翻译的模板，但直接参与蛋白质的生物合成。tRNA的功能是转运氨基酸，rRNA的功能是作为蛋白质生物合成的场所。

转录是由DNA指导的RNA聚合酶催化的，合成底物是ATP，GTP，CTP和UTP。在聚合反应时，一条DNA单链作为合成时的模板，根据碱基互补规律（G-C，A-T，C-G，U-A）进行聚合反应，一个核苷酸分子的3'-OH与另一个核苷酸分子的5'-三磷酸的α磷酸基团发生亲核反应，形成磷酸二酯键，合成方向也是5'→3'。DNA模板只是双链DNA中的一条链，模板DNA链称为反意义链，也称为负链；与其相互补的DNA链为有意义链、密码链或正链。新合成的RNA序列与正链DNA相同，只是U替代了T。转录过程以RNA聚合酶辨认、结合DNA模板开始，随着酶向前移动，转录产物RNA逐渐延长，直至RNA聚合酶到达终止信号处，RNA聚合酶与DNA模板分离，产物RNA链脱落，转录终止。

在原核生物中，mRNA分子基本上不经过加工，在合成后就能作为模板参与蛋白质的生物合成，而tRNA和rRNA则要在合成的前体分子基础上经过加工才能成为具有生物功能的成熟分子。tRNA的加工方式主要是通过核酸酶切除某些序列和某些碱基的化学修饰；rRNA的前体分子被核酸酶按1∶1∶1的比例切成3种rRNA分子。真核生物RNA的加工过程比原核生物复杂得多，首先因为转录发生在细胞核内而翻译是在细胞浆内进行的，转录和翻译在时间和空间上是分开的，然后真核基因有内含子，其转录生成的mRNA必须经过剪切加工才能成为成熟的mRNA。rRNA的加工在细胞核仁中进行，终产物是核糖体40S和60S亚基；tRNA的加工包括去除5'端先导序列，剪接去除内含子，3'端的UU被CCA替代，碱基修饰等。mRNA的加工主要指5'端加帽，3'端加多聚腺苷酸尾和剪接去除内含子。

在真核生物RNA病毒中发现一种与常规转录相反的转录方式，即由RNA指导下合成DNA，被称为逆转录，并发现了催化该过程的酶是RNA指导的DNA聚合酶，也称逆转录酶。

（二）翻译

翻译就是指蛋白质的生物合成，是将存在于DNA上以核苷酸序列形式存在的遗传信息通过遗传密码转变为蛋白质上氨基酸序列的过程。在原核生物中转录和翻译可同时进行，但在真核生物中转录在细胞核内进行，翻译在细胞浆内进行。翻译过程可分为起始、延长和终止三个阶段。参与蛋白质生物合成的物质主要有mRNA、tRNA和rRNA三种RNA，核糖体，20种氨基酸，蛋白质因子，酶，游离核苷酸和无机离子等。

1. mRNA 是翻译的直接模板

mRNA 分子中的遗传信息是从DNA分子中转录而来的，mRNA分子中的核苷酸序列通过翻译转变成蛋白质分子中的氨基酸序列，这种信息的转变是通过遗传密码来实现的。mRNA分子上每三个核苷酸翻译成蛋白质多肽链上的一个氨基酸，这三个核苷酸就称为遗传密码，即三联密码子。翻译时从起始密码子AUG开始，沿着mRNA 5'→3'的方向连续阅读密码，直至读到终止密码子为止，生成一条具有特定序列的蛋白质。在密码阅读时既无重叠也无间隔，这就是遗传密码的非重叠性和无间隔性，因而DNA分子上的核苷酸插入和缺失可导致遗传密码的完全性改变，产生完全不相干的多肽链。遗传密码的另一个性质是兼并性，许多氨基酸有多个密码子，而且这些密码子之间的第一个核苷酸往往是一样的，不同主要在第三个核苷酸，可以理解DNA分子上的碱基互换可能产生两种结果。如果突变是在密码子的第一个核苷酸上，必定导致密码的改变，因此产生带有不同氨基酸的多肽链；如果突变是在密码子的第二或第三个核苷酸上，就有很大的可能成为一种隐性突变，即改变密码子而不改变氨基酸。

2. 核糖体是肽链合成的场所

核糖体由大、小亚基构成，亚基中含有几十种不相同的蛋白质和几种rRNA，按一定的空间位置镶嵌成为细胞内显微镜下可见的大颗粒。核糖体就像一个能沿着mRNA模板移动的工厂，执行着蛋白质生物合成的功能。核糖体中蛋白质种类繁多，每种蛋白质都各有功能，为蛋白质合成提供了一切必要的条件。

3. tRNA 和氨基酰 tRNA

tRNA 在蛋白质合成中处于关键地位，它不但为每个密码子翻译成氨基酸提供结合体，还为准确无误地将所需氨基酸运送到核糖体上提供了运送载体。tRNA分子中有两个重要部分，即反密码环和3'CCA-OH末端。反密码环有可以与mRNA上密码子相配对的反密码子，而3'CCA-OH末端能够与特定的氨基酸结合。氨基酰tRNA是氨基酸的活化形式，由氨基酰-tRNA合成酶催化生成，该酶有绝对的专一性，只允许特定的氨基酸与特定的tRNA结合，从而保证了翻译时的正确性。

4. 核糖体循环

蛋白质生物合成可以分为三个步骤：①起始：核糖体亚基和起始tRNA在起始因子和其他因子参与下与mRNA上编码区5'端起始密码子结合，生成起始复合物。②延伸：核糖体与mRNA相对移动，在延伸因子参与下由tRNA携带氨基酸进入核糖体，合成由mRNA序列编码的多肽链。③终止：延伸至mRNA上出现终止密码，释放因子进入核糖体，使新生肽链及核糖体从mRNA上释放出来，从而完成一条多肽链的合成。释放出来的核糖体又可以与起始tRNA、起始因子、mRNA结合，再进行另一个蛋白质的合成，因此称核糖体循环。肽链合成时的方向是从氨基端到羧基端，mRNA模板上的翻译方向是5'→3'。在翻译过程中，每一条mRNA链上可以同时有数个核糖体结合进行肽链合成，这种现象被称为多核糖体。

5. 蛋白质合成后加工

新合成的肽链必须经过翻译后加工，才能成为有生物活性的成熟蛋白质。有限水解是最常见 的加工形式：新生肽链的先导N端的蛋氨酸残基，在肽链离开核糖体后，即由特异的蛋白水解酶切除；分泌性蛋白和跨膜蛋白的翻译初始产物的N端都具有13～36个氨基酸残基，被称为信号肽，跨膜转运后被切除；有些蛋白质前体中的某些肽段被切除后，才能折叠形成空间结构；多蛋白在翻译后经水解作用产生数个不同的蛋白质。共价化学修饰是另一种常见的加工形式。氨基酸残基中某些侧链可被乙酰化、糖基化、羟化、甲基化、核苷酸化、磷酸化等。

五、基因表达的调控

DNA 储存着细胞和生物体的所有信息，但在不同组织、不同的发育阶段，这些细胞是有着很大差异的，这些差异源于某些基因的表达与否及表达量上的差异。基因表达的调控可在转录水平和翻译水平上进行，通常以转录水平的调控为主，转录水平的调控还包括mRNA加工成熟。不同生物使用不同的信号来指挥基因调控，原核生物对营养状况和环境因素反应敏感，真核生物则受激素水平和发育阶段的影响。

（一）原核生物的操纵子调控模式

对原核生物的研究，提出了操纵子模式。原核生物几个功能相关的结构基因往往会排列在一起，转录出一段mRNA，然后分别翻译出几种蛋白质。这些蛋白质可能是催化某代谢途径的酶系统，或执行其他相关功能。这样一套结构基因，连同其上游的调控成分，称为一个操纵子。操纵子除含有一组结构基因外，还有启动子和操纵基因。启动子是结合RNA 聚合酶的DNA 序列；操纵基因是结合阻遏物的部位，位于启动子与结构基因之间。操纵基因是RNA 聚合酶能否通过的开关，如果有阻遏物结合在操纵基因上，RNA 聚合酶则不能通过，转录停止；如果无阻遏物结合在操纵基因上，RNA 聚合酶则可以通过并转录结构基因。这种方式称为负调控。乳糖操纵子和色氨酸操纵子分别是可诱导的负调控和可阻遏的负调控的典型代表。

（二）真核生物的基因转录调控

真核生物结构基因上也有调控区。DNA 核苷酸序列分析表明，这些区域存在特有的相似或一致性的序列，它们能与特定的蛋白质因子结合而产生调控作用。这些相似性序列被称为顺式作用元件，蛋白质因子被称为反式作用因子。顺式作用元件有启动子、增强子和衰减子等；蛋白质因子大都是转录因子，结构上有能够与DNA 结合的区域，如螺旋-转角-螺旋结构、锌指结构和亮氨酸拉链结构等。

六、分子生物学实验技术相关知识

（一）限制性核酸内切酶

凡能识别和切割双链DNA 分子内特异核苷酸序列的酶称为限制性核酸内切酶。限制性核酸内切酶都是从原核生物中发现的，其天然生物学功能是构成细菌抵抗外源入侵DNA 的防御机制。限制性核酸内切酶常分为三种类型：Ⅰ型限制性核酸内切酶对DNA 链的识别位点与切割位点不同，不能产生特异性DNA 片段；Ⅱ型限制性核酸内切酶能识别与切割DNA 链上同一个特异性核苷酸序列，产生特异性的DNA 片段；Ⅲ型限制性核酸内切酶虽有特异性切割位点，但其有多个亚基并分别由不同的基因编码。故Ⅰ型和Ⅲ型限制性核酸内切酶作为工具酶的意义不大，通常所说的限制性核酸内切酶即是Ⅱ型酶。已经从250 多种微生物中分离到约400 种限制性核酸内切酶，它们识别的DNA 序列一般含4～6 个核苷酸，切割时有的产生平头末端，有的产生粘性末端。限制性核酸内切酶是基因操作中最重要的工具酶。

（二）载体

能携带外源基因进入受体细胞的工具叫载体，常用的载体有质粒和噬菌体。载体应具有如下特性：

（1）易于转化进入宿主细胞；

（2）在宿主细胞中能独立自主地复制；

（3）有抗药性基因以利于筛选；

(4)有多克隆位点以备外源基因插入；

(5)对同一种限制性核酸内切酶只有一个切口；

(6)含有强启动子，能驱动外源基因在宿主中表达；

(7)易于从宿主细胞中分离纯化。

(三)DNA 文库

应用核酸的分离、纯化技术可以把生物体内全部DNA 提纯后，用限制性核酸内切酶随机切割成数以万计的片段，所有片段均重组入同一类载体上，得到许多重组体，再全部转化到某种宿主中保存起来，称为DNA 文库。用生物体内全部DNA 制备的文库称为基因组DNA 文库；用生物体内全部mRNA 经提取并逆转录制备的全部cDNA 建库称为cDNA 文库。

(陈枢青)

第二节 实验项目

实验二十九 质粒DNA 的提取

【基本原理】

质粒(plasmid)是一种染色体外的稳定遗传因子，具有双链闭环结构的DNA 分子。质粒具有自主复制能力，能使子代细胞保持它们恒定的拷贝数，可表达它携带的遗传信息。目前，质粒已广泛地用作基因工程中目的基因的运载工具——载体。从大肠杆菌中提取质粒DNA，是一种分子生物学中最基本的方法。质粒DNA 的提取是依据质粒DNA 分子较染色体DNA 为小，且具有超螺旋共价闭合环状的特点，从而将质粒DNA 与大肠杆菌染色体DNA 分离。目前国内外的一些实验室所用的方法有以下几种：碱变性法、溴乙啶-氯化铯密度梯度离心法、DNA 质粒释放法、羟基磷灰石柱层法及酸酚法。目前普遍采用的碱变性法具有操作简便、快速、得率高的优点。其主要原理是，利用染色体DNA 与质粒DNA 的变性与复性的差异而达到分离目的。在碱变性条件下(pH=12.6)，染色体DNA 的氢键断裂，双螺旋结构解开而变性，质粒DNA 氢键也大部分断裂，双螺旋也有部分解开，但共价闭合环状结构的两条互补链不会完全分离，当以pH=4.8 的乙酸钠将其pH 调到中性时，变性的质粒DNA 又恢复到原来的构型，而染色体DNA 不能复性，形成缠绕的致密网状结构，离心后，由于浮力密度不同，染色体DNA 与大分子RNA、蛋白质-SDS 复合物等一起沉淀下来而被除去。分离质粒DNA 的方法一般包括3 个基本步骤：培养细菌使质粒扩增；收集和裂解细菌；分离和纯化质粒DNA。

【试剂与器材】

一、试剂

1. 培养菌体的试剂

(1)LB(Luria-Bertani)液体培养基：胰蛋白胨10 g，酵母提取物5 g，NaCl 10 g，溶解于1000 mL 蒸馏水中，用NaOH 调pH 至7.5。高压灭菌(1.03×10^5Pa，20 分钟)。

(2)LB 平板培养基：在每1000 mL LB 液体培养基中加入15 g 琼脂，高压灭菌(1.03×10^5 Pa，20 分钟)。

(3)含抗菌素的LB 培养基：将无抗菌素的培养基高压灭菌后冷却至65℃，根据不同需要，加入不同抗菌素溶液。筛选含质粒pBR322的大肠杆菌时使用含氨苄青霉素的质量浓度为20 mg/L，四环素为25 mg/L的培养基，扩增质粒pBR322时可用含氯霉素为170 mg/L的培养基。

2. 分离和纯化质粒DNA的试剂

(1)pH＝8.0的GET缓冲溶液(50 mmol/L葡萄糖，10 mmol/L EDTA，25 mmol/L Tris-HCl)；用前加溶菌酶4.0 g/L。

(2)SDS溶液：0.2 mol/L NaOH；1％SDS(必须新鲜配制)。

(3)pH＝4.8的醋酸钾溶液(60 mL 5 mol/L醋酸钾溶液，11.5 mL冰醋酸，28.5 mL H_2O)：该溶液钾离子浓度为3 mol/L，醋酸根离子浓度为5 mol/L。

(4)酚/氯仿(体积比为1∶1)：酚需在160℃重蒸，加入抗氧化剂8-羟基喹啉，使质量分数为0.1％，并用Tris-HCl缓冲溶液平衡两次。氯仿中加入异戊醇，使氯仿与异戊醇的体积比为24∶1。

(5)pH＝8.0的TE缓冲溶液：10 mmol/L Tris-HCl，1 mmol/L EDTA，其中含RNA酶(RNase A)的质量浓度为20 mg/L。

(6)无水乙醇及70％乙醇。

二、器材

1. 1.5 mL塑料离心管(又称Eppendorf小离心管)30个

2. 塑料离心管架(30孔)1个

3. 10，100，1000 μL微量加样器各一支

4. 培养皿

5. 台式高速离心机(20000 r/min)1台

6. 电热恒温培养箱

7. 高压灭菌锅

8. 大肠杆菌DH52

【操作步骤】

一、培养细菌

将带有质粒pBR322的大肠杆菌接种在LB平板培养基上，37℃培养24～48小时。也可将菌种接种于预先准备好的2～5 mL含氯霉素的LB培养液中，37℃摇床培养24小时。

二、收集和裂解细菌

1. 用3～5根牙签挑取平板培养基上的菌落，放入1.5 mL Eppendorf小离心管中，或取液体培养菌液1.5 mL置Eppendorf小离心管中，用转速为10000 r/min的离心机离心5分钟，去掉上清液。

2. 用1.0 mL TE缓冲溶液洗涤2次，收集菌体沉淀。

3. 加入150 μL GET缓冲溶液，充分混匀，在室温下放置10分钟。溶菌酶在碱性条件下不稳定，必须在使用时新配制溶液。加入200 μL新配制的SDS溶液。加盖，颠倒2～3次使之混匀。不要振荡，冰浴放置5分钟。

4. 加入150 μL冷却的pH＝4.8醋酸钾溶液。加盖后颠倒数次使混匀，冰浴放置15分钟。

5. 用转速为10000 r/min的台式高速离心机离心5分钟，上清液倒入另一干净的离心管中，醋酸能沉淀SDS、SDS与蛋白质的复合物和染色体DNA，在冰浴放置15分钟是为了使沉淀完全。如果上清液经离心后仍混浊，应混匀后再冷却至0℃并重新离心。

三、分离和纯化质粒DNA

1. 向上清液加入等体积酚/氯仿，振荡混匀，用转速为10000 r/min的离心机离心2分钟，将上清液转移至新的离心管中。用酚与氯仿的混合液除去蛋白，效果较单独使用酚或氯仿要好。

2. 向上清液加入2倍体积无水乙醇，混匀，室温放置2分钟；4℃，用转速为10000 r/min的离心机离心5分钟，倒去上清乙醇溶液，把离心管倒扣在吸水纸上，吸干液体。

3. 加入1 mL 70%乙醇，振荡并4℃用转速为10000 r/min的离心机离心2分钟，倒去上清液。

4. 将管倒置于滤纸上，使乙醇流尽，于室温蒸发痕量的乙醇或真空抽干乙醇，待用(可以在−20℃保存)。

【讨论】

一、从大肠杆菌中提取的pBR322质粒DNA，是一种松驰型复制的质粒，拷贝数多。氯霉素存在下，染色体DNA被抑制而质粒DNA不断扩增，可通过加入氯霉素的培养基来扩增质粒。

二、分离质粒DNA时，从平板上挑用的菌体不能太多，因菌量多，杂酶也相应增加，给提取、纯化增加困难，电泳后得到DNA带不整齐。

三、将细菌先悬于TE缓冲溶液中，要比直接处理菌体沉淀更易溶菌。

四、加用GET缓冲溶液的作用：用碱-SDS处理前用溶菌酶处理效果较好，但即使不进行该步骤，仍可使大部分细菌溶解。50 mmol/L葡萄糖可使pH调整变得很容易。使用EDTA是为了去除细胞上的Ca^{2+}，使溶菌酶易与细胞壁接触。

五、SDS溶液必须新鲜配制；SDS能使细胞膜裂解，并使蛋白质变性。

六、在提取过程中，应尽量保持低温，操作要温和，防止机械剪切；使用RNA酶时，利用该酶耐热的特性，应对酶液进行热处理(80℃，1小时)，使混入其中的脱氧核糖核酸酶失活，以避免脱氧核糖核酸酶对质粒DNA的酶解。

七、采用酚/氯仿去蛋白的效果较单独用酚或氯仿好。要将蛋白去除干净，需多次抽提，但本实验只抽提一次，以防止质粒DNA断裂成碎片。

(蒋燕灵)

实验三十　质粒DNA酶切及琼脂糖凝胶电泳分离鉴定

【基本原理】

限制性内切酶已有数百种之多，它们只降解双链DNA分子，不能切单链DNA；每种酶有其特定的核苷酸序列识别特异性，酶的活性需Mg^{2+}来激活。但不同的酶也有许多差别：有些酶除需Mg^{2+}外，还需ATP等其他辅助因子的激活；切割位点和识别序列间的距离不同；有的内切酶同时具有甲基化作用。根据这些差别，可将限制性内切酶分为Ⅰ、Ⅱ和Ⅲ三种类型。Ⅱ型限制性内切酶只需要二价镁离子的激活，酶在其识别序列内切割双链DNA，产生的各种DNA片段具有相同的末端结构，而且大多数的Ⅱ型酶可提供粘性末端，有利于片段再连接，大部分Ⅱ型酶所识别的序列具有反向对称的结构，或称之回文结构。如EcoRⅠ和HindⅢ的识别序列和切口分别为：

EcoRⅠ：G↓A A T T　C
　　　　C　T T A A↑G

Hind Ⅲ：A↓A G C T　T
　　　　T　T C G A↑A

限制性内切酶对环状质粒DNA有多少切口，就能产生多少个酶切片段。因此，鉴定酶切后的片段在电泳凝胶的区带数，就可以推断切口的数目；从片段迁移率可以大致判断酶切片段大小的差别。用已知相对分子质量的线状DNA为对照，通过电泳迁移率的比较，可以粗略地测出分子形状相同的未知DNA的相对分子质量。

质粒DNA的相对分子质量一般在10^6～10^7范围内，如质粒pBR322的相对分子质量(M_r)为2.8×10^6。在细胞内有三种立体异构体：①共价闭环DNA(covalently closed circular DNA，简称cccDNA)，常以超螺旋形式存在；②如果两条链中有一条链发生一处或多处断裂，分子就能旋转而消除链的张力，这种松弛型的分子叫作开环DNA(open circular DNA，简称ocDNA)；③双链线状DNA由于两条链的切口在同一部位被切断，不能成环，完全开放成线状，简称linear。如果要测定质粒DNA的相对分子质量，最好把质粒用单一切口的酶水解得到线性DNA片段。在电泳时，同一质粒如以cccDNA形式存在，它比其开环DNA(ocDNA)和线状DNA(linear)的泳动速率快，而linear又要快于ocDNA。本实验制备出的质粒为cccDNA，由于操作原因或较长时间的储存会形成ocDNA，因此在本实验中，自制质粒在电泳凝胶中可呈现2条区带。

本实验以商品pBR322质粒DNA为标准，以自己提取的质粒DNA为样品，用限制性内切酶EcoRⅠ酶切，经琼脂糖凝胶电泳分离酶切片段以鉴定自制pBR322质粒DNA。同时用EcoRⅠ酶解λDNA，其酶切片段作为样品酶切片段相对分子质量标准。

【试剂与器材】

一、试剂

1. EcoRⅠ酶解缓冲溶液(10×)：1 mol/L，pH＝7.5 Tris-HCl；0.5 mol/L NaCl；0.1 mol/L $MgCl_2$。

2. TBE缓冲溶液(5×)：称取Tris 10.88 g，硼酸5.52 g和EDTA-Na_2 0.72 g，用蒸馏水溶解后，定容至200 mL，即配成89 mmol/L Tris，89 mmol/L 硼酸，2 mmol/L EDTA pH＝8.3(5×)的TBE缓冲溶液。使用时，用蒸馏水稀释10倍，称为TBE稀释缓冲溶液(0.5×TBE)。

3. 样品缓冲溶液(10×):0.25%溴酚蓝,0.25%二甲苯青FF(或称二甲苯蓝),40%蔗糖水溶液(W/V)(或用30%甘油水溶液)。

4. 菲啶溴红染色液:将菲啶溴红(溴乙啶)溶于蒸馏水或电泳缓冲溶液使最终浓度达到0.5~1 mg/L。避光保存。

5. EcoR Ⅰ 酶

6. 琼脂糖

7. λDNA

8. pBR322 质粒DNA

二 器材

1. 电泳仪　　2. 电泳槽模板(梳子)　　3. 紫外灯

4. 水平仪　　5. 玻璃板(10 cm×16 cm)　　6. 玻璃纸

7. 锥形瓶(100 mL)

【操作步骤】

一、质粒DNA 的酶解

1. 将上一实验纯化的并经真空干燥的自制的pBR322 质粒加20 μL TE 缓冲溶液(内含新加入的RNase A)使DNA 完全溶解。

2. 将5 只清洁、干燥、灭菌的带塞离心小管编号,用微量加样器按下表所示将各种试剂分别加入每个小管内。加样时,要准确无误,并保持公用试剂的纯净。

DNA 酶解加样表

	编　　号	1	2	3	4	5
所加试剂的量	λDNA/μg				1	
	自提质粒/μL	10	10			
	pBR322/μg			0.5		0.5
	内切酶EcoR Ⅰ/μL		4		4	4
	EcoR Ⅰ 酶解缓冲溶液(10×)/μL	2	2	2	2	2
	无菌双蒸水补足,使每管总体积达到20 μL					

3. 加样后,小心混匀,置于37℃水浴中,酶解2~3 小时(有时可以过夜),然后向每个小管中分别加入1/10 体积的样品缓冲溶液,混匀。样品缓冲溶液可以使酶反应终止,还可提高样品密度,使样品均匀沉到样孔底,也可使样品带色,便于观察。各酶解样品于冰箱中贮存备用。

二、琼脂糖凝胶电泳

1. 琼脂糖凝胶的制备

称取0.6 g 琼脂糖,置于锥形瓶中,加入50 mL TBE 稀释缓冲溶液,瓶口倒扣一个小烧杯(或小漏斗),置于高压锅内加热,使琼脂糖全部融化在缓冲溶液中即可,取出摇匀,则为1.2%琼脂糖凝胶液。除此之外也可用沸水浴或微波炉加热直至琼脂糖溶解。

2. 胶板的制备

取玻璃板10 cm×16 cm(厚2 mm)一块,洗净、晾干。在该玻璃板的背面,用红色玻璃笔于短边的一端约2cm 处划一条直线,取橡皮膏将玻璃板的边缘封好。将玻璃板置于水平板上,再将样品槽成型梳垂直固定在玻璃板表面,并注意梳齿在玻璃板的稍上一点,但不接触玻璃板。将冷却至65℃的琼脂糖凝胶液小心地倒在玻璃板上,使胶液缓慢地展开,直到在整个玻璃板表面形成均匀的胶层,室温静置1 小时,待凝固完全后拔出样品槽模板,用滴管在样品槽内注满

TBE 稀释缓冲溶液以防止干裂。制备好胶板后应立即取下橡皮膏，将胶板放在电泳槽中使用。

3. 加样

小心将约 25 μL 样品加入每一样品槽内，要防止相互污染。

4. 电泳分离

接通电源，电压为 60～80 V，电流为 40～50 mA，当溴酚蓝移到距离胶板下沿约 1～2 cm 处时，停止电泳。

5. 染色及观察

将电泳后的胶板连同玻璃板浸入溴乙啶染色液中，30～45 分钟后取出。在波长为 254 nm 的紫外灯下，观察染色后的电泳胶板。

【讨论】

一、pBR322 的电泳行为

1. 标准质粒 pBR322 与自提 pBR322 未经酶解，电泳图谱上应观察到 2～3 条带。

2. 标准质粒 pBR322 与自提 pBR322 经过酶解，只观察到一条带。因为它具有多种限制性内切酶的单一切点；如果不是一条带，可能由于酶量不足而不能完全被酶解成线性分子，或是掺有其他形状分子所造成。

二、EB 染色特点及注意事项：溴乙啶(Ethidium Bromide，EB)能插入 DNA 分子中的碱基对之间，和 DNA 形成一种荧光络合物，在 254 nm 波长紫外线照射下呈现橙黄色荧光。EB 具有很多优点：①染色操作简便、快速，室温下染色 15～20 分钟即可；②不会使核酸断裂；③灵敏度高，10 ng DNA 即可检出；④可以加到样品中，可随时用紫外吸收追踪。但溴乙啶是较强的诱变剂，操作时要戴一次性手套，对含有溴乙啶的溶液应进行净化处理(参见实验十二“琼脂糖凝胶电泳分离 DNA”)。

(蒋燕灵)

实验三十一　质粒DNA的分子杂交

【基本原理】

DNA分子杂交是指双股DNA分子的变性和带有互补顺序的同源链间的配对过程。E. M. Southern于1975年创造的Southern blot(southern印迹)是一种DNA分子杂交方法。这项技术包括在琼脂糖凝胶上按片段大小电泳分离待检DNA降解物;用NaOH对凝胶中的DNA进行变性处理;通过毛细管作用将变性的单链DNA吸印到硝酸纤维素滤膜上;吸印在硝酸纤维素滤膜上的DNA与^{32}P标记的探针杂交;然后洗掉没有杂交的游离DNA分子;经放射自显影后,在X-光底片上出现相应区带,以此证明该基因片段与已知的探针是否具有同源序列。

缺口平移(nick translation)法,是制备DNA探针的主要方法。先以DNA酶消化双链DNA,得到有数个缺口的双链DNA,这些具有3'-OH末端DNA链,即可成为引物。大肠杆菌DNA聚合酶的聚合作用能在缺口的末端加入^{32}P标记的核苷酸,并使链得以延伸,同时该酶又具有5'→3'外切酶活性,能从缺口的末端切去核苷酸,因此新合成的DNA链带有放射性。

【试剂与器材】

一、试剂

1. 20×SSC溶液500 mL:3 mol/L NaCl,0.3 mol/L柠檬酸钠,用1 mol/L HCl溶液调pH至7.0。

2. 变性溶液500 mL:1.5 mol/L NaCl,0.5 mol/L NaOH。

3. 中和溶液500 mL:0.5 mol/L Tris,3 mol/L NaCl,用1 mol/L HCl溶液调pH至7.4。

4. 10×缺口平移缓冲溶液:0.5 mol/L,pH=7.4 Tris-HCl,0.1 mol/L $MgSO_4$,1 mmol/L二硫苏糖醇,500 mg/L牛血清白蛋白(BSA,Fraction V)。

5. 100×Denhardt溶液:牛血清白蛋白0.2 g,聚乙烯吡咯烷酮0.2 g,聚蔗糖0.2 g,加无菌双蒸水至10 mL。

6. 预杂交溶液:20×SSC 4 mL,100×Denhardt溶液0.2 mL,小牛胸腺DNA 0.1 mL(10 g/L),用水定容至20 mL。

7. DNA聚合酶Ⅰ:4单位。

8. DNA酶Ⅰ:0.1 mg/L。

9. dNTP均为0.5 mmol/L。

10. α-^{32}P-dATP:10 μc。

11. α-^{32}P-dCTP:10 μc。

12. 10 mol/L NaOH溶液。

13. 1 mol/L,pH=7.4 Tris-HCl缓冲溶液。

14. 20% SDS溶液。

15. 0.2 mol/L EDTA-Na_2溶液。

16. 0.5 mol/L Na_2HPO_4溶液。

二、器材

1. 恒温水浴　2. 台式高速离心机　3. 同位素自动定标器和放射性监测器

4. 烤箱　5. 硝酸纤维素滤膜(NC膜)　6. 烫封机

【操作步骤】

一、pBR322 质粒的制备，见实验二十九。

二、pBR322 质粒DNA 酶切及琼脂糖凝胶电泳分离，见实验三十。

三、Southern 印迹

1. 琼脂糖凝胶电泳完成后，将凝胶用1 mg/L 的溴乙啶溶液染色10 分钟，在紫外灯下照像，照片供分析结果用。

2. 用刀片切掉未用过的凝胶边缘区域，在含有DNA 片段的凝胶切下一小角作记号，将凝胶转至玻璃平皿中。

3. 在室温下将凝胶浸泡在变性溶液中，放置40 分钟并不断轻轻摇动，使凝胶上的DNA 充分变性。

4. 将凝胶转移至另一玻璃平皿中，中和溶液浸泡40 分钟，不断摇动。

5. 在直径为20 cm 的玻璃平皿中盛以20×SSC 溶液，平皿中央再放一个直径为10 cm 的平 皿作为支撑物，上面放一块10 cm×5 cm 的玻璃板，板上铺好两张与玻璃板宽度相同的滤纸，滤纸的两个长边垂入20×SSC 溶液中，使溶液不断地吸到滤纸上。玻璃板与滤纸之间不能有气泡，滤纸不能用手直接触摸。

6. 将NC 膜切割成与凝胶大小完全一致，用去离子水浸湿后转入20×SSC 溶液中浸泡半小时，注意不能用手直接触摸NC 膜。

7. 将中和处理好的凝胶滑到已铺好的厚滤纸的玻璃板中央，赶掉凝胶与滤纸间的气泡。

8. 用镊子将NC 膜准确地放在凝胶上，不能再移动。仔细去掉凝胶和NC 膜之间的气泡。

9. NC 膜上覆盖两张预先用20×SSC 溶液浸湿的同样大小的厚滤纸，并再次去掉气泡。

10. 裁一叠卫生纸约3 cm 厚，四边小于NC 膜2 cm，放在滤纸上。

11. 吸水纸上放置一块玻璃板，在玻璃板上放约500 g 重物。

12. 卫生纸吸湿后需不断更换（5～6 次）以加速转移。凝胶上的DNA 转移至NC 膜上约需12 小时以上。

13. 取下NC 膜，浸于6×SSC 溶液中，约5 分钟后取出。

14. 将NC 膜夹在4 层普通滤纸中，置65℃烘箱烘烤4 小时，取出备用。

四、探针的制备（切口平移法）

以下均在同位素防护下进行。

1. 在1.5 mL 塑料离心管中加入以下试剂：

0.5 μL	pBR322 质粒DNA 溶液（含DNA 0.2 μg）
1 μL	0.5 mmol/L dTTP
1 μL	0.5 mmol/L dGTP
10 μc	α-^{32}P-dATP
10 μc	α-^{32}P-dCTP
0.5 μL，4U	DNA 聚合酶 I
2 μL	DNA 酶 I（0.1 mg/L）
2 μL	10×缺口平移缓冲溶液
9.5 μL	无菌双蒸水

2. 14℃恒温水浴保温30 分钟。

3. 加入EDTA 溶液（0.2 mol/L）3 μL 以终止反应。

4. 用同位素定标器检查标记率：①在探针制备时、开始加入同位素时和反应结束后各取0.5 μL 反应液，滴在DE-81 滤纸上，凉干后洗去未标记的同位素；②用0.5 mol/L 磷酸氢二钠溶液洗5 次，每次5 分钟；③ 用双蒸水洗3 次，每次1 分钟；④用无水乙醇洗2 次，每次1 分钟，吹干；⑤在同位素定标器上测定同位素标记率，一般标记率为30%左右。

5. 变性探针：取10 μL 探针放入Eppendorf 管中，加入2.5 μL 10 mol/L NaOH 溶液，室温下放置5 分钟，使DNA 成为单链。再加入600 μL 1.0 mol/L，pH=7.4 Tris-HCl 缓冲溶液和400 μL 1.0 mol/L HCl 溶液。

五、分子杂交

1. 预杂交

将已烘干的NC 膜用6×SSC 溶液充分浸湿后，放入大小适合的塑料袋中，加入5 mL 预杂交液，尽量排除气泡，用塑料封口机封好，置65℃水浴中保温4 小时(预杂交的目的是用高分子化合物(Denhardt 溶液)或者小牛胸腺DNA 和鲑鱼精DNA 这类非特异性分子将待测DNA 中的非特异性位点封闭，避免探针在杂交过程中与非特异性位点结合而影响杂交效果)。

2. 杂交

在杂交过程中，单链DNA 探针与待测DNA 中特异基因按碱基排列顺序，在一定温度下杂交，复性。①预杂交完毕后，将装有NC 膜的塑料袋剪去一角，将预杂交液倒出，再灌入3 mL 新的预杂交液；②将变性后探针加入塑料袋中。用塑料烫封机将塑料袋口封住，注意滤膜上不要有气泡，可以将气泡赶到塑料袋边缘，再加上一道封口。把塑料袋放入装有水的玻璃平皿中，盖上盖，置65℃恒温水浴中保温约8～16 小时。

3. 洗膜

洗膜的过程是将NC 膜上未与DNA 杂交的非特异性结合探针从NC 膜上洗去，而将特异性杂交DNA 保留在膜上。①将杂交后的滤膜小心地取出，放入装有6×SSC、1%SDS 溶液中漂洗2 次，每次5～10 分钟；②再将滤膜转入6×SSC、0.1%SDS 溶液中，在65℃恒温下继续漂洗10 分钟；③把漂洗后的滤液夹在4 层滤纸中，在65℃烤箱中烘干20 分钟。

4. 放射性自显影

① 将滤膜用保鲜膜包住，固定在滤纸上；②在暗室中将滤膜上覆盖一张X-光底片，并用2 张增感屏将滤膜和X-光底片夹住，置暗盒中曝光20 分钟；③取出X-光底片置显影液中15 分钟，置定影液中定影20 分钟后，用水冲洗晾干；④分析放射性自显影结果。

【讨论】

一、印渍膜的选择

目前印渍术所用固定化材料，主要有硝酸纤维素膜(NC)和尼龙膜，其中NC 膜应用较广泛。NC 膜呈乳白色，有正、反两面，浸泡时应把正面对着液面，印渍时也应把正面紧贴于凝胶的上面。

二、NC 膜固定生物大分子的作用机理

一般认为NC 膜的固定化是许多作用结合的结果，包括疏水作用、离子作用以及氢键的形成。双链DNA 不能结合NC 膜，因此，电泳后需用碱处理凝胶，使之解离为单链DNA，只有这样才能和NC 膜结合。这种结合会因温度升高而减弱，因盐浓度增加而加强，因此，DNA 印渍时常采用很高的盐浓度的缓冲溶液进行转移。

三、NC 膜装入塑料袋应注意的事项

经Southern 转移后的NC 膜封入透明塑料袋中，塑料袋比滤膜的尺寸大约宽0.7 cm，长约

8 cm，把NC膜装在底部，所用的塑料袋须坚固，以防放射性的杂交液流出污染。同时，NC膜装入塑料袋内要按压、推平以赶走气泡，防止气泡影响杂交效果。

四、猝灭剂的使用

在DNA印渍中常用Denhardt作为猝灭剂，这是一种大分子混合物，系用3×SSC配制的，由聚蔗糖、聚乙烯吡咯烷酮和牛血清白蛋白组成，所用浓度为0.02%。由于它们都可以非特异性地部分吸附在NC膜上，从而减少滤膜对探针的非特异性吸附，使杂交后，X-光片上的背景感光降低。

（蒋燕灵）

实验三十二　mRNA 提取与纯化

【基本原理】

构建cDNA 文库及反转录聚合酶链反应实验均需要mRNA，要分离某特定的mRNA，首先要从RNA 浓度高的细胞和组织中提取总RNA。从真核细胞中提取总的RNA 的方法有：①异硫氰酸胍-超离心法。异硫氰酸胍(guanidine isothiocyanate)是一类有效的解偶联剂，当细胞被它溶解后，细胞结构降解，蛋白质空间结构消失，蛋白质迅速与核酸解离，在4 mol/L 异硫氰酸胍和巯基乙醇存在下，RNA 酶失活，可提取完整的总 RNA。②NP_{40}法。NP_{40}(Onidet P_{40})为非离子表面活性剂，可使细胞膜裂解而不裂解核膜。胞浆成分(包括RNA)释放到溶液中，而基因组DNA 可通过离心除去。溶液再经酚提取和乙醇沉淀而获得RNA。③硫氰酸胍-酚-氯仿法。该法适用于 Northern 印迹分析和cDNA 文库的RNA 制备。其原理为：硫氰酸胍(guanidinum thiocyanate)是蛋白质变性剂，可使内源性酶失活。这种方法免除了超速离心步骤，而且它可以用于从少量的组织或细胞中提取RNA。本实验采用硫氰酸胍-酚-氯仿法提取总RNA。

mRNA 的纯化：大多数真核细胞的mRNA 在它们的3' 端带有Poly(A)尾，因此可以靠寡聚(dT)-纤维素做成的亲和层析柱从细胞中RNA 分离出mRNA。这样纯化的Poly(A)-RNA 可作为模板，用于构建cDNA 文库。

【试剂和器材】

一、试剂

1. 0.1%DEPC 水：取2 mL 焦碳酸二乙酯(diethyl-pyro carbonate，简称DEPC)加至2000 mL 水中，摇匀，过夜，灭菌。注：DEPC 被认为是致癌剂，故需戴手套。

2. 20%十二烷基肌氨酸钠溶液：50 mL 20%十二烷基肌氨酸钠加500 μL DEPC，置65℃约1 小时。

3. 10 mol/L NaOH 溶液：用0.1% DEPC 水配制。

4. 3 mol/L，pH=7.0 乙酸钠溶液：用0.1%DEPC 水配制。

5. 5 mol/L 氯化钠溶液：用0.1% DEPC 水配制。

6. 10%SDS：用0.1%DEPC 水配制，68℃加热1 小时。

7. 2 mol/L，pH=7.4 Tris-HCl 缓冲溶液：用0.1% DEPC 水配制，灭菌。

8. 0.1 mol/L NaOH 溶液(含5 mmol/L EDTA)：用0.1% DEPC 水配制。

9. 多聚A 上样缓冲溶液：用0.1% DEPC 水配制：

0.5 mol/L NaCl

10 mmol/L，pH=7.4 Tris-HCl

0.1% SDS

10. 1 mol/L，pH=7.0 柠檬酸钠溶液：用0.1%DEPC 水配制，灭菌。

11. 2 mol/L，pH=4 乙酸钠溶液：用0.1%DEPC 水配制，灭菌。

12. 氯仿/异戊醇(体积比为49：1)

13. β-巯基乙醇

14. 5 mmol/L，pH=8.0 EDTA 溶液：用0.1%DEPC 水配制，灭菌。

15. 甲酰胺及甲醛

16. 硫氰酸胍溶液：硫氰酸胍(GUCNS，M_r=116.16)23.639 g，1.25 mL 1 mol/L，pH=

7.0柠檬酸钠溶液；1.25 mL 20%十二烷基肌氨酸钠溶液，加0.1% DEPC水至50 mL，加热55℃，再加350 μL β-巯基乙醇。

17. MOPS[3-(N-morpholino) propanesulfonic acid，3-(N-吗啉代)丙磺酸]

18. 寡聚(dT)-纤维素

19. 10×甲醛变性电泳缓冲溶液，用0.1% DEPC水配制：

200 mmol/L MOPS；

10 mmol/L EDTA；

50 mmol/L，pH=7.0醋酸钠。

20. 样品缓冲溶液：取64.3 μL 10×甲醛变性电泳缓冲溶液，321.3 μL甲酰胺，114.4 μL甲醛，即得500 μL样品缓冲溶液。

21. 电极缓冲溶液(1×)(电泳前配制)：50 mL 10×RBS缓冲溶液，90 mL甲醛，360 mL 0.1% DEPC水。

22. TE-0.05%SDS溶液：

10 mmol/L，pH=7.4 Tris-HCl；

1 mmol/L EDTA；

0.05% SDS；

23. 异丙醇、乙醇、琼脂糖。

二、器材

1. 高速组织捣碎机　2. 高速离心机　3. 台式冰冻离心机

4. 水平电泳仪　5. 玻璃层析柱　6. 恒温水浴

7. 紫外检测仪　8. －20℃冰箱　9. 氮液

10. 冰浴

【操作步骤】

一、RNA的提取与鉴定

1. RNA的提取

(1) 从组织中提取RNA时，取1～2 g新鲜的组织，放入液氮中速冻。每克组织中加5 mL硫氰酸胍溶液(若所用原料为培养细胞则可用3瓶(T_{75}号瓶)细胞，共15 mL，细胞经过胰酶处理后，离心，悬浮于15 mL硫氰酸胍溶液中)。

(2) 用高速组织捣碎机破碎细胞(几秒钟)，加入0.5 mL 2 mol/L，pH=4.0醋酸钠溶液，充分混匀。

(3) 加入酚溶液5 mL，混匀，再加入氯仿/异丙醇(体积比为49∶1)1 mL，激烈振荡10秒钟。

(4) 置入冰浴中5分钟。然后在高速离心机上，4℃，8000 r/min，离心20分钟。小心取出水层，加入等体积的异丙醇，混匀，置于－20℃冰箱中。

(5) 超过1小时后，高速离心，8000 g，20分钟，将沉淀溶于0.7 mL硫氰酸胍溶液中，再加等体积异丙醇，置于Eppendorf离心管中，－20℃过夜。

(6) 次日，取出该管在台式离心机上，4℃离心10分钟，用75%乙醇洗1次。再悬浮于含0.1%DEPC水中。

2. RNA的电泳鉴定

(1)1%琼脂糖凝胶的制备(50 mL)　取0.5 g琼脂糖，加30 mL 0.1% DEPC水，在微波炉中熔化，再加5 mL 10×甲醛变性电泳缓冲溶液，冷却至约50℃，加8.9 mL 甲醛溶液，再加6.1 mL 0.1% DEPC 水，混匀后倒胶于电泳板上。

(2)上样　2 μL 样品中加7 μL 样品缓冲溶液，于65℃加热5分钟，然后再加2 μL 染料(染料配方同DNA 电泳)于80 V 电泳1.5小时。凝胶用0.5 g/L 溴乙啶染色1小时，在水中脱色过夜，在紫外灯下观察。

二、用寡聚(dT)-纤维素柱纯化m RNA

1. 寡聚(dT)-纤维素的准备

(1)将寡聚(dT)-纤维素放入5 mL 管中(约500 mg)。

(2)充满0.1% DEPC 水，静置约5分钟，弃去上清。

(3)按次序用下列溶液洗，每次洗后静置5分钟：① 0.1 mol/L 氢氧化钠溶液(含5 mmol/L EDTA)洗2次。② 用0.1% DEPC 水洗4次。③ 用多聚A 上样缓冲溶液洗3次。

2. 装柱及RNA 纯化

(1)用0.3 mL 已处理好的寡聚(dT)-纤维素装柱。

(2)检查流出液的pH(～7.4)，将RNA 样品(约100 μL)于65℃加热1分钟，加进等体积的多聚A 上样缓冲溶液，上柱。

(3)流出液收集于Eppendorf 管中。将流出液重复上柱5次。

(4)用5倍柱体积(约1.5 mL)多聚A 上样缓冲溶液洗柱，分3个Eppendorf 管收集，每管中加入2倍体积的乙醇(这应是非poly(A^+)部分)。

(5)电泳检查。如这部分RNA 未降解，说明整个过柱是好的，poly(A^+)-RNA 部分可不再检查。再用3倍柱体积的pH＝7.4 TE-0.05% SDS 溶液洗脱poly(A^+)-RNA 部分，共约0.9 mL，收集于两个Eppendorf 管中，每管约0.45 mL，每管中加入1/20体积的5 mol/L，pH＝5.3醋酸钠溶液及2倍体积无水乙醇(poly(A^+)部分)。置－20℃贮存。

【讨论】

一、焦碳酸二乙酯是一种强烈但不彻底的RNA 酶抑制剂。它通过和RNA 酶活性基团组氨酸的咪唑环反应而抑制酶的活性。因此，凡是不能高压灭菌的材料、器皿均可用DEPC 处理(0.1%溶液浸泡过夜)，然后再用蒸馏水冲净。试剂亦可用0.1%DEPC 水处理，再煮沸15分钟或高压灭菌15分钟以除去残存的DEPC，以防DEPC 通过羧甲基化作用对RNA 的嘌呤碱进行修饰。

二、在RNA 制备过程中，必须注意控制RNA 酶的活性，由于RNA 很容易被RNA 酶降解，加上RNA 酶稳定而且广泛存在，因此在提取过程中要严格防止RNA 酶的污染，并抑制其活性。这可采用以下措施：

(1)所有玻璃器皿均于使用前在180℃干烤3小时以上，塑料器皿可用0.1% DEPC 水浸泡；

(2)使用RNA 实验专用的电泳槽；

(3)全部实验过程戴一次性手套，接触可能污染了RNA 酶的物品后，应更换手套。

三、RNA 的完整性检测可通过琼脂糖变性凝胶电泳实施，28S 和18S 真核细胞RNA 比值约为2∶1，表明无RNA 降解。如该比值逆转，则表明有RNA 降解，因为28S rRNA 可特征性地降解为类似18S 的RNA。

(蒋燕灵)

实验三十三 血液标本中DNA的提取

【基本原理】

血标本中DNA主要存在于白细胞中。本法首先用TKM1和表面活性剂Igepal CA-630裂解白细胞，离心收集细胞核；再用TKM2和SDS裂解细胞核并溶解DNA；最后用6 mol/L NaCl溶液沉淀蛋白质，去蛋白上清液，加无水乙醇使DNA丝状物逐渐析出。

【试剂与器材】

一、试剂

1. 5%EDTA溶液

2. TKM1：10 mmol/L，pH=7.6 Tris-HCl，10 mmol/L KCl，10 mmol/L $MgCl_2$，2 mmol/L EDTA

3. Igepal CA-630

4. TKM2：10 mmol/L，pH=7.6 Tris-HCl，10 mmol/L KCl，10 mmol/L $MgCl_2$，2 mmol/L EDTA，0.4 mol/L NaCl

5. 10% SDS溶液

6. 6 mol/L NaCl溶液

7. 无水乙醇

8. 70%乙醇

9. DNA储存液：10 mmol/L Tris-HCl，1 mmol/L，pH=8.0 EDTA

二、器材

1. 水浴 2. 冰浴 3. 离心机 4. 紫外分光光度计

【操作步骤】

1. 在放有0.06 mL 5% EDTA溶液的试管中收集3 mL血样，摇匀（血样在−30℃下至少可以保存1星期）。

2. 取2 mL血样于5 mL离心管中，加2 mL TKM1。

3. 加0.05 mL Igepal CA-630 (Sigma)，振摇，直至Igepal CA-630全部溶解。

4. 在4℃转速为2200 r/min的离心机中离心10分钟。

5. 倒去上清液，留下的沉淀用2 mL TKM1清洗，继续上述条件的离心。

6. 去上清液，沉淀中加0.32 mL TKM2。

7. 加10% SDS溶液0.02 mL，充分摇匀，放在55℃水浴约10分钟至沉淀全部溶解。

8. 用冰冷却10分钟，然后加0.12 mL 6 mol/L NaCl溶液来沉淀蛋白质，再放冰浴10分钟。

9. 在4℃转速为5000 r/min的离心机中离心10分钟。

10. 取上清液，加两倍体积无水乙醇，在室温条件下摇晃试管，直至DNA析出。

11. 用玻棒转移DNA，在小离心管中用0.2 mL 70%乙醇清洗。

12. 把DNA悬浮于0.1 mL DNA储存液，4℃保存备用。

【讨论】

一、通过测定A_{260nm}和A_{280nm}的比值，可以估计DNA的纯度，一般A_{260nm}/A_{280nm}大于1.5为较纯。

二、DNA 的浓度可由A_{260nm}计算：

DNA 的质量浓度/mg·L^{-1}＝50×A_{260nm}。

三、DNA 分子大小可以通过琼脂糖凝胶电泳检查。

四、DNA 可在DNA 储存液中4℃长期保存，无需冰冻。

五、血标本应尽量新鲜；无法立即提取，可－30℃冰冻保存。

（陈枢青）

实验三十四　脉冲电场凝胶电泳

【基本原理】

传统的琼脂糖凝胶电泳只能分离相对分子质量较小的DNA 限制酶切片断及小的病毒、质粒DNA 分子，大的DNA 分子较难分开。这是因为大分子DNA 在电场作用下可变形挤过筛孔，此时，其迁移率不再依赖分子大小因而无法分离。降低琼脂糖浓度对分离大分子DNA 是有效的，但实际操作起来由于胶太脆而难以进行；近年来发展起来的脉冲电场电泳技术对于分离细菌染色体、高等动植物染色体等大分子DNA 非常有效。

脉冲电场技术的基本原理是不停地改变电场方向，使线状DNA 分子构象不断发生变化，构象变化会导致电泳迁移率的变化。由于DNA 分子构象转变所需时间长短与DNA 分子长度成正比，所以大分子DNA 在它停滞之前在凝胶上会泳动得更远，因此可按分子大小分离。

DNA 脉冲电场凝胶电泳受脉冲时间、电场强度、电场形状、凝胶浓度，缓冲溶液和温度等诸多因素的影响，其中最重要的是脉冲时间，它取决于DNA 分子的长度。$\lg M_t = A \cdot \lg t + B$，式中，$M_t$ 为DNA 的M_t(kb)；t 为有效脉冲时间(s)；A、B 均为常数，在1%琼脂糖凝胶，10 V/cm 的电场强度下，实际测得的A 值为0.78，B 值为1.48。脉冲时间与DNA 电泳速率有关，因此与电场强度成反比，增加琼脂糖浓度和降低温度，脉冲时间均相应增加。环状质粒DNA 在交变电场中迁移率远小于线状DNA，并且受脉冲时间的影响较小，故易和线状DNA 分开。

【试剂和器材】

一、试剂

1. NDS 溶液：0.01 mol/L，pH=9.5 Tris，0.5 mol/L EDTA，1% SDS，2 g/L 蛋白酶K 溶液。

2. 1×TBE：90 mmol/L Tris，90 mmol/L 硼酸，2.5 mmol/L，pH=8.2 EDTA-Na_2 溶液。

3. 琼脂糖

二、器材

1. 交变电泳仪　　2. 交变电泳槽　　3. 紫外检测仪　　4. 胶模

【操作步骤】

一、DNA 样品的制备

参照有关方法得到待分离的DNA，将DNA 悬浮液倒入EDTA 浓度为0.125 mol/L 的1%低熔点琼脂糖溶胶中(维持38℃)，混合后倒入模子内，并置冰箱内使其凝固，然后切成小块，浸泡在NDS 溶液中，50℃保温过夜，此包埋样品可在低温条件下长期保存。

二、脉冲电场凝胶电泳

1. 用0.5×TBE 配制1.5%琼脂糖凝胶，待凝胶凝固后，小心移去梳子，将样品凝胶块用小刀切成大小与加样孔相吻合的凝胶块，将样品小心插入加样孔中，避免在加样孔中产生气泡，每个加样孔约含DNA 0.5～1 μg。

2. 把胶放入电泳槽内，加入缓冲溶液，以刚好覆盖胶的表面为好，选择适当的电场强度和脉冲时间，在14℃条件下电泳。大于50 kb 的限制性片段在1.2 s 正向和0.4 s 反向的电脉冲下得以分离，时间一般为3.5 小时或更长。小于50 kb 的限制性片段在0.4 s 正向和0.2 s 反向的电脉冲(比率为2∶1)下得以分离，时间为3～5 小时。

3. 电泳完毕，取出凝胶，在质量浓度为1 mg/L 的溴乙啶(EB)溶液中浸泡20 分钟，水洗，然后在紫外灯检测仪下观察并照相。

【讨论】

由于电压较高会产生热量，为了保证温度恒定为14℃，需一些冷却设备。样品凝胶块的厚薄尽量与胶相同，这样可以节能并减少热量的产生。

（孙红颖）

实验三十五　RNA 分析——Northern 杂交

【基本原理】

Northern 杂交分析是一种广泛应用于RNA 检测和定量的方法，首先是将RNA 在变性的条件下进行电泳，分离出来的RNA 被转移到硝酸纤维膜或尼龙膜上，然后用一个放射性同位素标记或酶标记的DNA 或RNA 探针与被固定的RNA 杂交，探针与特异的靶序列相结合，通过放射自显影或酶促反应颜色来检测结合的程度。这种检测方法可对RNA 结合总量进行定量分析，也可对基因表达进行检测。

由于RNA 酶存在于所有的生物体中，并且较为耐受诸如高温等的物理破坏，所以在对RNA 进行操作时，应尤其注意防止RNA 酶的分解作用，将试剂及溶液用DEPC（焦碳酸二乙酯）处理可有效地抑制RNA 酶活性。

【试剂与器材】

一、试剂

1. DEPC（焦碳酸二乙酯）

2. 20×SSC 缓冲溶液（1000 mL）：175.3 g 氯化钠，82.2 g 柠檬酸钠，加HCl 溶液调pH 至7.0，高压灭菌。

3. 100×Denhardt 试剂：牛血清白蛋白0.2 g，聚乙烯吡咯酮0.2 g，聚蔗糖0.2 g，加双蒸水至10 mL。

4. 甲酰胺

5. 甲醛

6. 0.1% SDS（十二烷基硫酸钠）溶液

7. 5×SSPE（1000 mL）：43.5 g 氯化钠，6.9 g $NaH_2PO_4 \cdot H_2O$，7.4 g EDTA，用NaOH 溶液调pH 至7.4，高压灭菌。

8. 5×甲醛凝胶电泳缓冲溶液：0.1 mol/L MOPS [3-(N-玛琳代)丙磺酸]，40 mmol/L 乙酸钠，5 mmol/L EDTA。

将20.6 g 3-(N-玛琳代)丙磺酸(MOPS)溶于800 mL 经DEPC 处理(0.1% DEPC 于37℃至少处理12 小时，下同)的50 mmol/L 乙酸钠溶液中。用2 mmol/L NaOH 溶液将溶液的pH 值调至7.0，加10 mL 经DEPC 处理的0.5 mmol/L EDTA(pH=8.0)溶液，再加经DEPC 处理的水至总体积为1000 mL。上述溶液经0.2 μm 微孔滤膜过滤除菌，避光保存于室温。光照或高压后溶液逐渐变黄，淡黄色的缓冲溶液可正常使用，而深黄色的缓冲溶液则不能用。

9. 甲醛凝胶加样缓冲溶液：50%甘油，1 mmol/L EDTA，0.25% 溴酚蓝，0.25% 二甲苯青FF。

二、器材

1. 硝酸纤维滤膜(NC 膜)	2. 真空炉	3. 烫封机
4. 暗盒	5. 增感屏	6. X-光底片
7. 恒温水浴	8. 放射性污染监测器	

【操作步骤】

一、RNA 的提取

因为目前没有一种方法能直接扩增RNA，所以RNA 的分离通常是决定实验结果的第一步。RNA 的提取可参见实验九。

二、RNA 的电泳

可采用聚丙烯酰胺凝胶电泳或琼脂糖电泳来分离RNA，因为RNA 单链易形成二级结构，所以电泳过程中要将其变性。

1. 将适量琼脂糖溶于水，冷却至60℃，加入5×甲醛电泳凝胶缓冲溶液和甲醛至终浓度为1×和2.2 mol/L(将12.3 mol/L 甲醛贮存液、琼脂糖水溶液和5×甲醛凝胶电泳缓冲溶液按1∶2.5∶1.1 比例混合)。在化学通风橱内灌制凝胶，于室温放置30分钟，使凝胶凝固。

2. 在一灭菌微量离心管内加入以下样品：4.5 μL RNA，2.0 μL 5×甲醛电泳凝胶缓冲溶液，10.0 μL 甲酰胺。于65℃温浴15分钟，水浴冷却，离心5分钟使液体集中于管底，每一泳道至多分析30 μg RNA。

3. 加样前，将凝胶预电泳5分钟，电压降为5 V/cm，随后将样品加至凝胶加样孔。每个泳道加样量为15～40 μL(再加入2 μL 染色液)。加样后以3～4 V/cm 电压降电泳1～2小时，直至染色剂跑到凝胶边缘为止。用已知相对分子质量的RNA 作标准参照物，如用18s 和28s rRNA 或者9s 兔β-珠蛋白的mRNA，这些RNA 的长度分别为6333，2366和710个核苷酸。

4. 电泳结束后，切下相对分子质量标准参照物的凝胶条，浸入溴乙啶溶液(0.5 mg/L，0.1 mol/L 乙酸铵配制)染色30～40分钟，紫外灯下照相，测量每个RNA 条带到加样孔的距离。以RNA 片段大小的lg 值对RNA 条带的迁移距离作图，以此计算杂交相对分子质量的大小。

三、将变性RNA 转移至硝酸纤维素滤膜

1. 将凝胶用刀片切割，切掉未用掉的凝胶边缘区域，把含有变性RNA 片断的凝胶转至玻璃平皿中。

2. 参见图6-1，在一个大的玻璃皿中放置一个小玻璃皿或一叠玻璃作为平台，上面放一张Whatman 3MM 滤纸，倒入20×SSC 缓冲溶液使液面略低于平台表面，当平台上滤纸湿透后，用玻棒赶出所有气泡。

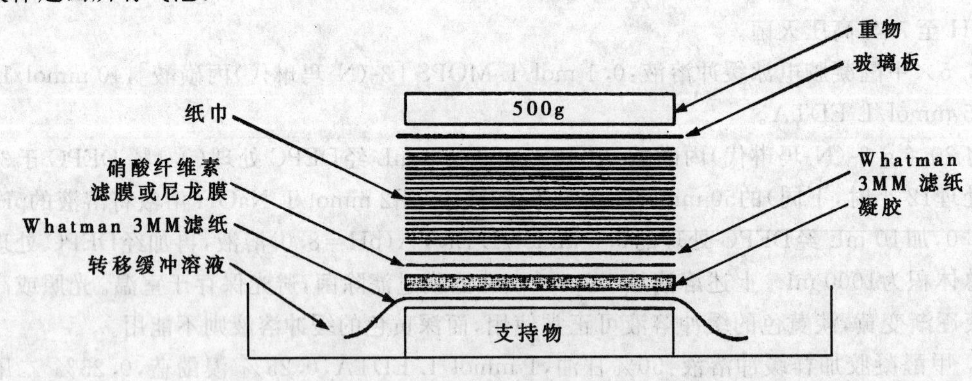

图6-1 RNA 的Northern 杂交

3. 将NC 膜切割成与凝胶大小一致的一块，用去离子水浸湿后转入20×SSC 缓冲溶液中浸泡半小时。注意不能用手直接接触NC 膜。

4. 凝胶置于平台上湿润的3MM 滤纸中央，滤纸和凝胶之间不能有气泡。

5. 将NC 膜放在凝胶上，小心不要使其再移动，赶出气泡，做好记号。

6. NC 膜上覆盖另一层Whatman 3MM 滤纸(用20×SSC 缓冲溶液预先浸湿)，再次赶出气泡，依图所示加上纸巾、玻板、重物，使NC 膜上的RNA 发生毛细转移，转移需6～18小时，纸巾湿后应更换新的纸巾。

7. 取下NC膜，浸入6×SSC缓冲溶液（由20×SSC缓冲溶液稀释得到）中，5分钟后取出晾干，放在两层滤纸中间，于80℃真空炉中烘烤0.5～2小时。

四、杂交和放射自显影

固定于滤膜上的RNA的预杂交、杂交和淋洗等条件，与DNA杂交相应条件基本相同，可参见有关方法，现简述如下：

1. 用下列两种溶液之一进行预杂交，时间为1～2小时。

(1)若于42℃进行，采用50%甲酰胺、5×SSPE、2×Denhardt试剂、0.1% SDS。

(2)若于68℃进行，采用6×SSC、2×Denhardt试剂、0.1% SDS。

2. 在预杂交液中加入变性的放射性标记探针，在适宜的温度条件下继续培育16～24小时，如用DNA探针，则必是能与RNA互补的一条单链。

3. 用1×SSC，0.1% SDS溶液室温洗膜20分钟，随后用0.2×SSC、0.1% SDS溶液于68℃洗膜3次，每次20分钟。

4. 将湿凝胶（包在Saran包装膜内）对底片进行曝光，即可检测出琼脂糖凝胶中的^{32}P核酸。但若要使灵敏度和分辨率达到最高，就应先把放射性标记的核酸转移到一固相支持物（硝酸纤维素滤膜或呢绒膜）上，然后干燥，并用Saran包装膜包起来（以防污染X-光片夹或增感屏）。

5. 在垫纸上或Saran包装膜上围绕凝胶的边界放置数片用放射性墨水标记的胶带，胶带上再用Scotch胶带加以封盖，以防止放射性墨水污染X-光片夹或增感屏。

6. 在暗室内把样品凝胶置于完全不透光的X-光片夹中并在凝胶的上方覆盖一张X-光胶片。如果是使用经预闪光处理的胶片，预曝光的一面应朝向样品胶，但如果使用增感屏，预曝光的一面应朝向增感屏。

7. 对X-光片进行适当时间的曝光。使用增感屏或者进行荧光自显影时都应在－70℃下曝光。低温可稳定形成放射源潜像的银原子和银离子。

8. 戴手套从－70℃取出光片夹，在暗室内尽量迅速地取出X-光片，立即显影，以免曾于－70℃下曝光的底片上出现过多的冷凝水。

9. 按以下程序用X-光片自动冲洗机或手工操作进行显影：

X-光片显影液	5分钟
3%乙酸停影液或水浴	1分钟
快速固定液	5分钟
流动水冲洗	15分钟

所有溶液的温度应为18～20℃。

10. 根据放射性标准参照物的影像对准放射自显影片和样品凝胶的位置。

【讨论】

一、将变性RNA从凝胶转移到NC膜的方法有毛细管法、真空转移法和电印迹法；经典的毛细管转移法是一种简单可靠的方法。在进行毛细管杂交时，注意不要使NC膜上方滤纸、纸巾与下方滤纸相接触，以免影响杂交效果。

二、如果琼脂糖浓度大于1%或凝胶厚度大于0.5 cm或待分析RNA大于2.5 kb，需用0.05 mol/L氢氧化钠溶液浸泡20 min，以部分水解RNA，提高转移效率。

三、通常用^{32}P标记的探针进行杂交。该法仍是用于Northern杂交的最敏感的方法。非同位素标记法可用于较高表达的RNA的检测或定量。

四、^{32}P 发射的粒子具有足以穿透深 6 mm 的水或塑料及完全穿透 X-光片的能量(1.71 MeV)，因此并不需要使凝胶或滤膜彻底干燥。曝光底片前可用Saran 包装膜覆盖。为了提高检测这类强β粒子的效率，可在X-光片后面放置增感屏。放射性粒子穿透X-光片后击打增感屏使其发射光子，后者为乳胶中的卤化银晶粒捕获。这样，将 X-光片放在低温(－70℃)下曝光时，放射自显影影像的强度约可提高 4 倍。

(孙红颖)

实验三十六　聚合酶链反应(PCR)技术体外扩增DNA

【基本原理】

聚合酶链反应(polymerase chain reaction，PCR)是体外酶促合成特异DNA片断的一种技术。利用PCR技术可在数小时之内大量扩增目的基因或DNA片断，从而免除基因重组和分子克隆等一系列繁琐操作。由于这种方法操作简单、实用性强、灵敏度高并可自动化，因而在分子生物学、基因工程研究以及对遗传病、传染病和恶性肿瘤等基因诊断和研究中得到广泛应用。

PCR进行的基本条件是：

(1)以DNA为模板(在RT-PCR中模板是RNA)；

(2)以寡核苷酸为引物；

(3)需要4种dNTP作为底物；

(4)有Taq DNA聚合酶。

PCR每一个循环由三个步骤组成：

(1)变性　加热模板DNA，使其解离成单链；

(2)退火　降低温度，使人工合成的寡聚核苷酸引物在低温条件下与模板DNA所需扩增序列结合；

(3)延伸　在适宜温度下，DNA聚合酶利用dNTP使引物3'端向前延伸，合成与模板碱基序列完全互补的DNA链。

每一个循环产物可作为下一个循环的模板，因此通过35～45个循环后，目标片断的扩增可达10^6～10^7倍。

PCR的影响因素：

(1)模板　单、双链DNA或RNA都可作为PCR的模板，若起始材料是RNA，需先通过逆转录反应得到一条cDNA。虽然PCR可以用极度微量的样品甚至是来自于单一细胞的DNA，但为了保证反应的特异性，一般宜用ng级的克隆DNA，μg水平的染色体DNA或10^4拷贝数量的待扩增片断来作起始材料。原料可以是粗制品，但不能混有蛋白酶、核酸酶、Taq DNA聚合酶抑制剂以及任何能结合DNA的蛋白质。

(2)引物　引物是决定PCR结果的关键。5'引物应与靶序列正链5'端序列相同，与负链3'端互补，3'端引物与正链3'端序列互补。较好的引物在结构和组成上应满足以下条件：①作PCR引物的寡核苷酸至少应含有16个核苷酸，最好长达20～24个核苷酸，4种碱基分布较均匀，(G+C)含量约占50%。这种寡核苷酸在聚合反应温度(72℃)下不会形成稳定的杂合体。②引物不应有发夹结构，即不含有4个碱基对以上的回文序列。③两引物之间不应有大于4个碱基对的同源序列。④引物与靶序列的T_m(变性温度)不能低于55℃。

(3)反应温度和时间　PCR涉及变性、退火、延伸三个不同温度和时间。通常变性温度和时间为95℃，45秒至1分钟，过高温度或持续时间过长会降低Taq DNA聚合酶活性和破坏dNTP分子。退火温度可选择比变性温度(T_m)低2～3℃，变性温度按$T_m=4(G+C)\%+2(A+T)\%$计算，在T_m值允许的范围内，较高的退火温度有利于提高PCR特异性，退火时间一般为1～1.5分钟。延伸温度为72℃，时间则与待扩增片断长度有关，一般1 kb以内片断延伸时间为1分钟，如扩增片断较长可适当增加时间。

(4)Taq DNA 聚合酶　目前有两种Taq DNA 聚合酶供应:从嗜热水生菌中提取的天然酶和大肠杆菌合成的基因工程酶(Ampli Taq™)。两种酶都有依赖于聚合作用的5'→3'外切酶活性,但均缺乏3'→5'外切酶活性。在PCR 中,它们可以相互替代,催化典型的PCR 所需酶量为1～2.5 单位。酶量偏少则PCR 产物相应减少,酶量过高则会增加非特异性反应。

(5)dNTP 浓度　dNTP 在饱和浓度(200 μmol/L)下使用。由于dNTP 溶液有较强酸性,配制时可用1 mol/L NaOH 溶液将其贮存液(50 mmol/L)的pH 调至7.0～7.5。分装小管于－20℃保存。过多冻融会使其降解。

(6)PCR 缓冲溶液　在反应体系中二价阳离子的存在至关重要,镁离子优于锰离子,而钙离子无效。它对引物与模板的结合、产物特异性、错误率、引物二聚体的生成及酶的活性等方面有较大影响,镁离子浓度一般在0.5～2.5 mmol/L 之间。每当首次使用靶序列和引物的一种新组合时,尤其要调整Mg^{2+}浓度至最佳。

本实验是根据人类Y 染色体上有DYZ-1 基因而X 染色体上无此基因,通过观察扩增结果中是否有该基因的扩增片段来判断性别类型(男性DYZ-1 基因的扩增片断为446bp,女性则不出现该扩增片段)。

【试剂与器材】

一、试剂

1. Taq DNA polymerase(2 单位/μL)

2. 10×反应缓冲溶液:0.67 mol/L,pH＝8.8 Tris-HCl,0.067 mol/L $MgCl_2$,0.166 mol/L $(NH_4)_2SO_4$。

3. 0.2 g/L BSA

4. 0.08 mol/L DTT

5. dNTP 贮存液

6. 引物(Y_3,Y_4)

二、器材

1. 台式高速离心机　2. 紫外分析仪　3. PCR 扩增仪　4. 琼脂糖凝胶电泳仪

【操作步骤】

1. DNA 样品制备

取毛发1～2 根,尽可能剪碎,投入含15～20 mL 生理盐水的离心管中,100℃水浴7 min,离心取上清作样品。

2. PCR 扩增

(1)按顺序在500 mL 塑料离心管中加入如下试剂:

10×反应缓冲溶液　2 μL

引物混合液　2 μL

dNTP 贮液(10 mmol/L)　2 μL

样品　5～7 μL(空白加双蒸水)

加入双蒸水使其终体积为20 μL;

(2)加入1 单位Taq DNA Polymerase,摇匀;

(3)加入液体石腊,离心使其分层良好;

(4)置92.5℃水浴7 min;

(5)按下列步骤循环进行30 次(在PCR 扩增仪上设定):

92.5℃ 30 s → 55℃ 30 s → 70℃ 90 s。

3. PCR 产物鉴定

反应结束后，取 10 μL 水相溶液进行 2% 琼脂糖凝胶电泳分析，采用 1 mg/L 溴乙啶染色。在紫外灯下观察实验结果。

（周　翔）

实验三十七　反转录聚合酶链反应(RT-PCR)

【基本原理】

反转录PCR法(reverse transcription-coupled polymerase chain reaction，RT-PCR)是以微量的mRNA材料在反转录酶作用下，与PCR技术相辅而成的一种cDNA产物的分析方法。其简要原理如下：以mRNA为模板，反转录成cDNA，然后用PCR扩增特异产物，并用电泳分析产物。

【试剂与器材】

一、试剂

1. RNA模板(多聚A mRNA或总RNA，制备方法见实验三十二)

2. cDNA引物(25 mg/L)

3. 10×反转录缓冲溶液(500 mmol/L，pH=8.3 Tris-HCl，400 mmol/L KCl，50 mmol/L $MgCl_2$，10 mmol/L DTT，1 g/L BSA)

4. 10 mmol/L 4种dNTP

5. AMV逆转录酶

6. RNA酶抑制剂

7. Taq DNA聚合酶

8. 10×PCR缓冲溶液：100 mmol/L，pH=8.4 Tris-Cl，400 mmol/L KCl，20 mmol/L $MgCl_2$，10 mmol/L DTT，1 g/L BSA)

9. 扩增引物(150 mg/L于水中)

10. 矿物油

二、器材

1. 恒温水浴　　2. PCR仪　　3. 电泳仪及电泳槽

4. 紫外灯检测仪　　5. Eppendorf管　　6. 自动微量移液器

【操作步骤】

一、RNA的逆转录

1. 在一个无菌的0.5 mL Eppendorf管中，加入：

5 μg	RNA模板
25 μg(3 pmol)	cDNA引物

再加入适量无菌重蒸水，使其总体积为10 μL。将Eppendorf管置于70℃水浴，保温5分钟，冷至室温(破坏mRNA二级结构)。

2. cDNA的合成

在室温下再加入下列溶液：

2 μL	10×AMV逆转录反应缓冲溶液
2 μL	4种dNTP混合液(各10 mmol/L)
20单位	RNA酶抑制剂
15单位	AMV逆转录酶

加无菌重蒸水至总体积为20 μL(含细胞总RNA及3'端引物的体积)。轻轻混匀，将Eppendorf管于42℃保温1小时。

3. 反应结束后，用95℃加热5分钟，使逆转录酶失活。

二、PCR扩增DNA

在灭菌的0.5 mL Eppendorf管中，依次加入

20 μL	上述逆转录产物
10 μL	10×PCR缓冲溶液
5 μL	扩增引物
2 μL	dNTP混合液（各10 mmol/L，pH=7.0）
2.5 U	Taq DNA聚合酶

加无菌重蒸水至总体积为100 μL，混匀。加入100 μL灭菌的石蜡油以覆盖反应液。PCR条件为：变性温度为94℃，时间为45秒至1分钟；退火温度为50～60℃，时间为1～1.5分钟；延伸温度为72℃，时间为1～1.5分钟，共进行35个循环，最后一次循环延伸时间至10分钟。反应结束，将反应管置于-20℃保存。

三、PCR产物的鉴定

可取10 μL PCR产物（视产物量之多少适量增减），用1%琼脂糖凝胶或5%聚丙烯酰胺凝胶电泳，1 mg/L溴乙啶（EB）染色，紫外灯下观察产物条带。根据PCR产物的电泳迁移率与DNA的M_r标准物的迁移率相比较，计算出产物的M_r大小。进一步的鉴定，则需用核酸探针进行分子杂交和测定产物的核苷酸序列。

【讨论】

一、cDNA合成时，可以选择下游区的PCR引物、随机六聚体引物或寡（dT 12-18），应用dT的质量为0.1 μg，应用六聚体的量为100 pmol。

二、设计引物时最好是分散在不同的外显子上，以免基因组DNA的污染。如果引物位于分子的外显子上，遇RNA和基因组DNA产物的大小不一样，容易分开。

（蒋燕灵）

实验三十八　cDNA 文库的构建

【基本原理】

cDNA 是以mRNA 为模板，在反转录酶作用下合成的互补DNA，它的顺序可代表mRNA 的序列。cDNA 文库是指通过克隆的方法保存在宿主中的一群混合分子。这些分子中的插入片段的总和可代表某种生物的全部 mRNA 序列。其过程可概括为：①通过反转录酶将各种 mRNA 转变成cDNA；②cDNA 与合适的载体重组并导入到宿主中。由真核细胞分离 mRNA 并用于制取准备插入λgt10 或λgt11 噬菌体中的cDNA，这是一个为制备插入物的冗长的、涉及到多方面的操作程序，具体有下列步骤：分离总RNA 并在寡(dT)纤维素上选择出聚(A^+)RNA；浓缩聚(A^+)RNA(1 g/L)；经反转录制取mRNA 的互补复本(cDNA)；用RNase H 部分分解RNA，通过DNA 聚合酶Ⅰ产生的DNA 将其补充以合成第二条链；用EcoRⅠ甲基化酶和S-腺苷蛋氨酸将总的EcoRⅠ作用点甲基化，以保护cDNA 的完整性；用T_4DNA 聚合酶"磨"出平滑末端；用T_4 连接酶添加磷酸化的EcoRⅠ连接片段；用EcoRⅠ从cDNA 末端上消化掉过量的连接片段，以产生粘性的克隆繁殖末端；用丙烯酰胺凝胶按大小划分cDNA 并进行电洗脱；为连接步骤准备cDNA 插入物。

【试剂与器材】

一、试剂

1. 0.1 mol/L 二甲基氢氧化汞(ALfa)
2. 700 mmol/L β-巯基乙醇
3. 1 mol/L，pH＝8.7 Tris-HCl 缓冲溶液，经高压灭菌
4. 1 mol/L KCl 溶液，经高压灭菌
5. 0.25 mol/L $MgCl_2$ 溶液，经高压灭菌
6. 寡(dT 12-18)，1 g/L，配于经高压灭菌的水中
7. 各为 20 mmol/L 的 dGPT、dATP、dTTP 和 dCTP 的混合物，pH＝7.0(也需要 2.5 mmol/L 和1 mmol/L 的混合物)，用高压灭菌水配制
8. α-^{32}P-dCTP，3000Ci/mmol(Amersham 或NEN)
9. RNA 酶抑制剂，30U/μL(Promega)
10. AMV 反转录酶，10U/μL(Seikagaku America)
11. 0.5 和0.25 mol/L，pH＝8.0 EDTA 缓冲溶液
12. 放线菌素D，400 μg/L
13. SS-苯酚
14. 氯仿
15. 4 mol/L 醋酸铵溶液
16. 乙醇和80％乙醇
17. TE 缓冲溶液
18. 2 mol/L，pH＝7.4 Tris-HCl 缓冲溶液(也需要10 mmol/L)
19. 1 mol/L $MgCl_2$ 溶液
20. 1 mol/L 硫酸铵溶液
21. 1 mol/L KCl 溶液

22. 10 g/L 和 5 g/L BSA，无核酸酶(Sigma，RIA 级)

23. RNase H，2U/μL

24. DNA 聚合酶 I，5U/μL(BM)

25. 1 mol/L，pH＝8.0 Tris-HCl 缓冲溶液

26. 50 mmol/L，pH＝8.0 EDTA 缓冲溶液

27. S-腺苷蛋氨酸，150 μmol/L(P-L)

28. 0.15 mol/L $MgCl_2$ 溶液

29. EcoR I 甲基化酶，20U/μL(NEBL)

30. T_4DNA 聚合酶，5U/μL(BRL)

31. 磷酸化 EcoR I 连接片段(5' GGAATTCC 3')，10 O.D./mL 溶于灭菌水中(CoLLaborative-Research)

32. T_4 连接酶，400U/μL(NEBL)

33. 10 mmol/L，pH＝8.0 Tris-HCl 缓冲溶液

34. T_4 连接酶缓冲溶液，内含

300 mmol/L pH＝7.4 Tris

100 mmol/L $MgCl_2$

100 mmol/L DTT

10 mmol/L ATP

35. 10×EcoR I 缓冲溶液，内含

700 mmol/L，pH＝7.4 Tris-HCl

500 mmol/L NaCl

50 mmmol/L $MgCl_2$

36. EcoR I(NEBL)

37. 5 mol/L NaCl 溶液

38. 5%聚丙烯酰胺凝胶

39. TBE 缓冲溶液

40. 相对分子质量标准

41. 酵母 tRNA，10 mg/L

42. ELutip-d 或 Neusorb 柱

二、器材

1. 恒温水浴　　2. 闪烁计数器　　3. 电泳仪及电泳槽

4. 微型离心机　　5. Eppendorf 管　　6. 自动微量移液器

【操作步骤】

一、mRNA 的提取

由感兴趣的组织中制备总RNA，并采用寡(dT)纤维素柱方法(见实验三十二)选择性地分离聚(A^+)RNA。经dT 选择的RNA 用于制备cDNA 和构建文库。样品以1 μg 聚(A^+)RNA/μL 的浓度贮存于－70℃。

二、合成第一链 cDNA

1. 将10 μL 聚(A^+)RNA(10 μg，水溶液)置于1.5 mL 微型离心管中。

2. 加入1.1 μL 0.1 mol/L 二甲基氢氧化汞。

3. 室温放置10分钟。

4. 加2 μL 700 mmol/L β-巯基乙醇以终止甲基汞的作用。室温放置5分钟。

5. 按顺序加入下列溶液：

5 μL	1 mol/L,pH＝8.7 Tris-HCl 缓冲溶液
7 μL	1 mol/L KCl 溶液
2 μL	0.25 mol/L $MgCl_2$ 溶液
10 μL	1 g/L 寡(dT 12-18)
2.5 mL	20 mmol/L dGTP、dATP、dTTP、dCTP 混合液
5 μL	α-^{32}P-dCTP
2 μL	RNA 酶抑制剂,30U/μL
5 μL	400 μg/L 放线菌素 D
4 μL	10U/μL AMV 反转录酶。

6. 44℃保温2小时。

7. 加入5 μL 0.25 mol/L,pH＝8.0 EDTA 缓冲溶液。

8. 加入70 μL SS-苯酚和氯仿的混合物(1∶1)。

9. 旋涡振荡,置微型离心机上离心2分钟分相。

10. 移出上层水相,用70 μL 氯仿抽提。重复氯仿的抽提。

11. 向水相中加60 μL 4 mol/L 醋酸铵溶液。充分混合。加360 μL 乙醇,充分混合。

12. 在干冰中冰冻30分钟。

13. 微型离心机中于4℃下离心10分钟。

14. 倾出上清液。用150 μL 80%乙醇洗涤沉淀,此时需在干冰上保持低温,但不得冻结。

15. 4℃在微型离心机上离心2分钟。移出上清液,真空下干燥沉淀物。

16. 将沉淀重新悬浮在50 μL TE 缓冲溶液中。用三氯醋酸沉淀2 μL 样品,方法如同缺口翻译所记叙的。用液体闪烁计数器对滤纸进行计数以测定α-^{32}P-dCTP 掺入到第一条链中的量;同时也测定mRNA 复制效率。在这一操作中,5×10^4cmp 的^{32}P 掺入到2 μL 的总体积中,相当于大约复制1 μg 第一链。良好的逆转录可使5%～30%经dT 选择的mRNA 进行复制(即0.5～3 μg cDNA/10 μg 聚(A^+)RNA)。合成的第一条cDNA 的大小也可用聚丙烯酰胺凝胶电泳进行测定。

三、合成第二链 cDNA

1. 配制2×第二链:缓冲溶液

8 μL	2 mol/L,pH＝7.4 Tris-HCl 缓冲溶液
4 μL	1 mol/L $MgCl_2$ 溶液
8 μL	α-^{32}P-dCTP
80 μL	1 mol/L KCl 溶液
4 μL	无核酸酶的BSA(10 g/L)
13 μL	各为 2.5 mmol/L 的 dGTP、dATP、dTTP 和 dCTP 的混合物,中和到pH＝7.0。
283 μL	H_2O

2. 将下列溶液合并：

50 μL	第一链混合物

50 μL　　2×第二链缓冲溶液

1.0 μL　　RNase H(2U/μL)

2.3 μL　　DNA 聚合酶 I(5U/μL)

3. 12℃保温1小时,接着在22℃保温1小时。

4. 加入下列溶液:

4.0 μL　　0.5 mol/L,pH=8.0 EDTA 缓冲溶液

100 μL　　苯酚/氯仿(1∶1 混合)

充分混合,在微型离心机中离心2分钟以分相。

5. 将上层水相转移到新的微量离心管中,加入100 μL 氯仿,充分混合,在微型离心机中离心2分钟;重复一次。

6. 上层水相中加入100 μL 4 mol/L 醋酸铵溶液。

7. 加入600 μL 乙醇,干冰上冰冻30分钟。

8. 4℃在微型离心机中离心10分钟,倾出上清液。

9. 将沉淀再悬浮在50 μL 4 mol/L 醋酸铵溶液中。

10. 加入300 μL 乙醇,干冰上冰冻30分钟。

11. 4℃在微型离心机中离心10分钟,小心倾出上清液。

12. 向沉淀中加150 μL 80%乙醇(置冰浴中保持低温)。

13. 4℃在微型离心机中离心2分钟,小心倾出上清液并注意切勿影响沉淀。

14. 真空下干燥沉淀。

15. 在1.5 mL 微型离心管中用25 μL 高压灭菌的水重新悬浮双链cDNA 沉淀物。

四、EcoR I 位点的甲基化

1. 在含25 μL 双链cDNA 沉淀物中加入:

5 μL　　1 mol/L,pH=8 Tris-HCl 缓冲溶液

5 μL　　50 mmol/L,pH=8 EDTA 缓冲溶液

5 μL　　无核酸酶的BSA(4 g/L)

5 μL　　150 μmol/L S-腺苷蛋氨酸

5 μL　　EcoR I 甲基化酶(20U/μL)

2. 37℃保温20分钟。

3. 在65℃保温10分钟以停止酶反应。

五、"磨"出cDNA 的平滑末端

1. 在上述50 μL 反应液中加入:

6 μL　　dGTP、dATP、dTTP、dCTP(浓度均为1 mmol/L),中和到pH=7.0

6 μL　　0.15 mol/L $MgCl_2$ 溶液

3 μL　　T_4 DNA 聚合酶(5U/μL)

2. 37℃保温15分钟。

3. 加入8 μL 0.5 mol/L,pH=8.0 EDTA 缓冲溶液。

4. 加入70 μL SS-苯酚和氯仿(1∶1)的混合物,充分混合。

5. 在微型离心机中离心2分钟以分相。

6. 移出上层水相并用等体积的氯仿抽提,充分混合,离心2分钟以分相;重复一次。

7. 将上层水相移入新的离心管。

8. 添加75 μL 4 mol/L 醋酸铵溶液、450 μL 乙醇，在干冰上保持低温。充分混合，干冰上冰冻30分钟。

9. 4℃在微型离心机上离心10分钟，倾出上清液。

10. 用150 μL 80%乙醇洗沉淀(在干冰上保持低温)，4℃在微型离心机内离心2分钟。

11. 小心倾出上清液。真空下干燥沉淀。

12. 将沉淀重新悬浮于22 μL 10 mmol/L 的Tris-HCl 缓冲溶液(pH=8.0)中。

六、加入EcoRⅠ连接片段

1. 在22 μL 平端的cDNA 中加入8 μL 磷酸化的EcoRⅠ连接片段(260 nm 时1 mL 中的O.D. 为10)、4 μL 10×T_4连接酶缓冲溶液、4 μL T_4 连接酶(400U/μL)，混合，并小心保持在15℃以下，因为T_4 连接酶是热敏感的。注意：为了驱动连接片段添加反应，此时连接片段的量大大超过cDNA 的量。

2. 先15℃保温过夜，然后65℃保温15分钟使连接酶失活。

七、用EcoRⅠ消化以产生克隆繁殖所需的粘性末端

1. 在上述38 μL 反应液中加入：

10 μL H_2O

6 μL 10×EcoRⅠ缓冲溶液

60 U EcoRⅠ。

2. 在37℃保温2小时。

3. 加入6 μL 0.5 mol/L，pH=8.0 EDTA 缓冲溶液、60 μL SS-苯酚和氯仿的混合物(1：1)并充分混和。

4. 在微型离心机内离心2分钟以分相，将上层水相移入新管。

5. 加入6 μL 5 mol/L NaCl 溶液和150 μL 乙醇，充分混合。

6. 首先在干冰上冰冻10分钟，然后4℃在微型离心机内离心10分钟。

7. 倾出上清液，真空下干燥沉淀。

8. 将沉淀溶于25 μL TE 缓冲溶液中，加5 μL 凝胶加样缓冲溶液。

八、将cDNA 插入物按大小分部分离

1. 为了将EcoRⅠ连接片段及不适用的cDNA 小片段去掉，可将cDNA 于TBE 缓冲溶液在5%聚丙烯酰胺凝胶上电泳，以按大小进行分部分离。同时进行相对分子质量标准的电泳。在10 V/cm 下电泳2～3小时后，全部超过500 bp 的cDNA 可在凝胶上集中于一块区段上而切下(用放射自显影法并与相对分子质量标准比较而测出)。

2. 用电洗脱程序由胶上洗下cDNA。将样品放在透析袋里，将两端夹紧，用1 mL 1×TBE 缓冲溶液和10 mg/L 酵母tRNA 洗脱12～16小时。

3. 袋中的cDNA 可用缓冲溶液浓缩，过ELutip-d 微型柱。

4. 用乙醇沉淀洗脱液。

5. 将cDNA 以大约2～5 g/L 的浓度(在第一条链分析时测定)重新悬浮于TE 缓冲溶液中。cDNA 最终产量的测定是基于所合成的第一条链的比活性。cDNA 贮存于-20℃。

【讨论】

一、用于制备cDNA 的微型离心管应高压灭菌，以降低样品被RNase 沾染的危险。cDNA 成为双链以后，核酸酶作用的危险相对减少。

甲基汞有剧毒并易挥发，操作时需特别小心，并将贮存液存放在通风橱中。

二、cDNA 用乙醇再沉淀，以去掉会干扰EcoR Ⅰ甲基化酶作用的核苷酸。

三、对于此凝胶来说，一种方便的分子大小标准是用Hinf Ⅰ和EcoR Ⅰ消化的pBR322，用大片段的DNA 聚合酶Ⅰ及α-^{32}P-ATP 标记末端。为制备这样的分子大小标准，混合下列溶液：

10 μL	pBR322 DNA
2 μL	10×EcoR Ⅰ缓冲溶液
4 μL	α-^{32}P-ATP
1 μL	Hinf Ⅰ (10 g/L)
1 μL	EcoR Ⅰ (10 g/L)
2 μL	H_2O

在37℃保温60分钟。加1 μL DNA 聚合酶大片段37℃保温15分钟。将样品加热到65℃10分钟令酶失活。将此标记的样品加到5 mL Sephadex G-50柱，并在TE缓冲溶液中进行层析，以去掉未掺入的α-^{32}P-ATP。以空体积收集掺入物(由柱上洗下的第一个峰)，用乙醇沉淀浓缩。另一个去掉未标记的同位素方法是将消化液用ELutip-d柱提纯。

相对分子质量标准是998bp，631bp，517bp，506bp，396bp，344bp，298bp，221bp，220bp，154bp和75bp。

(蒋燕灵)

实验三十九 PCR-RFLP 法测定 CYP2C19m1 等位基因

【基本原理】

PCR-RFLP 是聚合酶链反应与限制性片段长度多态性(Restriction Fragment Length Polymorphism，RFLP)结合使用的方法，其原理是利用聚合酶链反应扩增一段含突变位点的片段，再选择一种特异的限制性内切酶，它能够选择性地切断有突变的片段或无突变的片段，最后电泳，看结果是只有扩增后的那个片段，还是有两个被切断的小片段，即可判别有无突变发生(图 6-2)。

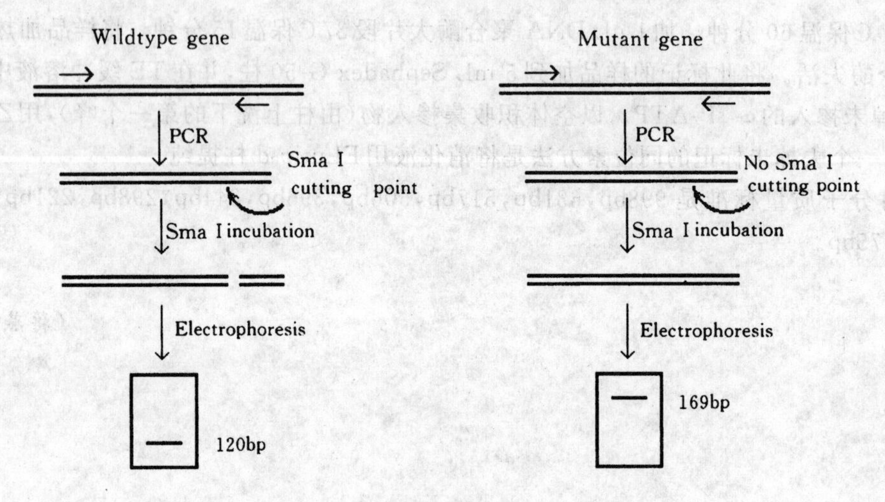

图 6-2 PCR-RFLP 原理示意图

细胞色素 P450 2C19(CYP2C19)在其基因第 681 位 G→A 突变的 CYP2C19m1 等位基因是一个酶缺陷的等位基因，对该等位基因的测定可用于预测 CYP2C19 酶活性。在其基因第 681 位 G→A 突变的上游和下游分别设计两条 PCR 引物，扩增时能够包括该突变位点(图 6-3)。本法正向引物位于突变位点的上游 120bp 处，反向引物位于下游 49bp 处。利用该引物扩

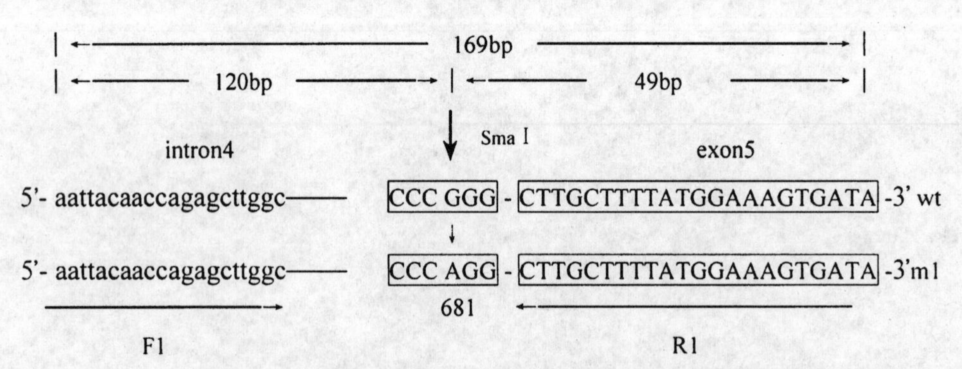

图 6-3 测定 CYP2C19m1 时引物的设计示意图及 Sma Ⅰ 的酶切位点

增的目标片段的长度为 169bp，野生型基因拥有限制性内切酶 Sma Ⅰ 切点，可被切为 120bp 和 49bp 两个片段。而突变型基因，因突变使 Sma Ⅰ 切点消失，不可被 Sma Ⅰ 切断。这样，PCR 扩增产物，经 Sma Ⅰ 酶切，再电泳，如 169bp 条带可见，说明为突变型基因；120bp 条带可见，为野生型基因；120bp 和 169bp 条带均可见，说明是野生型和突变型的杂合子。

【试剂与器材】

一、试剂

1. Taq DNA 聚合酶

2. 10 倍浓 PCR 缓冲溶液

3. PCR 引物 F1：5'-AAT TAC AAC CAG AGC TTG GC-3'

R1：5'-TAT CAC TTT CCA TAA AAG CAA G-3'

4. dNTPs

5. 琼脂糖

6. 25 mmol/L $MgCl_2$ 溶液

7. 加样缓冲溶液：0.5%溴酚蓝，40%蔗糖

8. TBE 缓冲溶液：44.5 mmol/L Tris-硼酸，1 mmol/L，pH ＝8.3 EDTA

9. 溴乙啶

10. 限制性内切酶 Sma Ⅰ

11. 1 kb DNA 相对分子质量标准

二、器材

1. PCR 仪　2. 电泳仪　3. 紫外检测仪　4. 高速离心机　5. 水浴

【操作步骤】

1. 引物的配制

将新合成的F1 和R1 引物离心甩至离心管底部，按每1 $A_{260\ nm}$加双蒸水100 μL，溶解即为F1 和R1 储备液。分别取55 μL F1 和R1 储备液，在同一离心管中混匀。再按每管2 μL 分装于PCR 反应管，－30℃保存备用。

2. PCR 扩增

取上述含有F1 和R1 引物的PCR 反应管，每管再加5 μL 10 倍浓PCR 缓冲溶液、4 μL dNTPs、3 μL 25 mmol/L $MgCl_2$ 溶液、50～1000 ng DNA 样本和33 μL 水，混匀后于95℃放置5 分钟，使DNA 样本彻底变性，再加1.0U Taq DNA 聚合酶，放入PCR 扩增仪中按如下条件进行扩增：于94℃变性1 分钟，53℃退火1 分钟，72℃延长1 分钟，如此扩增35 个循环，最后72℃补充延长10 分钟。扩增完毕置4℃备用。

3. Sma Ⅰ 酶切

取PCR 扩增产物20 μL，加2 μL(20U)限制性内切酶Sma Ⅰ，置37℃水浴水解10 小时。

4. 琼脂糖凝胶电泳

取琼脂糖1.0 g，加50 mL TBE 缓冲溶液，置电炉上微火加热，渐渐使其融化。最后加1%溴乙啶10 μL 制备凝胶。待胶凝固后，取下梳子，将胶放入电泳槽，用TBE 缓冲溶液浸没。20 μL扩增产物与5 μL 加样缓冲溶液混合后加入梳孔，标准相对分子质量DNA 同法加样。然后接通电源，100 V 电泳30 分钟左右至溴酚蓝指示剂接近终点。切断电源，带手套取出凝胶，置紫外检测器下，观察电泳结果。扩增片段为169 bp，被Sma Ⅰ 水解后的片段长度应为120 bp 和49 bp。

【讨论】

PCR-RFLP 法检测基因突变的优点是：①结果准确可靠；②引物设计较容易，只要能专一扩增包含突变区的片断就行。该法的缺点是：①并非所有的基因突变都恰好位于某个内切酶的识别区；②方法中有一步酶切过程，显得繁琐又不经济。

（陈枢青）

实验四十　等位基因特异扩增法分析基因中单碱基突变

【基本原理】

ASA是等位基因特异扩增法(Allele-specific Amplification)的缩写，该法专用于测定某一特定位点是否发生了突变。其原理是设计两对特定的引物，每对引物中有一条引物的3'末端正好位于突变位点，如图6-4所示。

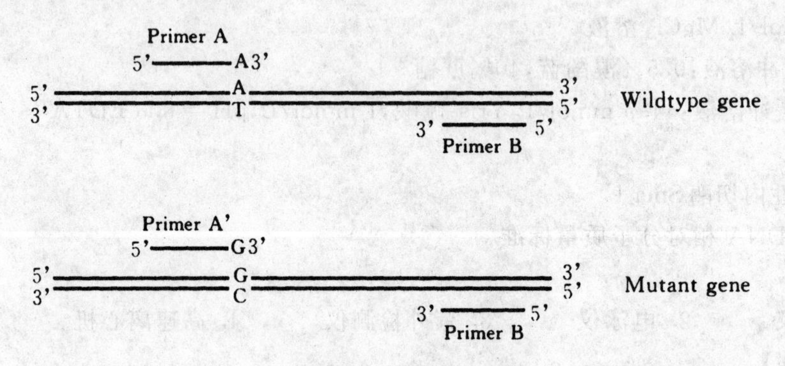

图6-4　ASA原理示意图

当引物A与引物B组成一对时，可顺利扩增野生型基因，却不能扩增突变型基因；当引物A'与引物B组成一对时，可扩增突变型基因，却不能扩增野生型基因。所以，当引物A与引物B扩增时有目的产物，说明有野生型基因存在；当引物A'与引物B扩增时有目的产物，说明有突变型基因存在。当两组均有目的产物时，说明是杂合子，即含有野生型基因也含有突变型基因。

细胞色素P4502D6(CYP2D6)参与50多种药物代谢，其羟化活性可激活前致癌物引发肺癌和膀胱癌，因此其多态性研究在药物代谢和致癌机理研究等领域受到重视。1994年，Evert等发现了CYP2D6T等位基因。CYP2D6T是CYP2D6基因第三外显子上T1795丢失，导致读框位移产生终止密码，使表达产物失活。本实验将利用ASA法来分析CYP2D6T。

【试剂与器材】

一、试剂

1. Taq DNA 聚合酶
2. dNTPs
3. PCR 反应管
4. PCR 引物(表6-1)
5. 琼脂糖(Type V)
6. 凝胶电泳加样液
7. 溴乙啶
8. 1 kb DNA 相对分子质量标准

二、器材

1. PCR 仪　　2. 电泳仪　　3. 紫外检测仪　　4. 高速离心机

【操作步骤】

1. 引物的配制

表 6-1　CYP2D6T 等位基因测定时的引物

基因型		序　　列	基因位置
野生型	正向	5'-GCA AGA AGT CGC TGG AGC AGT-3'	1775～1795
	反向	5'-CAG AGA CTC CTC GGT CTC TCG CT-3'	2102～2124
突变型	正向	5'-GCA AGA AGT CGC TGG AGC AGG-3'	1775～1796
	反向	5'-CAG AGA CTC CTC GGT CTC TCG CT-3'	2102～2124

将新合成的引物首先离心甩至离心管底部，按每 1 $A_{260\ nm}$加双蒸水 100 μL，溶解即为引物储备液。按表6-1 分别配制野生型和突变型两组引物，方法如下：取55 μL 正向和反向引物储备液，配置在同一离心管中混匀，再按每管 2 μL 分装于PCR 反应管，－30℃保存备用。

2. PCR 扩增

取上述含有野生型和突变型引物的PCR 反应管，每管再加 5 μL 10 倍浓 PCR 缓冲溶液、4 μL dNTPs、3 μL 25 mmol/L $MgCl_2$ 溶液、50～1000 ng DNA 样本和 33 μL 水，混匀后 95℃放置5 分钟，使DNA 样本彻底变性，再加1.0U Taq DNA 聚合酶，放入PCR 扩增仪中按如下条件进行扩增：94℃变性1 分钟，55℃退火1 分钟，72℃延长1.5 分钟，如此扩增35 个循环，最后72℃补充延长 7 分钟。扩增完毕置 4℃备用。

3. 琼脂糖凝胶电泳

取琼脂糖1.25 g，加100 mL TBE 缓冲溶液，置电炉上微火加热，渐渐使其融化。最后加1%溴乙啶10 μL 制备凝胶。待胶凝固后，取下梳子，将胶放入电泳槽，用TBE 缓冲溶液浸没。20 μL 扩增产物与5 μL 加样缓冲溶液混合后加入梳孔，标准相对分子质量DNA 同法加样。然后接通电源，100 V 电泳 30 分钟左右至溴酚蓝指示剂接近终点。切断电源，带手套取出凝胶，置紫外检测器下，观察电泳结果。扩增目标产物的片段长度应为 350 bp。

【讨论】

一、等位基因特异扩增法利用PCR 扩增中引物 3'末端碱基互配时要求最为严格的原理，设计了等位基因特异的引物。扩增后的结果有三种可能性：野生型等位基因特异的引物有扩增，说明检样含野生型等位基因；突变型等位基因特异的引物有扩增，说明检样含突变型等位基因；野生型和突变型等位基因均有扩增，说明检样是杂合子。图6-5 是CYP2D6T 测定时的典型结果。

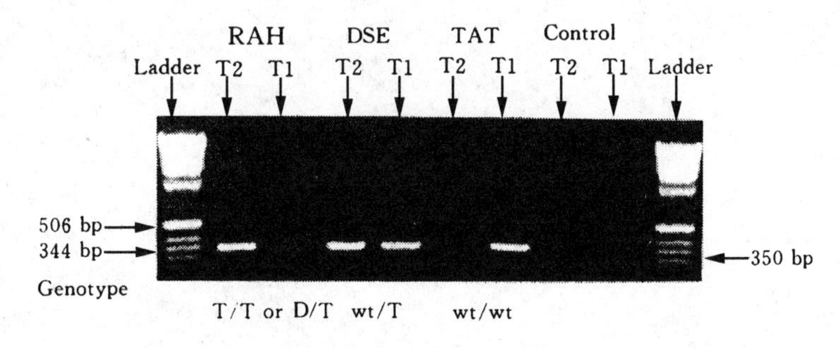

图 6-5　CYP2D6T 等位基因测定时的三种典型结果

T1：野生型引物；T2：突变型引物；wt/wt：野生型纯合子；wt/T：CYP2D6T 杂合子；T/T：CYP2D6T 突变型纯合子；D/T：一份基因丢失，另一份为CYP2D6T；RAH、DSE 和 TAT 为受试者姓名第一字母缩写

二、ASA 法检测点突变有很多优势

(1) 简单快速　ASA 法不需要使用同位素，也不依靠限制性内切酶位点，被检测DNA 质量要求也不高，只要设计好特异性引物，只需 PCR 和琼脂糖凝胶电泳两步操作即可直接得到

结果。从取样到获得结果,只需几个小时就可完成。

(2)能同时分析多个突变点　即所谓的"Double ARMS"法或PAMSA法(PCR amplification of multiple specific alleles)。Dutton等曾用PAMSA法分析凝血因子9基因的Alu序列多态性。Sommer等发现,PAMSA可以区分69对等位基因。

(3)通用性强　只要有被检突变所在区域的DNA序列资料,即可设计特异性引物,用于分析确定样品DNA是否含有点突变及进行基因分型,还可以进行DNA多态性鉴定。目前,ASA已广泛应用于单基因遗传病、癌基因、病原体基因和恶性疟原虫抗药性基因等的诊断。

(4)一次可分析多个样品　用突变型引物筛查多个样品中是否含有已知点突变基因,使本法具有在遗传病人群基因频率及病原体流行病学调查中的应用潜力。

尽管越来越多的实验证明ASA法是高度可靠的,但是,其前提是必须达到高度的特异性扩增,有许多因素会影响扩增的特异性。①引物的设计非常微妙,并非所有位于3'端的碱基与模板的错配均可使放大受阻。研究表明,A/G(引物/模板)、G/A、A/A、C/C等能够有效阻止链延伸反应,而G/T、T/G、A/C、C/A等则难使放大受阻。Newton等采用双重错配来解决这个问题。②选择合适的扩增参数,如模板DNA浓度、引物长度、退火温度、Taq DNA聚合酶用量、$MgCl_2$浓度、循环次数等都影响反应特异性。为了达到最好的扩增特异性,需要花费大量精力筛选特异性引物、最适扩增参数,这是ASA法的主要缺点。

(陈枢青)

实验四十一　利用PCR差异显示mRNA

【基本原理】

1992年，哈佛大学医学院的梁鹏(Peng Liang)和A B Pardee等人发明了用PCR技术差异显示mRNA的方法(mRNA differential display PCR，简称DD-PCR)。它是一种研究基因表达差异和克隆特异性目的基因的有效方法和手段。

DD-PCR法的主要过程是：提取细胞内的总RNA(mRNA)，逆转录成cDNA，然后经PCR随机扩增。通过在测序胶上电泳条带的比较，筛选差异表达的基因，并回收这些DNA片段，经扩增后作为探针，在cDNA文库或Genebank中检索到相关基因(如图6-6所示)。

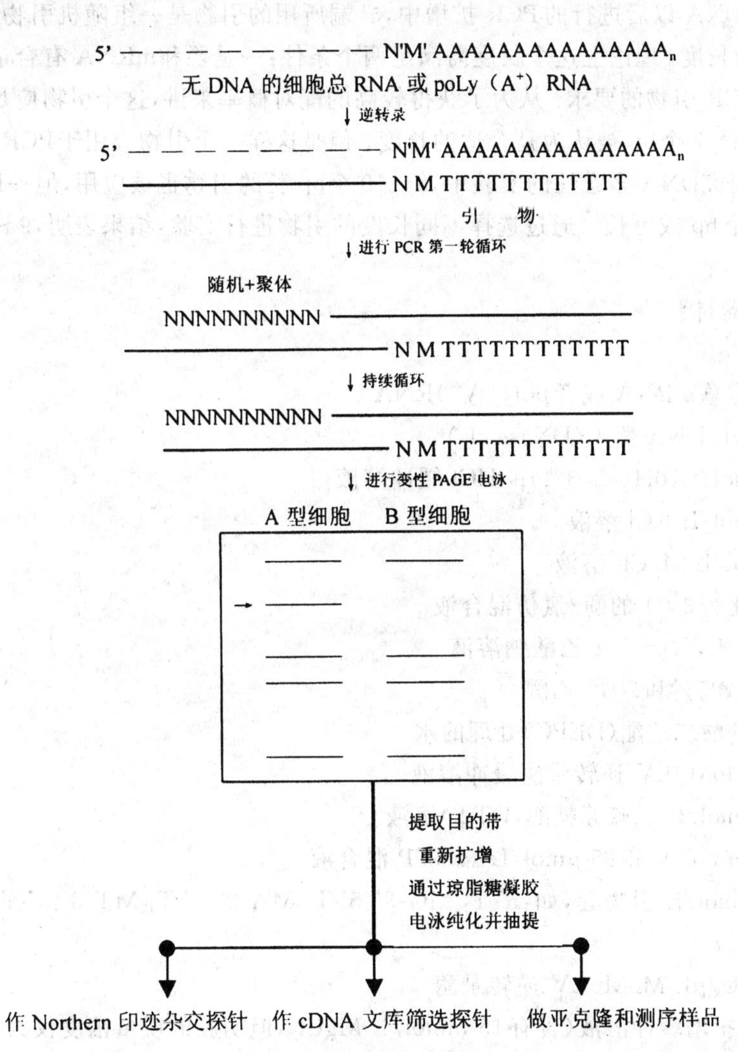

图6-6　差异显示mRNA的示意图

由于这种方法主要依赖于PCR技术，所以选择合适的引物是这一方法成功的关键。用于逆转录合成单链cDNA和PCR扩增的3'端引物设计得益于真核生物的mRNA共有的poly(A^+)尾巴(100～250bp)，故可将3'引物设计成T_{12}MN(M可以为G、A或C，N为G、A、T或

C)的形式(如图6-7)。

5'-T T T T T T T T T T T T G G-3'

5'-T T T T T T T T T T T T A G-3'

5'-T T T T T T T T T T T T C G-3'

图6-7　N为G的一套引物

MN之间有12种组合方式,也即12种引物,分别对总RNA进行逆转录,从而把所有的mRNA分成12组,这样减少了每次分析的mRNA的数量,提高了分辨率。有人根据实验的情况,对3'引物进行了改进:将倒数第二个碱基(M)改成一个简并碱基,从而将3'引物的数量减少到4个。这一改进既减少了引物的用量和需要分析的次数,又保证了足以灵敏地检测到所有可测的表达产物。

在获得cDNA以后进行的PCR扩增中,5'端所用的引物是一组随机引物。引物的选择关键在于它们的长度。理论上这个长度需满足两个条件:一是要和mRNA有合适的配对概率;其次必须符合PCR引物的要求。从为了获得较高的配对概率来讲,这个引物应足够短,以获得更高的灵敏度,6～7个bp被认为是合适的长度。但是这样一个引物应用于PCR扩增太短了。虽说在用PCR研究DNA多态性的实验中,8～10个bp长的引物也被应用,但一般PCR所用的引物往往有20个bp或更长。通过选择不同长度的引物进行实验,结果表明,9～10个bp的引物较为合适。

【试剂与器材】

一、试剂

1. 人细胞总mRNA或者poly(A^+)RNA

2. 1 U/μL DNA酶Ⅰ(DNase Ⅰ)

3. 0.1 mol/L,pH=8.3 Tris-HCl缓冲溶液

4. 0.5 mol/L KCl溶液

5. 15 mol/L $MgCl_2$溶液

6. 体积比为3∶1的酚/氯仿混合液

7. 3 mol/L,pH=5.2 乙酸钠溶液

8. 100%,85%和70% 乙醇

9. 经焦碳酸二乙酯(DEPC)处理的水

10. 5×MoMuLV逆转录酶缓冲溶液

11. 0.1 mol/L 二硫苏糖醇(DTT)溶液

12. 250 μmol/L和25 μmol/L 4dNTP混合液

13. 10 μmol/L 引物套,如:5'-T_{12}MG-3'、5'-T_{12}MA-3'、5'-T_{12}MT-3'、5'-T_{12}MC-3'(其中M代表G、A或C)

14. 200 U/μL MoMuLV逆转录酶

15. 10×扩增缓冲溶液(含有15 mmol/L $MgCl_2$,但明胶的质量浓度仅为0.1 g/L,贮存于−20℃)

16. 10 Ci/L [α-^{35}S] dATP(>1200 Ci/mmol)

17. 2 μmol/L 随机十聚体(如,Gene Hunter或Operon Technologies)

18. 矿物油

19. 甲酰胺加样缓冲溶液

20. 10 g/L 糖元(不含DNA)

二、器材

1. 恒温水浴箱　　2. PCR 仪　　3. Whatman 3MM 滤纸

【操作步骤】

1. 将10～100 g 的细胞总RNA 与10 个单位的DNase I 溶于10 mmol/L，pH＝8.3 Tris-HCl 缓冲溶液，50 mmol/L KCl 溶液，1.5 mmol/L $MgCl_2$ 溶液中，37℃温育30 分钟。

2. 加入50 μL 酚/氯仿(体积比为3∶1)的混合溶液，旋涡振荡混合并将样品置冰上10 分钟。

3. 将上相移至一个干净的微量离心管中，加入5 μL 3 mol/L，pH＝5.2 乙酸钠溶液、200 μL 100%乙醇。－70℃放置30 分钟以沉淀RNA。

4. 高速离心10 分钟，弃去上清液。用500 μL 70%乙醇(用DEPC-H_2O 配制)洗沉淀RNA。

5. 用20 μL 经DEPC 处理的水溶解沉淀，用分光光度计测定吸光度$A_{260\ nm}$，准确定量RNA 的浓度。

6. 3 μg 干净的RNA 在变性琼脂糖凝胶上进行电泳以检查用于差异显示的RNA 的完整性。用于差异显示之前，不含DNA 的RNA 可贮存于－80℃(无DNA 的RNA 应以>1 g/L 的质量浓度贮存)。

7. 对应于RNA 样品，分别标好4 个微量离心管G、A、T、C。每个离心管对应一套引物。

8. 取1 μg 不含DNA 的RNA(得自步骤5)，用经DEPC 处理的水稀释至0.1 g/L，并置于水浴。

9. 按下列方法建立用4 套不同引物($T_{12}MN$：$T_{12}MG$、$T_{12}MA$、$T_{12}MT$、$T_{12}MC$，其中M 为G、A 或C)对不含DNA 的总RNA 或poly(A^+)RNA 的逆转录反应体系：

5×MoMuLV 逆转录酶缓冲溶液	4 μL
0.1 mol/L DTT 溶液	2 μL
250 μmol/L 4dNTP 混合液	1.6 μL
总RNA 或者0.1 μg poly(A^+)RNA	0.2 μg
10 μmol/L 每套引物($T_{12}MN$)	2 μL

加水至总体积19 μL。

每个RNA 样品共进行四个反应，每个反应使用4 套引物中的一套。

10. 65℃温育5 分钟使mRNA 二级结构变性；37℃温育10 分钟引物退火。

11. 每管加入1 μL 200U/μL MoMuLV 逆转录酶，37℃温育50 分钟。

12. 95℃温育5 分钟灭活逆转录酶，稍加高速离心以收集液滴。将反应管置于冰上，立即用于PCR 扩增，或贮存于－20℃用于以后的实验(至少6 个月是稳定的)。

13. 对于每一套引物按以下方案准备20 μL 反应液：

水	9.2 μL
10×扩增缓冲溶液(终浓度为2 μmol/L)	2 μL
25 μmol/L 4dNTP 混合液(终浓度为2 μmol/L)	1.6 μL
10 Ci/L [α-^{35}S] dATP	1 μL
10 μmol/L 引物($T_{12}MN$；终浓度为1 μmol/L)	2 μL
cDNA(得自步骤10)	2 μL
5 U/μL Taq DNA 聚合酶	0.2 μL

2 μmol/L 随机十聚核苷酸(终浓度为0.2 μmol/L)　2 μL

14. 用吸管上下抽吸混匀,覆盖25 μL 矿物油。

15. 按照以下循环在PCR 仪上进行扩增:

40个循环	30 s	94℃(变性)
	2 min	40℃(退火)
	30 s	72℃(延伸)
1个循环	5 min	72℃(延伸)
最　后	时间不定	4℃(冷却)

PCR 产物在使用前可一直贮存于4℃。

16. 取3.5 μL PCR 产物和2 μL 甲酰胺加样缓冲溶液混合,80℃温育2分钟。将样品加到6%变性聚丙烯酰胺凝胶上,60 W 电泳3小时,至二甲基苯胺迁移至离凝胶底部约10 cm 处。

17. 小心地揭开其中的一块玻璃板,将一张Whatman 3MM 滤纸覆盖在凝胶上,注意不要在滤纸和凝胶间引入气泡。室温干燥1小时,不需在甲醇/乙酸中固定。

18. 放射性墨汁或细针扎孔以标明X-射线胶片和凝胶的方向,然后凝胶在室温放射自显影24~48小时。

19. 冲洗感光片,将感光片和胶对齐,用一干净铅笔标记在感光片或者直接切开感光片,标记好感兴趣的DNA 条带(那些在不同泳道上差异显示的条带)。

20. 将对应位置的凝胶及贴附着的Whatman 3MM 滤纸用剃须刀片切下放入微量离心管中,加入100 μL 水,室温放置10分钟。

21. 盖紧盖子煮沸15分钟(在管子上加一个管扣以防止煮沸时管盖爆开)。

22. 高速离心2分钟以沉淀凝胶条和碎纸,将上清转移至一个干净的管子中。

23. 往上清中加入10 μL 3 mol/L 乙酸钠(终浓度为0.3 mol/L)溶液和5 μL 10 g/L 糖原(作为担体),再加入400 μL 100% 乙醇。-70℃放置30分钟,4℃高速离心10分钟。

24. 用500 μL 85% 乙醇洗沉淀,空气中干燥,沉淀用10 μL 水溶解。

25. 取4 μL DNA 在40 μL 反应体积中重新扩增,使用与步骤13~15相同的引物套及PCR条件,只是用1.6 μL 25 mol/L 4dNTP 混合液(终浓度为20 μmol/L)代替1.6 μL 25 μmol/L 4dNTP 混合液,且不使用同位素。剩下的回收DNA 可以贮存于-20℃作为将来进一步扩增时用(可无限期地保存)。

26. 取每种PCR 样品30 μL 在1.5%~2%的琼脂糖凝胶上电泳,并用0.5 mg/L 溴乙啶染色。剩下的PCR 样品可贮存于-20℃(可保存数年)。

27. 检查再扩增的PCR 产物的大小是否与DNA 测序胶上产物的大小一致。使用Invitrogene 试剂盒通过TA 克隆法克隆探针。

28. 通过Northern 印迹或RNase 保护试验验证探针,并按照标准步骤克隆全长cDNA。

【讨论】

一、本方法只有在NRC 准许的地方、经过训练能正确使用^{35}S 同位素的人才能操作,任何时候都应避免过多暴露于同位素,更应避免人和设备的放射性污染。

二、在步骤13中,为了避免抽吸错误,可以事先准备未加随机十聚核苷酸的足够多的PCR反应液,然后分成5~10个反应,每份加入18 μL 反应液,最后在每个反应体系中加入2 μL 随机十聚核苷酸,否则要取0.2 μL Taq DNA 聚合酶是很困难的。

三、经过一次重新扩增后,绝大多数的DNA 都能看见。重扩增后片段的相对分子质量应与在变性凝胶上电泳的条带进行比较，两者应该是一致的。如果第一次再扩增看不到条带，可以用水将PCR产物按1∶1000稀释，然后取4 μL再进行40个循环扩增。

（周　翔）

本章参考文献

1. Aaij C, *et al*. Biochem Biophs Acta, 1972, 269∶192
2. Alwine J C, *et al*. Methods Enzymol, 1979, 68:220
3. Liang Peng, Pardee A B. Science, 1992, 257:967～971
4. de Morias SMF, *et al*. J Bion Chem, 1994, 269:15419～15422
5. Chen Shuqing, *et al*. Clinical Pharmacology and Therapeutics, 1996, 60:522～534,
6. [美]L·戴维斯，等著. 分子生物学实验技术. 北京：科学出版社，1990
7. 王重庆，等主编. 高级生物化学实验教程. 北京：北京大学出版社，1994
8. [美]J·萨姆布鲁克，等著. 分子克隆实验指南. 第二版. 金冬雁，黎孟枫等译. 北京：科学出版社，1996
9. 张龙翔，张庭芳，李令媛主编. 生化实验方法和技术. 第二版. 北京：高等教育出版社，1997
10. [美]F·奥斯伯，等著. 精编分子生物学实验指南. 颜子颖，王海林译. 北京：人民出版社，1998
11. 李永明，赵玉琪，等主编. 实用分子生物学方法手册. 北京：科学出版社，1998
12. 郭葆玉. 细胞分子生物学实验操作指南. 上海：第二军医大学出版社，1998
13. 陈枢青，等. 生物化学与生物物理进展. 1999, 26(1):90～92

附　录

一、硫酸铵饱和度计算表

表1　调整硫酸铵溶液饱和度计算表(25 ℃)

		硫酸铵终浓度，%饱和度																
		10	20	25	30	33	35	40	45	50	55	60	65	70	75	80	90	100
		每升溶液加固体硫酸铵的质量(g)*																
硫酸铵初浓度，%饱和度	0	56	114	144	176	196	209	243	277	313	351	390	430	472	516	561	662	767
	10		57	86	118	137	150	183	216	251	288	326	365	406	449	494	592	694
	20			29	59	78	91	123	155	189	225	262	300	340	382	424	520	619
	25				30	49	61	93	125	158	193	230	267	307	348	390	485	583
	30					19	30	62	94	127	162	198	235	273	314	356	449	546
	33						12	43	74	107	142	177	214	252	292	333	426	522
	35							31	63	94	129	164	200	238	278	319	411	506
	40								31	63	97	132	168	205	245	285	375	469
	45									32	65	99	134	171	210	250	339	431
	50										33	66	101	137	176	214	302	392
	55											33	67	103	141	179	264	353
	60												34	69	105	143	227	314
	65													34	70	107	190	275
	70														35	72	153	237
	75															36	115	198
	80																77	157
	90																	79

* 在25℃，硫酸铵溶液由初浓度调到终浓度时，每升溶液所加固体硫酸铵的质量(g)。

表2　调整硫酸铵溶液饱和度计算表(0 ℃)

硫酸铵初浓度，%饱和度	在0℃硫酸铵终浓度，%饱和度																
	20	25	30	35	40	45	50	55	60	65	70	75	80	85	90	95	100
	每100毫升溶液加固体硫酸铵的质量(g)*																
0	10.6	13.4	16.4	19.4	22.6	25.8	29.1	32.6	36.1	39.8	43.6	47.6	51.6	55.9	60.3	65.0	69.7
5	7.9	10.8	13.7	16.6	19.7	22.9	26.2	29.6	33.1	36.8	40.5	44.4	48.4	52.6	57.0	61.5	66.2
10	5.3	8.1	10.9	13.9	16.9	20.0	23.3	26.6	30.1	33.7	37.4	41.2	45.2	49.3	53.6	58.1	62.7
15	2.6	5.4	8.2	11.1	14.1	17.2	20.4	23.7	27.1	30.6	34.3	38.1	42.0	46.0	50.3	54.7	59.2
20	0	2.7	5.5	8.3	11.3	14.3	17.5	20.7	24.1	27.6	31.2	34.9	38.7	42.7	46.9	51.2	55.7
25		0	2.7	5.6	8.4	11.5	14.6	17.9	21.1	24.5	28.0	31.7	35.5	39.5	43.6	47.8	52.2
30			0	2.8	5.6	8.6	11.7	14.8	18.1	21.4	24.9	28.5	32.3	36.2	40.2	44.5	48.8
35				0	2.8	5.7	8.7	11.8	15.1	18.4	21.8	25.4	29.1	32.9	36.9	41.0	45.3
40					0	2.9	5.8	8.9	12.0	15.3	18.7	22.2	25.8	29.6	33.5	37.6	41.8
45						0	2.9	5.9	9.0	12.3	15.6	19.0	22.6	26.3	30.2	34.2	38.3
50							0	3.0	6.0	9.2	12.5	15.9	19.4	23.0	26.8	30.8	34.8
55								0	3.0	6.1	9.3	12.7	16.1	19.7	23.5	27.3	31.3
60									0	3.1	6.2	9.5	12.9	16.4	20.1	23.1	27.9
65										0	3.1	6.3	9.7	13.2	16.8	20.5	24.4
70											0	3.2	6.5	9.9	13.4	17.1	20.9
75												0	3.2	6.6	10.1	13.7	17.4
80													0	3.3	6.7	10.3	13.9
85														0	3.4	6.8	10.5
90															0	3.4	7.0
95																0	3.5
100																	0

* 在0℃，硫酸铵溶液由初浓度调到终浓度时，每100毫升溶液所加固体硫酸铵的质量(g)。

二、缓冲溶液的配制

1. 氯化钾-盐酸缓冲溶液(pH＝1.0～2.2)(25 ℃)

25 mL 0.2 mol/L 氯化钾溶液(14.919 g/L)＋ x mL 0.2 mol/L 盐酸溶液，加蒸馏水稀释至100 mL。

pH	0.2 mol/L HCl 溶液(mL) (x)	水(mL)	pH	0.2 mol/L HCl 溶液(mL) (x)	水(mL)	pH	0.2 mol/L HCl 溶液(mL) (x)	水(mL)
1.0	67.0	8	1.5	20.7	54.3	2.0	6.5	68.5
1.1	52.8	22.2	1.6	16.2	58.8	2.1	5.1	69.9
1.2	42.5	32.5	1.7	13.0	62.0	2.2	3.9	71.1
1.3	33.6	41.4	1.8	10.2	64.8			
1.4	26.6	48.4	1.9	8.1	66.9			

2. 甘氨酸-盐酸缓冲溶液(0.05 mol/L，pH＝2.2～3.6)(25 ℃)

25 mL 0.2 mol/L 甘氨酸溶液(15.01 g/L)＋ x mL 0.2 mol/L 盐酸溶液，加蒸馏水稀释至100 mL。

pH	0.2 mol/L HCl 溶液(mL) (x)	水(mL)	pH	0.2 mol/L HCl 溶液(mL) (x)	水(mL)
2.2	22.0	53.0	3.0	5.7	69.3
2.4	16.2	58.8	3.2	4.1	70.9
2.6	12.1	62.9	3.4	3.2	71.8
2.8	8.4	66.6	3.6	2.5	72.5

3. 邻苯二甲酸氢钾-盐酸缓冲溶液(pH＝2.2～4.0)(25℃)

50 mL 0.1 mol/L 邻苯二甲酸氢钾溶液(20.42 g/L)＋ x mL 0.1 mol/L 盐酸溶液，加水稀释至100 mL。

pH	0.1 mol/L HCl 溶液(mL) (x)	水(mL)	pH	0.1 mol/L HCl 溶液(mL) (x)	水(mL)	pH	0.1 mol/L HCl 溶液(mL) (x)	水(mL)
2.2	49.5	0.5	2.9	25.7	24.3	3.6	6.3	43.7
2.3	45.8	4.8	3.0	22.3	27.7	3.7	4.5	45.5
2.4	42.2	7.8	3.1	18.8	31.2	3.8	2.9	47.1
2.5	38.8	11.2	3.2	15.7	34.3	3.9	1.4	48.6
2.6	35.4	14.6	3.3	12.9	37.1	4.0	0.1	49.9
2.7	32.1	17.9	3.4	10.4	39.6			
2.8	28.9	21.1	3.5	8.2	41.8			

4. 磷酸氢二钠-柠檬酸缓冲溶液(pH=2.6～7.6)

0.1 mol/L 柠檬酸溶液:柠檬酸·H_2O 21.01 g/L。

0.2 mol/L 磷酸氢二钠溶液:Na_2HPO_4·$2H_2O$ 35.61 g/L。

pH	0.1 mol/L 柠檬酸溶液(mL)	0.2 mol/L Na_2HPO_4 溶液(mL)	pH	0.1 mol/L 柠檬酸溶液(mL)	0.2 mol/L Na_2HPO_4 溶液(mL)
2.6	89.10	10.90	5.2	46.40	53.60
2.8	84.15	15.85	5.4	44.25	55.75
3.0	79.45	20.55	5.6	42.00	58.00
3.2	75.30	24.70	5.8	39.55	60.45
3.4	71.50	28.50	6.0	36.85	63.15
3.6	67.80	32.20	6.2	33.90	66.10
3.8	64.50	35.50	6.4	30.75	69.25
4.0	61.45	38.55	6.6	27.25	72.75
4.2	58.60	41.40	6.8	22.75	77.25
4.4	55.90	44.10	7.0	17.65	82.35
4.6	53.25	46.75	7.2	13.05	86.95
4.8	50.70	49.30	7.4	9.15	90.85
5.0	48.50	51.50	7.6	6.35	93.65

5. 柠檬酸-柠檬酸三钠缓冲溶液(0.1 mol/L,pH=3.0～6.2)

0.1 mol/L 柠檬酸溶液:柠檬酸·H_2O 21.01 g/L。

0.1 mol/L 柠檬酸三钠溶液:柠檬酸三钠·$2H_2O$ 29.4 g/L。

pH	0.1 mol/L 柠檬酸溶液(mL)	0.1 mol/L 柠檬酸三钠溶液(mL)	pH	0.1 mol/L 柠檬酸溶液(mL)	0.1 mol/L 柠檬酸三钠溶液(mL)
3.0	82.0	18.0	4.8	40.0	60.0
3.2	77.5	22.5	5.0	35.0	65.0
3.4	73.0	27.0	5.2	30.0	69.5
3.6	68.5	31.5	5.4	25.5	74.5
3.8	63.5	36.5	5.6	21.0	79.0
4.0	59.0	41.0	5.8	16.0	84.0
4.2	54.0	46.0	6.0	11.5	88.5
4.4	49.5	50.5	6.2	8.0	92.0
4.6	44.5	55.5			

6. 乙酸-乙酸钠缓冲溶液(0.2 mol/L,pH=3.7～5.8)(18 ℃)

0.2 mol/L 乙酸钠溶液:乙酸钠·$3H_2O$ 27.22 g/L。

0.2 mol/L 乙酸溶液:冰醋酸 11.7 mL/L。

pH	0.2 mol/L NaAc 溶液(mL)	0.2 mol/L HAc 溶液(mL)	pH	0.2 mol/L NaAc 溶液(mL)	0.2 mol/L HAc 溶液(mL)
3.7	10.0	90.0	4.8	59.0	41.0
3.8	12.0	88.0	5.0	70.0	30.0

（续表）

pH	0.2 mol/L NaAc 溶液（mL）	0.2 mol/L HAc 溶液（mL）	pH	0.2 mol/L NaAc 溶液（mL）	0.2 mol/L HAc 溶液（mL）
4.0	18.0	82.0	5.2	79.0	21.0
4.2	26.5	73.5	5.4	86.0	14.0
4.4	37.0	63.0	5.6	91.0	9.0
4.6	49.0	51.0	5.8	94.0	6.0

7. 二甲基戊二酸-氢氧化钠缓冲溶液（pH＝3.2～7.6）

0.1 mol/L β,β'-二甲基戊二酸溶液：β,β'-二甲基戊二酸 16.02 g/L。

pH	0.1 mol/L β,β'-二甲基戊二酸溶液（mL）	0.2 mol/L NaOH 溶液（mL）	水（mL）
3.2	50	4.15	45.85
3.4	50	7.35	42.65
3.6	50	11.0	39.00
3.8	50	13.7	36.30
4.0	50	16.65	33.35
4.2	50	18.40	31.60
4.4	50	19.60	30.40
4.6	50	20.85	29.15
4.8	50	21.95	28.05
5.0	50	23.10	26.90
5.2	50	24.50	25.50
5.4	50	26.00	24.00
5.6	50	27.90	22.10
5.8	50	29.85	20.15
6.0	50	32.50	17.50
6.2	50	35.25	14.75
6.4	50	37.75	12.25
6.6	50	42.35	7.65
6.8	50	44.00	6.00
7.0	50	45.20	4.80
7.2	50	46.05	3.95
7.4	50	46.60	3.40
7.6	50	47.00	3.00

8. 丁二酸-氢氧化钠缓冲溶液（pH＝3.8～6.0）（25℃）

0.2 mol/L 丁二酸溶液：$C_4H_6O_4$ 23.62 g/L。

pH	0.2 mol/L 丁二酸溶液（mL）	0.2 mol/L NaOH 溶液（mL）	水（mL）	pH	0.2 mol/L 丁二酸溶液（mL）	0.2 mol/L NaOH 溶液（mL）	水（mL）
3.8	25	7.5	67.5	5.0	25	26.7	48.3
4.0	25	10.0	65.0	5.2	25	30.3	44.7
4.2	25	13.3	61.7	5.4	25	34.2	40.8

（续表）

pH	0.2 mol/L 丁二酸溶液(mL)	0.2 mol/L NaOH 溶液(mL)	水(mL)	pH	0.2 mol/L 丁二酸溶液(mL)	0.2 mol/L NaOH 溶液(mL)	水(mL)
4.4	25	16.7	58.3	5.6	25	37.5	37.5
4.6	25	20.0	55.0	5.8	25	40.7	34.3
4.8	25	23.5	51.5	6.0	25	43.5	31.5

9. 邻苯二甲酸氢钾-氢氧化钠缓冲溶液(pH=4.1～5.9)(25 ℃)

50 mL 0.1 mol/L 邻苯二甲酸氢钾溶液(20.42 g/L)+ x mL 0.1 mol/L NaOH 溶液，加水稀释至100 mL。

pH	0.1 mol/L NaOH 溶液(mL) (x)	水(mL)	pH	0.1 mol/L NaOH 溶液(mL) (x)	水(mL)	pH	0.1 mol/L NaOH 溶液(mL) (x)	水(mL)
4.1	1.2	48.8	4.8	16.5	33.5	5.5	36.6	13.4
4.2	3.0	47.0	4.9	19.4	30.6	5.6	38.8	11.2
4.3	4.7	45.3	5.0	22.6	27.4	5.7	40.6	9.4
4.4	6.6	43.4	5.1	25.5	24.5	5.8	42.3	7.7
4.5	8.7	41.3	5.2	28.8	21.2	5.9	43.7	6.3
4.6	11.1	38.9	5.3	31.6	18.4			
4.7	13.6	36.4	5.4	34.1	15.9			

10. 磷酸氢二钠-磷酸二氢钠缓冲溶液(0.2 mol/L，pH=5.8～8.0)(25 ℃)

0.2 mol/L 磷酸氢二钠溶液：$Na_2HPO_4 \cdot 12H_2O$ 71.64 g/L。

0.2 mol/L 磷酸二氢钠溶液：$NaH_2PO_4 \cdot 2H_2O$ 31.21 g/L。

pH	0.2 mol/L Na_2HPO_4 溶液(mL)	0.2 mol/L NaH_2PO_4 溶液(mL)	pH	0.2 mol/L Na_2HPO_4 溶液(mL)	0.2 mol/L NaH_2PO_4 溶液(mL)
5.8	8.0	92.0	7.0	61.0	39.0
6.0	12.3	87.7	7.2	72.0	28.0
6.2	18.5	81.5	7.4	81.0	19.0
6.4	26.5	73.5	7.6	87.0	13.0
6.6	37.5	62.5	7.8	91.5	8.5
6.8	49.0	51.0	8.0	94.7	5.3

11. 磷酸二氢钾-氢氧化钠缓冲溶液(pH=5.8～8.0)

50 mL 0.1 mol/L 磷酸二氢钾溶液(13.6 g/L)+ x mL 0.1 mol/L NaOH 溶液，加水稀释至100 mL。

pH	0.1 mol/L NaOH 溶液(mL) (x)	水 (mL)	pH	0.1 mol/L NaOH 溶液(mL) (x)	水 (mL)	pH	0.1mol/L NaOH 溶液(mL) (x)	水 (mL)	pH	0.1 mol/L NaOH 溶液(mL) (x)	水 (mL)
5.8	3.6	46.4	6.4	11.6	38.4	7.0	29.1	20.9	7.6	42.4	7.6
5.9	4.6	45.4	6.5	13.9	36.1	7.1	32.1	17.9	7.7	43.5	6.5
6.0	5.6	44.4	6.6	16.4	33.6	7.2	34.7	15.3	7.8	44.5	5.5
6.1	6.8	43.2	6.7	19.3	30.7	7.3	37.0	13.0	7.9	45.3	4.7

（续表）

pH	0.1 mol/L NaOH 溶液(mL) (x)	水 (mL)	pH	0.1 mol/L NaOH 溶液(mL) (x)	水 (mL)	pH	0.1mol/L NaOH 溶液(mL) (x)	水 (mL)	pH	0.1 mol/L NaOH 溶液(mL) (x)	水 (mL)
6.2	8.1	41.9	6.8	22.4	27.6	7.4	39.1	10.9	8.0	46.1	3.9
6.3	9.7	40.3	6.9	25.9	24.1	7.5	40.9	9.1			

12. Tris-HCl 缓冲溶液(0.05 mol/L,pH＝7～9)

25 mL 0.2 mol/L 三羟甲基氨基甲烷溶液(24.23 g/L)＋ x mL 0.1 mol/L HCl 溶液,加水至100 mL。

pH		0.1 mol/L HCl 溶液(mL) (x)	pH		0.1 mol/L HCl 溶液(mL) (x)
23℃	37℃		23℃	37℃	
7.20	7.05	45.0	8.23	8.10	22.5
7.36	7.22	42.5	8.32	8.18	20.0
7.54	7.40	40.0	8.40	8.27	17.5
7.66	7.52	37.5	8.50	8.37	15.0
7.77	7.63	35.0	8.62	8.48	12.5
7.87	7.73	32.5	8.74	8.60	10.0
7.96	7.82	30.0	8.92	8.78	7.5
8.05	7.90	27.5	9.10	8.95	5
8.14	8.00	25.0			

13. 巴比妥-盐酸缓冲溶液(pH＝6.8～9.6)(18 ℃)

100 mL 0.04 mol/L 巴比妥溶液(8.25 g/L)＋ x mL 0.2 mol/L HCl 溶液混合。

pH	0.2 mol/L HCl 溶液(mL) (x)	pH	0.2 mol/L HCl 溶液(mL) (x)	pH	0.2 mol/L HCl 溶液(mL) (x)
6.8	18.4	7.8	11.47	8.8	2.52
7.0	17.8	8.0	9.39	9.0	1.65
7.2	16.7	8.2	7.21	9.2	1.13
7.4	15.3	8.4	5.21	9.4	0.70
7.6	13.4	8.6	3.82	9.6	0.35

14. 2,4,6-三甲基吡啶-盐酸缓冲溶液(pH＝6.4～8.3)

25 mL 0.2 mol/L 2,4,6-三甲基吡啶溶液($C_8H_{11}N$ 24.24 g/L)＋ x mL 0.2 mol/L HCl 溶液混合,加水稀释至100 mL。

pH		0.1 mol/L HCl 溶液(mL) (x)	水(mL)
23℃	37℃		
6.4	6.4	22.50	52.50
6.6	6.5	21.25	53.75
6.8	6.7	20.00	55.00
6.9	6.8	18.75	56.25

（续表）

pH		0.1 mol/L HCl 溶液(mL)(x)	水(mL)
23℃	37℃		
7.0	6.9	17.50	57.50
7.1	7.0	16.25	58.75
7.2	7.1	15.00	60.00
7.3	7.2	13.75	61.25
7.4	7.3	12.50	62.50
7.5	7.4	11.25	63.75
7.6	7.5	10.00	65.00
7.7	7.6	8.75	66.25
7.8	7.7	7.50	67.50
7.9	7.8	6.25	68.75
8.0	7.9	5.00	70.00
8.2	8.1	3.75	71.25
8.3	8.3	2.50	72.50

15. 硼砂-硼酸缓冲溶液(pH＝7.4～8.0)

0.05 mol/L 硼砂溶液：$Na_2B_4O_7 \cdot H_2O$ 19.07 g/L。

0.2 mol/L 硼酸溶液：硼酸 12.37 g/L。

pH	0.05 mol/L 硼砂溶液(mL)	0.2 mol/L 硼酸溶液(mL)	pH	0.05 mol/L 硼砂溶液(mL)	0.2 mol/L 硼酸溶液(mL)
7.4	1.0	9.0	8.2	3.5	6.5
7.6	1.5	8.5	8.4	4.5	5.5
7.8	2.0	8.0	8.7	6.0	4.0
8.0	3.0	7.0	9.0	8.0	2.0

16. 硼砂缓冲溶液(pH＝8.1～10.7)(25 ℃)

50 mL 0.05 mol/L 硼砂溶液($Na_2B_4O_7 \cdot 10H_2O$ 9.525 g/L)＋ x mL 0.1 mol/L HCl 溶液或0.1 mol/L NaOH 溶液，加水稀释至100 mL。

pH	0.1 mol/L HCl 溶液(mL)(x)	水(mL)	pH	0.1 mol/L HCl 溶液(mL)(x)	水(mL)	pH	0.1 mol/L NaOH 溶液(mL)(x)	水(mL)	pH	0.1 mol/L NaOH 溶液(mL)(x)	水(mL)
8.1	19.7	30.3	8.6	13.5	36.5	9.3	3.6	46.4	10.1	19.5	30.5
8.2	18.8	31.2	8.7	11.6	38.4	9.4	6.2	43.8	10.2	20.5	29.5
8.3	17.7	32.3	8.8	9.4	40.6	9.5	8.8	41.2	10.3	21.3	28.7
8.4	16.6	33.4	8.9	7.1	42.9	9.6	11.1	38.9	10.4	22.1	27.9
8.5	15.2	34.8	9.0	4.6	45.4	9.7	13.1	36.9	10.5	22.7	27.3
						9.8	15.0	35.0	10.6	23.3	26.7
						9.9	16.7	33.3	10.7	23.5	26.2
						10.0	18.3	31.7			

17. 甘氨酸-氢氧化钠缓冲溶液(pH＝8.6～10.6)(25 ℃)

25 mL 0.2 mol/L 甘氨酸溶液(15.01 g/L)＋ x mL 0.2 mol/L NaOH 溶液,加水稀释至100 mL。

pH	0.2 mol/L NaOH 溶液 (mL)(x)	水(mL)	pH	0.2 mol/L NaOH 溶液 (mL)(x)	水(mL)
8.6	2.0	73.0	9.6	11.2	63.2
8.8	3.0	72.0	9.8	13.6	61.4
9.0	4.4	70.6	10.0	16.0	59.0
9.2	6.0	69.0	10.4	19.3	55.7
9.4	8.4	66.6	10.6	22.8	52.2

18. 碳酸钠-碳酸氢钠缓冲溶液(0.1 mol/L,pH＝9.2～10.8)

0.1 mol/L Na_2CO_3 溶液:$Na_2CO_3 \cdot 10H_2O$ 28.62 g/L。

0.1 mol/L $NaHCO_3$ 溶液:$NaHCO_3$ 8.4 g/L(有 Ca^{2+},Mg^{2+}时不能使用)。

pH		0.1 mol/L Na_2CO_3 溶液(mL)	0.1 mol/L $NaHCO_3$ 溶液(mL)	pH		0.1 mol/L Na_2CO_3 溶液(mL)	0.1 mol/L $NaHCO_3$ 溶液(mL)
20℃	37℃			20℃	37℃		
9.2	8.8	10	90	10.1	9.9	60	40
9.4	9.1	20	80	10.3	10.1	70	30
9.5	9.4	30	70	10.5	10.3	80	20
9.8	9.5	40	60	10.8	10.6	90	10
9.9	9.7	50	50				

19. 硼酸-氯化钾-氢氧化钠缓冲溶液(pH＝8.0～10.2)

50 mL 0.1 mol/L KCl-H_3BO_4 混合液(每L混合液含7.455 g KCl 和6.184 g H_3BO_4)＋ x mL 0.1 mol/L NaOH 溶液,加水稀释至100 mL。

pH	0.1 mol/L NaOH 溶液(mL)	水(mL)
8.0	3.9	46.1
8.1	4.9	45.1
8.2	6.0	44.0
8.3	7.2	42.8
8.4	8.6	41.4
8.5	10.1	39.9
8.6	11.8	38.2
8.7	13.7	36.2
8.8	15.8	34.2
8.9	18.1	31.9
9.0	20.8	29.2
9.1	23.6	26.4
9.2	26.4	23.6
9.3	29.3	20.7

（续表）

pH	0.1 mol/L NaOH 溶液(mL)	水(mL)
9.4	32.1	17.9
9.5	34.6	15.4
9.6	36.9	13.1
9.7	38.9	11.1
9.8	40.6	9.4
9.9	42.2	7.8
10.0	43.7	6.3
10.1	45.0	5.0
10.2	46.2	3.8

20. 二乙醇胺-盐酸缓冲溶液(pH＝8.0～10.0)(25 ℃)

25 mL 0.2 mol/L 二乙醇胺溶液(21.02 g/L)＋ x mL 0.2 mol/L 盐酸溶液，加水至100 mL。

pH	0.2 mol/L HCl 溶液(x)	水(mL)	pH	0.2 mol/L HCl 溶液(x)	水(mL)
8.0	22.95	52.05	9.1	10.20	64.80
8.3	21.00	54.00	9.3	7.80	67.20
8.5	18.85	56.15	9.5	5.55	69.45
8.7	16.35	58.65	9.9	3.45	71.55
8.9	13.55	61.45	10.0	1.80	73.20

21. 硼砂-氢氧化钠缓冲溶液(0.05 mol/L 硼酸)(pH＝9.3～10.1)

25 mL 0.05 mol/L 硼砂溶液(19.07 g/L)＋ x mL 0.2 mol/L NaOH 溶液，加水稀释至1000 L。

pH	0.2 mol/L NaOH 溶液(mL)(x)	水(mL)	pH	0.2 mol/L NaOH 溶液(mL)(x)	水(mL)
9.3	3.0	72.0	9.8	17.0	58.0
9.4	5.5	69.5	10.0	21.5	53.5
9.6	11.5	63.5	10.1	23.0	52.0

22. 磷酸氢二钠-氢氧化钠缓冲溶液(pH＝11.0～11.9)(25 ℃)

50 mL 0.05 mol/L Na_2HPO_4 溶液＋ x mL 0.1 mol/L NaOH 溶液，加水至100 mL。

pH	0.1 mol/L NaOH 溶液(mL)(x)	水(mL)	pH	0.1 mol/L NaOH 溶液(mL)(x)	水(mL)
11.0	4.1	45.9	11.5	11.1	38.9
11.1	5.1	44.9	11.6	13.5	36.5
11.2	6.3	43.7	11.7	16.2	33.8
11.3	7.6	42.4	11.8	19.4	30.6
11.4	9.1	40.9	11.9	23.0	27.0

23. 氯化钾-氢氧化钠缓冲溶液(pH＝12.0～13.0)(25 ℃)

25 mL 0.2 mol/L 氯化钾溶液(14.91 g/L)＋ x mL 0.2 mol/L NaOH 溶液，加水至 100 mL。

pH	0.2 mol/L NaOH 溶液(mL)(x)	水(mL)	pH	0.2 mol/L NaOH 溶液(mL)(x)	水(mL)
12.0	6.0	69.0	12.6	25.6	49.4
12.1	8.0	67.0	12.7	32.2	42.8
12.2	10.2	64.8	12.8	41.2	33.8
12.3	12.2	62.8	12.9	53.0	22.0
12.4	16.8	58.2	13.0	66.0	9.0
12.5	24.4	50.6			

24. 广范围缓冲溶液(pH＝2.6～12.0)(18 ℃)

混合液A：6.008 g 柠檬酸、3.893 g 磷酸二氢钾、1.769 g 硼酸和 5.266 g 巴比妥加蒸馏水定容至1000 mL。

每100 mL 混合液 A＋x mL 0.2 mol/L NaOH 溶液，加水至1000 mL。

pH	0.2 mol/L NaOH 溶液(mL)(x)	水(mL)	pH	0.2 mol/L NaOH 溶液(mL)(x)	水(mL)	pH	0.2 mol/L NaOH 溶液(mL)(x)	水(mL)
2.6	2.0	898.0	5.8	36.5	863.5	9.0	72.7	827.3
2.8	4.3	895.7	6.0	38.9	861.1	9.2	74.0	826.0
3.0	6.4	893.6	6.2	41.2	858.8	9.4	75.9	824.1
3.2	8.3	891.7	6.4	43.5	856.5	9.6	77.6	822.4
3.4	10.1	889.9	6.6	46.0	854.0	9.8	79.3	820.7
3.6	11.8	888.2	6.8	48.3	851.7	10.0	80.8	819.2
3.8	13.7	886.3	7.0	50.6	849.4	10.2	82.0	818.0
4.0	15.5	884.5	7.2	52.9	847.1	10.4	82.9	817.1
4.2	17.6	882.4	7.4	55.8	844.2	10.6	83.9	816.1
4.4	19.9	880.1	7.6	58.6	841.4	10.8	84.9	815.1
4.6	22.4	877.6	7.8	61.7	838.3	11.0	86.0	814.0
4.8	24.8	875.2	8.0	63.7	836.3	11.2	87.7	812.3
5.0	27.1	872.9	8.2	65.6	834.4	11.4	89.7	810.3
5.2	29.5	870.5	8.4	67.5	832.5	11.6	92.0	808.0
5.4	31.8	868.2	8.6	69.3	830.7	11.8	95.0	805.0
5.6	34.2	865.8	8.8	71.0	829.0	12.0	99.6	800.4

25. 离子强度恒定的缓冲溶液(pH＝2.0～12.0)

按下表配制 0.11 或 0.21 的缓冲溶液，加蒸馏水至2000 mL。适用于电泳中的缓冲溶液。

pH	5 mol/L NaCl 溶液(mL)		1 mol/L 甘氨酸-1 mol/L NaCl 溶液(mL)	2 mol/L HCl 溶液(mL)	2 mol/L NaOH 溶液(mL)	2 mol/L NaAc 溶液(mL)	8.5 mol/L HAc 溶液(mL)	0.5 mol/L NaH_2PO_4 溶液(mL)	4 mol/L Na_2HPO_4 溶液(mL)	0.5 mol/L 二乙基巴比妥钠溶液(mL)
	配成 0.11 时	配成 0.21 时								
2.0	32	72	10.6	14.7						
2.5	32	72	22.5	8.6						
3.0	32	72	31.6	4.2						
3.5	32	72	36.6	1.7						
4.0	32	72				20.0	33.7			
4.5	32	72				20.0	11.5			
5.0	32	72				20.0	3.7			
5.5	32	72				20.0	1.2			
6.0	32	72						9.2	6.6	
6.5	32	72						16.6	3.7	
7.0	32	72						22.7	1.6	
7.5	32	72						24.3	0.5	
8.0	32	72		10.4						80.0
8.5	32	72		5.3						80.0
9.0	32	72		2.0						80.0
9.5	32	72	34.5		2.7					
10.0	32	72	28.8		5.6					
10.5	32	72	23.2		8.4					
11.0	32	72	19.6		10.2					
11.5	32	72	17.6		11.2					
12.0	32	72	15.2		12.4					

26. 磷酸缓冲盐溶液(PBS)

NaCl	8 g
KCl	0.2 g
Na_2HPO_4	1.44 g
KH_2PO_4	0.24 g
H_2O	800 mL

用盐酸调节pH至7.4后,定容至1000 mL。

27. 2×BES缓冲盐溶液

BES (N,N-双(2-羟乙基)-2-氨基乙磺酸)	1.07 g
NaCl	1.6 g
Na_2HPO_4	0.027 g
H_2O	90 mL

室温下用盐酸调节pH至6.96,然后定容至100 mL,0.22 μm过滤器过滤除菌,保存于−20℃。

28. 20×SSC

NaCl	175.3 g
柠檬酸钠	88.2 g
H_2O	800 mL

用10 mol/L NaOH 溶液调节pH 至7.0后，定容至1000 mL。

29. 20×SSPE

NaCl	175.3 g
$Na_2HPO_4 \cdot H_2O$	27.6 g
EDTA	7.4 g
H_2O	800 mL

用NaOH 调节pH 至7.4后，定容至1000 mL。

30. Tris 缓冲盐溶液(TBS，25 mmol/L Tris)

NaCl	8 g
KCl	0.2 g
Tris	3 g
酚红	0.015 g
H_2O	800 mL

用盐酸调节pH 至7.4后，定容至1000 mL。

31. 50×Tris-醋酸(TAE)

Tris	242 g
冰醋酸	57.1 mL
0.5 mol/L EDTA 溶液(pH=8.0)	100 mL

加水定容至1000 mL。

(0.5 mol/L EDTA 溶液，pH=8.0：在800 mL 水中加入EDTA-Na · $2H_2O$ 186.1 g，在磁力搅拌器上剧烈搅拌，加NaOH 固体颗粒调节pH 至8.0(约需20 g)，然后定容至1000 mL。)

32. 10×Tris-磷酸(TPE)

Tris	108 g
85%磷酸	15.5 mL
0.5 mol/L EDTA 溶液(pH=8.0)	40 mL

加水定容至1000 mL。

33. 5×Tris-硼酸(TBE)

Tris	54 g
硼酸	27.5 g
0.5 mol/L EDTA 溶液(pH=8.0)	20 mL

加水定容至1000 mL。

34. TE

pH=7.4

10 mmol/L Tris-Cl 溶液(pH=7.4)

1 mmol/L EDTA 溶液(pH=8.0)

pH=7.6

10 mmol/L Tris-Cl 溶液(pH=7.6)

1 mmol/L EDTA 溶液(pH=8.0)

pH=8.0

10 mmol/L Tris-Cl 溶液(pH=8.0)

1 mmol/L EDTA 溶液(pH=8.0)

35. STE (SEN)

0.1 mol/L NaCl 溶液

10 mmol/L Tris-Cl 溶液(pH=8.0)

1 mmol/L EDTA 溶液(pH=8.0)

36. STET

0.1 mol/L NaCl 溶液

10 mmol/L Tris-Cl 溶液(pH=8.0)

1 mmol/L EDTA 溶液(pH=8.0)

5% Triton X-100

37. TNT

10 mmol/L Tris-Cl 溶液(pH=8.0)

150 mmol/L NaCl 溶液

0.05% Tween 20

三、常见蛋白质相对分子质量参考值

(单位:dalton)

蛋白质	相对分子质量
肌球蛋白(myosin)	220000
甲状腺球蛋白(thyroglobulin)	330000
β-半乳糖苷酶(β-galactosidase)	130000
副肌球蛋白(paramyosin)	100000
磷酸化酶A(phosphorylase A)	94000
血清白蛋白(serum albumin)	68000
L-氨基酸氧化酶(L-amino acid oxidase)	63000

（续表）

蛋　白　质	相对分子质量
过氧化氢酶(catalase)	60000
丙酮酸激酶(pyruvate kinase)	57000
谷氨酸脱氢酶(glutamate dehydrogenase)	53000
亮氨酸氨肽酶(leucine aminopeptidase)	53000
γ-球蛋白，H 链(γ-globulin，H chain)	50000
延胡索酸酶(反丁烯二酸酶)(fumarase)	49000
卵清蛋白(ovalbumin)	43000
醇脱氢酶(肝)(alcohol dehydrogenase(liver))	40000
烯醇酶(enolase)	41000
醛缩酶(aldolase)	40000
肌酸激酶(creatine kinase)	40000
胃蛋白酶原(pepsinogen)	40000
D-氨基酸氧化酶(D-amino acid oxidase)	37000
醇脱氢酶(酵母)(alcohol dehydrogenase(yeast))	37000
甘油醛磷酸脱氢酶(glyceraldehyde phosphate dehydrogenase)	36000
原肌球蛋白(tropomyosin)	36000
乳酸脱氢酶(lactate dehydrogenase)	36000
胃蛋白酶(pepsin)	35000
转磷酸核糖基酶(phosphoribosyl transferase)	35000
天冬氨酸氨甲酰转移酶C链(aspartate transcarbamylase C chain)	34000
羧肽酶A(carboxypeptidase A)	34000
碳酸酐酶(carbonate anhydrase)	29000
枯草杆菌蛋白酶(subtilisin)	27600
γ-球蛋白，L 链(γ-globulin，L chain)	23500
糜蛋白酶原(胰凝乳蛋白酶原)(chymotrypsinogen)	25700
胰蛋白酶(trypsin)	23300
木瓜蛋白酶(羟甲基)(papain(carboxymethyl))	23000
β-乳球蛋白(β-lactoglobulin)	18400
烟草花叶病毒外壳蛋白(TMV 外壳蛋白)(TMV coat protein)	17500
肌红蛋白(myoglobin)	17200
天冬氨酸氨甲酰转移酶，R 链(aspartate transcarbamylase，R chain)	17000
血红蛋白(h(a)emoglobin)	15500
Qβ 外壳蛋白(Qβ coat protein)	15000
溶菌酶(lysozyme)	14300
R17 外壳蛋白(R17 coatprotein)	13750
核糖核酸酶(ribonuclease 或 RNase)	13700
细胞色素C(cytochrome C)	11700
糜蛋白酶(胰凝乳蛋白酶)(chymotrypsin)	11000 或 13000

四、常见蛋白质等电点参考值

（单位:pH）

蛋　白　质	等电点
鲑精蛋白(salmine)	12.1
鲱精蛋白(clupeine)	12.1
鲟精蛋白(sturine)	11.71
胸腺组蛋白(thymohistone)	10.80
珠蛋白(人)(globin(human))	7.5
卵白蛋白(ovalbumin)	4.71,4.59
伴清蛋白(conalbumin)	6.8,7.1
血清白蛋白(serum albumin)	4.7～4.9
肌清蛋白(myoalbumin)	3.5
肌浆蛋白A(myogen A)	6.3
β-乳球蛋白(β-lactoglobulin)	5.1～5.3
卵黄蛋白(livetin)	4.8～5.0
γ_1-球蛋白(人)(γ_1-globulin(human))	5.8, 6.6
γ_2-球蛋白(人)(γ_2-globulin(human))	7.3, 8.2
肌球蛋白A(myosin A)	5.2～5.5
原肌球蛋白(tropomyosin)	5.1
铁传递蛋白(siderophilin)	5.9
胎球蛋白(fetuin)	3.4～3.5
血纤蛋白原(fibrinogen)	5.5～5.8
α-眼晶体蛋白(α-crystallin)	4.8
β-眼晶体蛋白(β-crystallin)	6.0
花生球蛋白(arachin)	5.1
伴花生球蛋白(conarachin)	3.9
角蛋白类(keratin)	3.7～5.0
还原角蛋白(keratein)	4.6～4.7
胶原蛋白(collagen)	6.6～6.8
鱼胶(ichthyocol)	4.8～5.2
白明胶(gelatin)	4.7～5.0
α-酪蛋白(α-casein)	4.0～4.1
γ-酪蛋白(γ-casein)	5.8～6.0
β-酪蛋白(β-casein)	4.5
α-卵清粘蛋白(α-ovomucoid)	3.83～4.41
α_1-粘蛋白(α_1-mucoprotein)	1.8～2.7
卵黄类粘蛋白(vitellomucoid)	5.5
尿促性腺激素(urinary gonadotropin)	3.2～3.3
溶菌酶(lysozyme)	11.0～11.2
血红蛋白(人)(hemoglobin(human))	7.07
血红蛋白(鸡)(hemoglobin(hen))	7.23
血红蛋白(马)(hemoglobin(horse))	6.92
肌红蛋白(myoglobin)	6.99

(续表)

蛋白质	等电点
血蓝蛋白(hemocyanin)	4.6～6.4
蚯蚓血红蛋白(hemerythrin)	5.6
血绿蛋白(chlorocruorin)	4.3～4.5
无脊椎血红蛋白(erythrocruorin)	4.6～6.2
细胞色素C(cytochrome C)	9.8～10.1
视紫质(rhodopsin)	4.47～4.57
促凝血酶原激酶(thromboplastin)	5.2
α_1-脂蛋白(α_1-lipoprotein)	5.5
β_1-脂蛋白(β_1-lipoprotein)	5.4
β-卵黄脂磷蛋白(β-lipovitellin)	5.9
芜菁黄花病毒(turnip yellow virus)	3.75
牛痘病毒(vaccinia virus)	5.3
生长激素(somatotropin)	6.85
催乳激素(prolactin)	5.73
胰岛素(insulin)	5.35
胃蛋白酶(pepsin)	1.0左右
糜蛋白酶(胰凝乳蛋白酶)(chymotrypsin)	8.1
牛血清白蛋白(bovine serum albumin)	4.9
核糖核酸酶(牛胰)(ribonuclease 或 RNase(bovine pancreas))	7.8
甲状腺球蛋白(thyroglobulin)	4.58
胸腺核组蛋白(thymonucleohistone)	4左右

五、实验误差

(一)实验误差

在进行定量实验的过程中,很难使测定所得的数值与客观存在的真值完全相同,真值与测定值之间的差值称为误差。测定误差的大小通常用准确度和精密度来评价。

1. 准确度

准确度是指测定值与真值相接近的程度,通常用误差的大小来表示,误差愈小,准确度愈高。误差又分为绝对误差和相对误差。

$$绝对误差=测定值-真值$$

$$相对误差/\%=\frac{测定值-真值}{真值}\times 100\%$$

一般应该用相对误差来表示实验的准确性。

例如,用分析天平称得甲、乙两份样本的质量各为2.1750 g和0.2175 g,假定两者的真值各为2.1751 g和0.2176 g,则称量的绝对误差分别为:

$$2.1750-2.1751=-0.0001\ g$$

$$0.2175-0.2176=-0.0001\ g$$

它们的相对误差分别为:

$$\frac{-0.0001}{2.1751}\times 100\% = -0.005\%$$

$$\frac{-0.0001}{0.2176}\times 100\% = -0.05\%$$

两份样本称量的绝对误差虽然相等，但当用相对误差表示时，甲的称量的准确度比乙大10倍。显然，当被称量物的质量较大时，称量的准确度就较高，所以应当用相对误差来表示。

但是由于真值是并不知道的，因此在实际工作中无法求出分析的准确度，而只能用精密度来评价分析的结果。

2. 精密度

精密度是指在相同条件下，进行多次测定后所得数据相近的程度。精密度一般用偏差来表示。偏差也分绝对偏差和相对偏差：

绝对偏差＝个别测定值－算术平均值（不计正负号）

$$相对偏差/\% = \frac{个别测定值-算术平均值}{算术平均值}\times 100\%$$

当然和准确度的表示方法一样，用相对偏差来表示实验的精密度，比用绝对偏差更有意义。

在实验中，对某一样品通常进行多次平行测定求得算术平均值，作为该样品的分析结果。对于该结果的精密度，常用平均绝对偏差和平均相对偏差来表示。

例如，五次分析某一蛋白质中氮的质量分数的结果，其算术平均数和各测定值的绝对偏差如下：

分析结果	算术平均值	各测定值的绝对偏差（不计正负）
16.1%		0.1%
15.8%		0.2%
16.3%	16.0%	0.3%
16.2%		0.2%
15.6%		0.4%

平均绝对偏差是个别测定值的绝对偏差的算术平均值。

$$平均绝对偏差 = \frac{0.1\% + 0.2\% + 0.3\% + 0.2\% + 0.4\%}{5} = 0.2\%$$

$$平均相对偏差 = \frac{平均绝对偏差}{算术平均值}\times 100\% = \frac{0.2}{16.0}\times 100\% = 1.25\%$$

在实验中有时只做两次平行测定，这时可用下式表示结果的精密度：

$$\frac{二次分析结果的差值}{平均值}\times 100\%$$

应该指出误差和偏差具有不同的含义，误差以真值为标准，偏差以平均值为标准。我们平时所说的真值其实只是采用各种方法进行多次平行分析所得到的相对正确的平均值，用这一平均值代替真值计算误差，得到的结果仍然只是偏差。例如上述蛋白质含氮量的测定结果可用数字(16.0±0.2)%表示。

还应指出，用精密度来评价分析的结果是有一定的局限性的。平均相对偏差很小，精密度很高，并不一定说明实验准确度也很高。因为如果分析过程中存在系统误差，可能并不影响每次测定数值之间的重合程度，即不影响精密度，但此分析结果却必然偏离真值，也即分析的准确度并不一定很高。当然，如果精密度也不高，则无准确度可言。

（二）产生误差的原因和纠正

一般根据误差的性质和来源，可将误差分为系统误差和偶然误差两类。

1. 系统误差

系统误差与分析结果的准确度有关。它是由分析过程中某些经常发生的原因造成的，对分析结果的影响比较恒定，在重复测定时常重复出现，其大小与正负在同一实验中完全相同，因而可以设法减少纠正之。其来源主要有①方法误差，由方法本身不够完善造成，如化学反应的特异性不高；②仪器误差，由仪器本身不够精密所致，如量器、比色杯不符要求；③试剂误差，来源于试剂的不纯或变质；④操作误差，如个人对条件的控制、终点颜色的判断常有差异。为了纠正系统误差常采取下列措施：

(1)空白试验　为了消除试剂等因素引起的误差，可在测定时不加样品，按样品测定完全相同的操作手续，在完全相同的条件下进行分析所得的结果为空白值。将样品分析的结果扣除空白值，可得到比较准确的结果。

(2)回收率测定　取一已知精确含量的标准物质与待测未知样品同时做平行测定，测得的量与所取的量之比的百分率就称为回收率，可以检验表达分析过程的系统误差，也可通过下式对样品测量值进行校正：

$$\text{被测样品的实际含量} = \frac{\text{样品的分析结果（含量）}}{\text{回收率}}$$

(3)量具校正

2. 偶然误差

偶然误差与分析结果的精密度有关。它来源于难以预料的因素，例如取样不均匀或由于某些外界因素的影响。其出现似乎没有一定的规律性，但如进行多次测定便可发现测定次数增加时，由于正误差和负误差出现的概率相等，此种误差可相互抵消。为了减少偶然误差，一般采取的措施是：

(1)平均取样　如动物组织制成匀浆后取样；全血标本取样时要摇匀等。

(2)多次取样　平行测定的次数愈多，其平均偶然误差就愈小。

除了以上两类误差以外，还有因操作事故引起的“过失误差”，如溶液溅出、标本搞错等，在计算算术平均数时此种数值应弃去不用。

六、实验报告

在完成生物化学与分子生物学实验后，必须书写实验报告。一份满意的实验报告必须具备准确、客观、简洁、明了四个特点。写好实验报告除了正确的操作程序外，还有赖于仔细的观察及客观的记录，有赖于运用所掌握的理论知识对实验现象和结果的分析和综合能力。实验报告的优劣是判断实验者科学研究能力的一个重要指标。

实验报告的格式一般包括如下几方面：

1. 实验目的和原理

用几句话简单扼要地说明进行本实验的目的和原理。对实验中所采用的技术和方法，要作简单扼要的介绍，并阐明运用该方法和技术与完成本实验项目之间的关系。

2. 实验操作程序

在充分理解操作步骤和原理的基础上，对整个实验操作过程进行概括性的描述，对有些实验项目如成分的分离提取和制备，可以流程图表形式加以表达，要求简单明了，避免长篇抄录。

3. 实验资料和计算

这包括对实验过程中所出现的种种现象的仔细观察，对各种数据的客观记录。利用所获得的数据进行数字处理，列出公式，加以计算，得出结果。要注意正确应用各种单位。对有些项目，应根据实验目的、要求，利用获得的数据正确制作图或表。

4. 结果与讨论

这是实验报告中最重要的一部分。实验者首先应对实验结果的准确性进行分析确认，对实验中的误差或错误加以分析，然后综合所观察到的各种现象和数据，作出结论。在此基础上，应运用相关的理论知识及参考文献，结合实验目的、要求进行讨论。对实验中出现的新问题可提出自己的看法，并对自己的实验质量作出评价。

七、实验注意事项及应急处理

(一)注意事项

(1)实验操作过程中凡遇有能产生烟雾或有毒性腐蚀性气体时，应放在通风柜内进行。如果实验室内无此种设施，则必须注意及时打开窗户通气。

(2)以吸管取用试剂应使用橡皮吸球。对于剧毒或有腐蚀性的试剂的取用更要注意安全，应使吸管的尖端固定在液面下适当的位置，以防试剂进入吸球。如果不慎已吸入球内，则应随时洗净晾干。

(3)乙醚、乙醇、丙酮、氯仿等易燃试剂不可直接放在火源上蒸煮，以防容器破裂而引起火灾。遇有火险绝不要慌乱，应根据火情妥善处理。如系少量试剂引起的小火，可用湿抹布轻轻盖住即可熄灭；如已酿成大火，则应首先关闭电源(如实验室建筑有自动灭火装置，则不可关闭电源！)，用二氧化碳灭火机或粉末灭火机扑灭(千万不可用水或酸碱泡沫灭火机灭火！)；如果衣服着火，切勿惊慌，可以跑到室外就地打滚即可将身上的火扑灭。

(4)含有强腐蚀性试剂、毒害试剂的实验废液应随即倒入下水道，并用流水冲洗管道至少3分钟，以防废液滞留，损坏下水管道。

(二)应急处理(实验室意外事故的急救)

(1)皮肤灼伤处理　皮肤不慎被强酸、溴、氯等物质灼伤时，应用大量自来水冲洗，然后再用5%碳酸氢钠溶液洗涤。

(2)强酸溶液进入口内的处理　应立即用清水或0.1 mol/L 氢氧化钠溶液漱口，再服用氯化镁、镁乳等和牛奶混合剂数次，每次约200毫升；或服用万应解毒剂(配法：木炭末2份、氧化镁1份及鞣酸1份混合而成)1茶匙。但不宜服用碳酸钠溶液，以免因和酸作用而产生过量气体反而加剧对胃的刺激。

(3)强碱溶液进入口内的处理　立即用大量清水或5%的硼酸溶液漱口，再服用5%醋酸溶液适量，或服用上述万应解毒剂1茶匙。

(4)石炭酸类物质进入口内的处理　立即用30%～40%酒精漱口，然后再服用30%～40%酒精适量，并设法尽可能将胃内容物呕吐出。

(5)氰化物进入口内的处理　应立即用大量清水漱口，再服用3%过氧化氢溶液适量；静脉注入1%美蓝20毫升，再吸入亚硝酸异戊酯，并注意呼吸情况，必要时可进行人工呼吸。

(6)汞及汞类化合物进入口内的处理　应立即服用生鸡蛋或牛奶若干，再设法使胃内容物尽量呕吐出来。

(7)碘酒或碘化合物进入口内的处理　应立即服用米汤或淀粉若干，再设法使胃内容物尽量呕吐出来。

(8)酸、碱等化学试剂溅入眼内的处理　先用自来水或蒸馏水冲洗眼部，如溅入酸类物质则可再用5%碳酸氢钠溶液仔细冲洗；如系碱类物质，可以用2%硼酸溶液冲洗，然后滴1～2滴油性物质起滋润保护作用。

(9)被电击的处理　生化实验室内电器设备众多，如某项设备漏电，使用中则有触电危险。如有人不慎触电，首先应立即切断电源。在没有断开电源时绝不可赤手去拉触电者，宜迅速用干木棒、塑料棒等绝缘物把导电物与触电者分开，然后对触电者进行抢救。若发现触电者已失去知觉或已停止呼吸，则应立即施行人工呼吸；待有了呼吸即可移至空气新鲜、温度适中的房间里继续进行抢救。

(10)酸、碱等化学试剂溅洒在衣服鞋袜上的处理　强酸或强碱类物质洒在衣服鞋袜上，应立即脱下用自来水浸泡冲洗；溅洒物如系苯酚类物质，而衣服又是化纤织物，则可先用60%～70%酒精擦洗被溅处，然后再将衣物放清水中浸泡冲洗。

以上仅是一般应急处理方法，重症者应送医院急诊室处理。

图书在版编目(CIP)数据

生物化学与分子生物学实验技术 / 厉朝龙主编. —杭州:浙江大学出版社,2000.6 (2011.8 重印)
ISBN 978-7-308-02280-4

Ⅰ.生… Ⅱ.厉… Ⅲ.①生物化学—实验—医学院校—教材②分子生物学—实验—医学院校—教材
Ⅳ.Q—33

中国版本图书馆 CIP 数据核字(2000)第 16420 号

生物化学与分子生物学实验技术

厉朝龙 主编

责任编辑 阮海潮(ruanhc@zju.edu.cn)
出版发行 浙江大学出版社
(杭州市天目山路 148 号 邮政编码 310007)
(网址:http://www.zjupress.com)
排 版 浙江时代出版服务有限公司
印 刷 杭州浙大同力教育彩印有限公司
开 本 787mm×1092mm 1/16
印 张 16.25
字 数 416 千字
版 印 次 2000 年 6 月第 1 版 2011 年 8 月第 6 次印刷
书 号 ISBN 978-7-308-02280-4
定 价 30.00 元

浙江大学出版社发行部邮购电话 (0571)88925591